职业教育数字媒体技术应用专业系列教材

视频后期处理综合项目实训

主　编　黄海英　邓惠芹

副主编　梁　波　许桂骏

参　编　何林灵　吴靖华　王华君　何颖佳

机械工业出版社

本书通过具有代表性的5个学习单元讲述了数字影视作品制作的流程和技术要点，主要内容包括MV制作、宣传片制作、动画短片制作、广告制作和微电影制作，涉及Photoshop、Premiere、After Effects、Flash等软件的综合运用，以培养和提升数字影视作品制作者的综合能力。

本书可作为各类职业院校数字媒体技术应用专业的教材，也可作为视频编辑人员的自学参考用书。

本书配套资源包含电子课件以及学习单元1～学习单元5的素材文件。读者可登录机械工业出版社教材服务网（www.cmpedu.com）以教师身份免费注册下载或联系编辑（010-88379194）咨询。

图书在版编目（CIP）数据

视频后期处理综合项目实训/ 黄海英，邓惠芹主编．—北京：机械工业出版社，2015.11（2024.9重印）

职业教育数字媒体技术应用专业系列教材

ISBN 978-7-111-52067-2

Ⅰ．①视…　Ⅱ．①黄…　②邓…　Ⅲ．①视频编辑软件—职业教育—教材　Ⅳ．①TN94

中国版本图书馆CIP数据核字（2015）第259716号

机械工业出版社（北京市百万庄大街22号　邮政编码100037）

策划编辑：梁　伟　　责任编辑：李绍坤

责任校对：肖　琳　　封面设计：鞠　杨

责任印制：单爱军

北京虎彩文化传播有限公司印刷

2024年9月第1版第8次印刷

184mm×260mm · 13.5印张 · 289千字

标准书号：ISBN 978-7-111-52067-2

定价：44.00元

电话服务	网络服务
客服电话：010-88361066	机　工　官　网：www.cmpbook.com
010-88379833	机　工　官　博：weibo.com/cmp1952
010-68326294	金　　书　　网：www.golden-book.com
封底无防伪标均为盗版	机工教育服务网：www.cmpedu.com

职业教育数字媒体技术应用专业系列教材编写委员会

前 言

随着摄影与摄像技术的家庭化和专业数码化，非线性工作站的硬件成本降低，从事影视前后期制作的中小型工作室队伍壮大，专业的非线性编辑人员日益增多。关于非线性编辑软件的学习丛书应运而生，但是掌握了这些软件的应用不足以提升影视作品的质量，还需要将各影视制作软件的强势功能加以综合运用，才能创作出具有更佳视觉效果的作品。

已经对影视制作软件Photoshop、Premiere、After Effects、Flash、3ds Max有一定认知的读者，可以通过本书综合实例的制作过程，更进一步了解和熟悉影视作品的制作流程，掌握影视软件的综合使用。通过学习本书可获得更大的技术提升能力，包括分镜头设计能力、素材筛选和加工能力、影片剪辑能力、影片包装能力、各种视频软件的优化使用能力等，能更好地适应影视制作行业各个就业岗位的要求。

本书以实例进行分析讲解，内容丰富，设计实例新颖，以专业的视点全面讲解了影视作品的制作流程。

本书主要内容如下。

学习单元1　MV制作。通过两个实例《盒子人的邂逅》和《I won't give up》的MV制作过程展示，帮助读者掌握MV制作的流程和影片剪辑、包装技巧。

学习单元2　宣传片制作。列举两个实例《节目宣传片》和《学校宣传片》，帮助读者掌握宣传影片的制作流程、素材加工方法、影片剪辑和包装技巧。

学习单元3　动画短片制作。通过《杰克与奶牛》和《兔子的寻梦之旅》动画的制作过程展示，帮助读者掌握利用Flash软件绘制动画人物和场景、设计人物动作的方法。

学习单元4　广告制作。通过《浪漫海滩》旅游广告的制作，帮助读者掌握广告制作的方法和特点。

学习单元5　微电影制作。通过《微电影拍摄花絮宣传册》和《疍家渔歌》开篇制作过程的展示，帮助读者掌握微电影的制作方法。

教学建议：采用工学结合方式教学，参考学时如下。

学习单元	动手操作学时+理论学时
MV制作	30
宣传片制作	20
动画短片制作	20
广告制作	20
微电影制作	40

本书由黄海英、邓惠芹任主编，梁波、许桂骏担任副主编，何林灵、吴靖华、王华君、何颖佳参与编写，其中学习单元 1 由广州市电子信息学校的许桂骏和何颖佳老师编写；学习单元 2 由广州市电子信息学校的黄海英、吴靖华和王华君老师编写；学习单元 3 由广州市市政职业技术学校的邓惠芹老师编写；学习单元 4 由珠海市理工职业技术学校的梁波老师编写；学习单元 5 由珠海市理工职业技术学校的何灵林老师编写。本书的编写得到了广东南方电视台少儿频道编制部的支持，在此表示衷心的感谢。

由于编者水平有限，疏漏之处在所难免，恳请读者和专家批评指正。

编　者

目　录

目录

学习单元1 MV制作

单元概述

MV的提法是近几年才开始的，大家感觉“MTV”范畴小，因为“音乐电视”并非只是局限在电视上，还可以单独发行影碟或者通过手机、网络的方式发布，所以，就采用MV来表示了，MV的意思是“Music Video”。

MV是一种视觉文化，是建立在音乐、歌曲结构上的流动视觉。视觉是音乐听觉的外在形式，音乐是视觉的潜在形态。就音乐电视的概念而言，它应该是利用电视画面手段来补充音乐所无法涵盖的信息和内容。要从音1乐的角度创作画面，而不是从画面的角度去理解音乐。广告是宣传产品，MV是宣传歌曲和歌手。杰出的MV视觉造型包括两个方面：诠释音乐和展示歌手。

学习目标

知识目标：熟悉MV制作的流程、MV剧本编写的规范、拍摄的基本方法、后期Premiere的综合操作及MV制作剪辑。

技能目标：掌握MV制作的流程、前期的剧本编写及拍摄技巧，能通过Premiere综合操作掌握MV的制作流程、结合项目特点进行素材加工、影片剪辑和包装。

情感目标：培养学生的团队合作能力、组织沟通能力和协调能力。

项目1 《盒子人的邂逅》MV制作

项目描述

《盒子人的邂逅》是一部人偶主题MV，通过镜头描述一个盒子人在自己的世界遇到另外一个伙伴，开始了奇妙之旅。本项目利用温和优雅的背景音乐，唯美清新的镜头，将《盒子人的邂逅》MV包装成独特的人偶MV。

此MV制作项目，利用大光圈拍摄手法，赋予不会动的人偶主体拟人化情感，通过后期的剪辑，把各种片段通过蒙太奇手法产生新的含义。通过作品的拍摄、剪辑、包装、合成，了解并掌握制作MV需要掌握的前期、后期基本技能。本项目针对MV制作的基本要素完成一个比较简单的MV的前后期拍摄与包装，通过素材的拍摄手法、素材选择、剪辑、效果制作、调色、合成输出的教学，综合制作一个MV作品。

任务1　分镜头设计

任务分析

根据选取的歌曲、画面的主体，拍摄的场景，首先要做一个简单的构思，分镜头的制作，这样既方便拍摄也方便后期剪辑，这里使用到的是现场场景采样分镜头效果图，在开始拍摄前进行现场取景，绘制分镜头脚本，见表1-1-1。

表1-1-1　分镜头

镜头1		镜头2	
镜头3		镜头4	
镜头5		镜头6	
镜头7		镜头8	
镜头9		镜头10	
镜头11		镜头12	

任务2　拍摄技巧

任务分析

前期拍摄是很重要的，好的拍摄技巧以及前期素材能够提升整部成品的效果。此次MV的制作比较简单，通过一些空镜头组合，利用人偶进行摆拍，可以为前期制作争取更多的时间和更多机会去考虑拍摄的角度、用光以及设备的操作技巧。

任务实施

1. 设备准备

单反照相机一台，1.5m轨道一个，三脚架一台，人偶两个。

2. 拍摄技巧

1）轨道使用：选取平稳的拍摄地点，架好轨道后，装上照相机，匀速推动轨道台进行拍摄，检查焦点是否对到拍摄主体上。

2）大光圈拍摄：将照相机调整到最大的光圈，拍摄时可以得到较浅的景深，这样素材就会比较惟美，背景虚化效果好，主体更加突出。

3）焦段变化拍摄：可以选用定镜头或者移动镜头，在拍摄过程中改变对焦点，让主体从实到虚变化，或者从虚到实变化。

任务3　筛选素材

任务分析

拍摄结束后会有很多素材，大量的素材需要进行筛选，选择有用的素材，这样不仅方便剪辑更节约了不少时间，因此，素材的筛选是很重要的，在筛选的同时不仅对素材进行整理，也让后期剪辑师熟悉素材的内容。

任务实施

拍摄结束后将素材复制到计算机中，刚拍摄后的素材是海量的，如图1-1-1所示。即使是同一个画面镜头，有时有好几个重复的，其中只有一段可以使用。所以要根据剧本进行筛选，将素材规范化，有效化。

图1-1-1　原素材

根据制作MV的需要，将素材分为两大类，将没有用的素材删除，将有用的分别放置在命名为“单人”和“双人”的文件夹中，如图1-1-2所示。

图1-1-2　素材分类

任务4　MV后期剪辑

任务分析

根据MV歌曲的曲风、原唱和翻唱的口型对接，画面的切换、不同景别的选用、素材的选用和编辑需要能够表达歌曲的主题。本例主要使用Premiere进行编辑，主要是学习编辑手法，掌握剪辑技巧。

任务实施

1. 新建项目和序列

1）启动Premiere软件，单击“新建项目” 按钮，打开新建项目对话框，如图1-1-3所示。

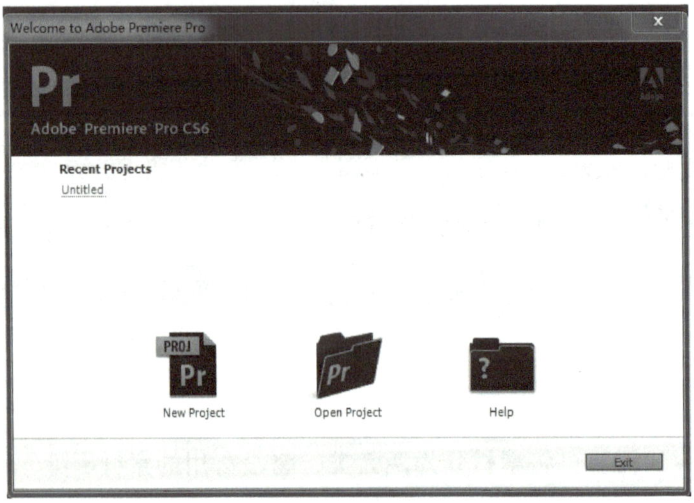

图1-1-3　新建项目

2）在新建项目对话框中，单击“Browse（浏览）”按钮，设置项目的存储位置。修改项目名称为“盒子人的邂逅”，单击“OK（确定）”按钮，如图1-1-4所示。

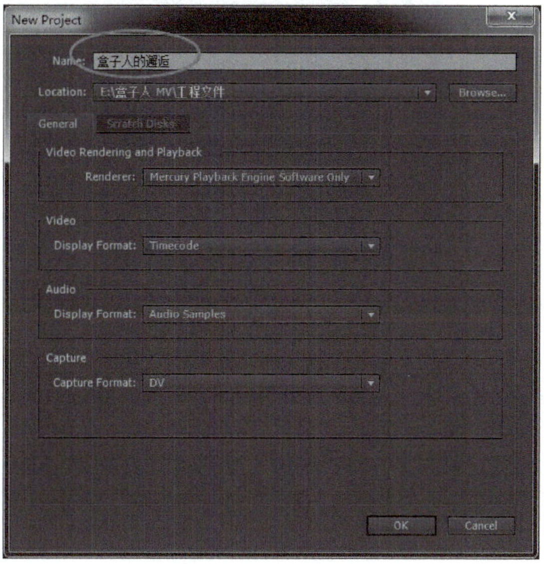

图1-1-4　新建序列

3）单击“确定”按钮后，系统自动跳转到新建序列对话框，在对话框中展开“DV-PAL”项，选择其下的“Standard48kHz（标准银幕 48kHz）”，修改序列名称为“盒子人的邂逅”，单击“OK（确定）”按钮后进入Premiere工作界面，如图1-1-5所示。

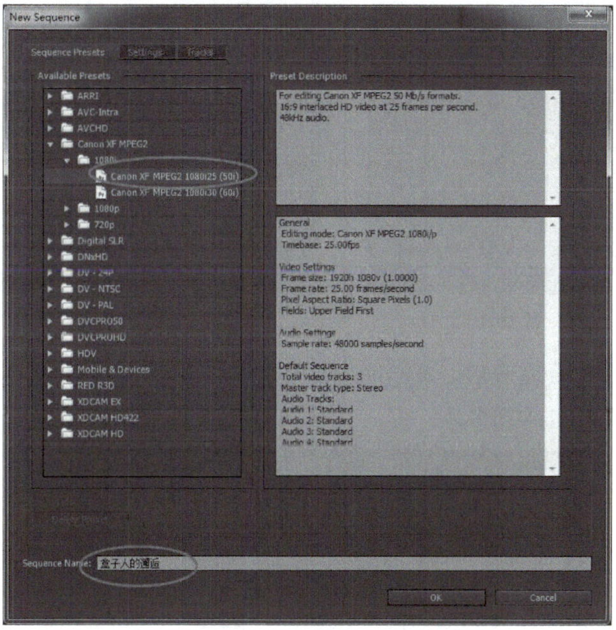

图1-1-5　选择格式

2. 导入素材及素材管理

在项目管理器中新建两个类别文件夹，分别是“单人”和“双人”，将整理好的MV素材导入项目管理器中，并分门别类地放到相关素材文件夹中，整理后的素材目录清晰，浏览和查找起来都一目了然，如图1-1-6所示。

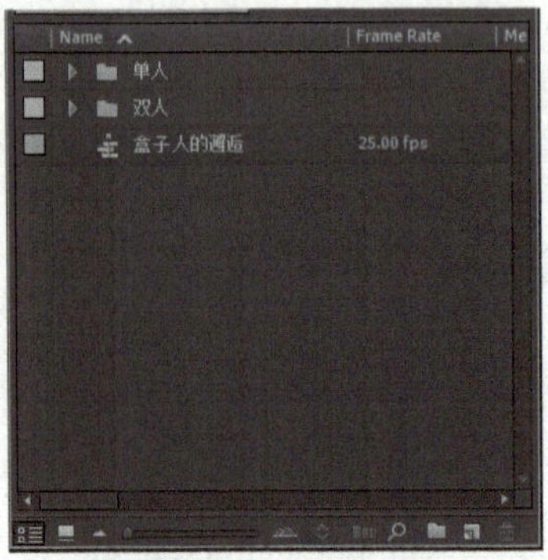

图1-1-6　素材管理

3. MV素材粗剪

1）从素材库中将背景音乐放入音频轨道2上，并将前面空白部分剪辑后删除，如图1-1-7所示。

2）选择需要的素材双击后在视频预览框里进行素材裁剪，单击“出点”按钮，在素材的第183帧处选择出点，将素材放入视频轨道1中，如图1-1-8所示。

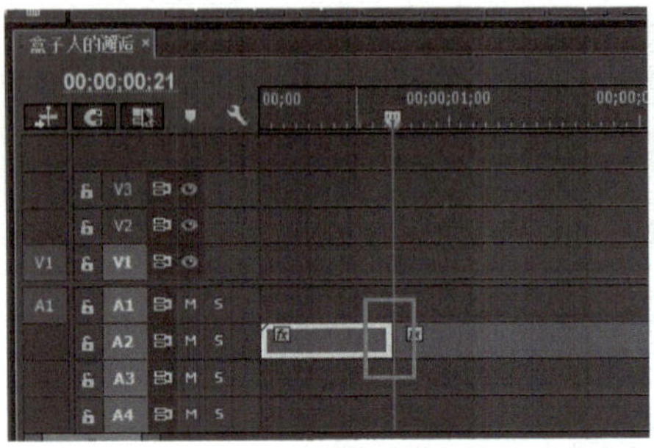

图1-1-7　音频处理

图1-1-8　素材删选

3）将素材放入视频轨道后，单击A1轨道上的“M”键，隐藏视频自带的音频，只留下背景音乐，如图1-1-9所示。

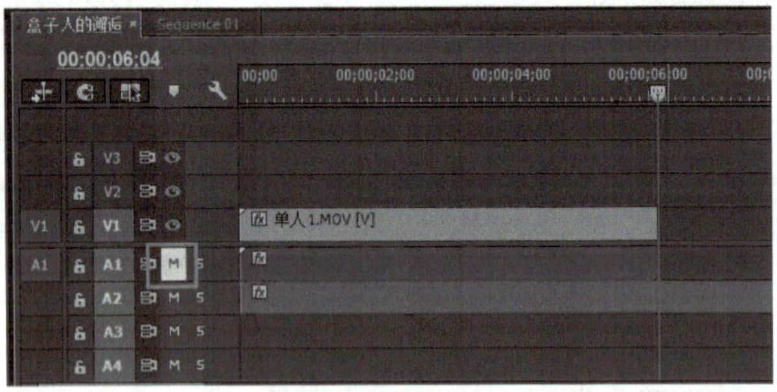

图1-1-9　隐藏视频里的音频

4）把素材在视频预览框里进行删选，然后将素材放入视频轨道A1中，其中“单人”素材库中，各段素材可以根据下列参数进行裁剪，素材“单人 2”出入点为 1～167，

“单人 3”出入点为 1～329，“单人 4”出入点为 77～160，“单人 5”出入点为 145～212，“单人 5”出入点为 145～212，“单人 6”出入点为 299～437，“单人 7”出入点为 186～323，“单人 8”出入点为 487～602，“单人 9”出入点为 334～475，单人素材剪辑完之后都放入视频轨道中，如图 1-1-10 所示。

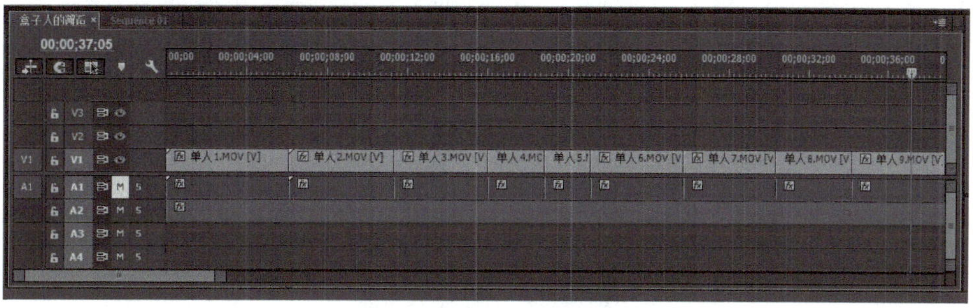

图1-1-10　单人素材合成

5）对“双人”素材库素材进行删剪。各段素材可以根据下列参数进行裁剪，素材“双人 1”出入点为 513～671，“双人 2”出入点为 3～191，“双人 3”出入点为 639～768，“双人 4”出入点为 117～220，“双人 5”出入点为 15～112，“双人 6”出入点为 28～119，“双人 7”出入点为 271～423，“双人 8”出入点为 48～274，“双人 9”出入点为 308～462，“双人 10”出入点为 53～133，“双人 11”出入点为 43～41，“双人 12”出入点为 1～127，“双人 12”出入点为 0～253。将删剪好的素材放入视频轨道 A1 中，如图1-1-11所示。

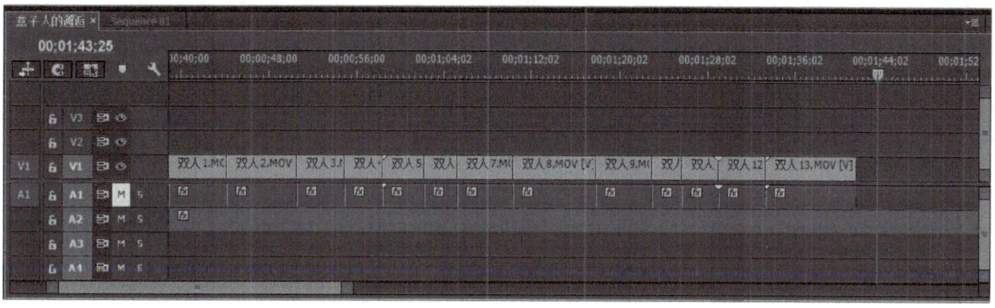

图1-1-11　双人素材合成

4. MV素材精剪

1）在视频轨道中选中“单人2”和“单人3”素材，在中间添加转场效果，打开特效区，在转场中的“Dissolve”文件夹中选择“Cross Dissolve”效果，拉入素材之间，如图1-1-12所示。

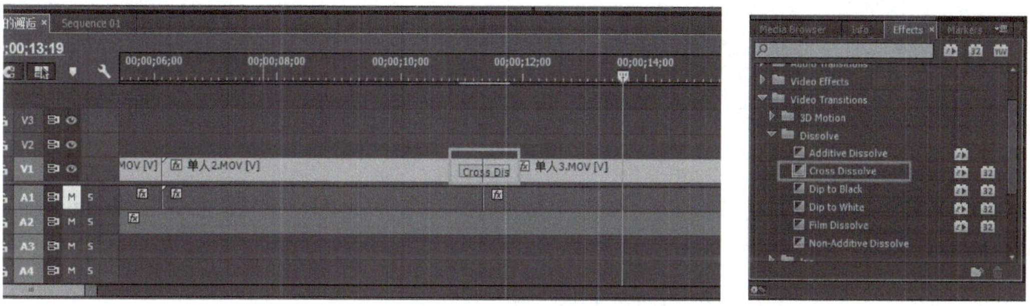

图1-1-12　添加转场效果

2）改变素材速度，选中视频轨道中的“单人3”素材，单击鼠标右键，在弹出的快捷菜单中执行“Speed”→“Duration”，输入90%的速度，并且选择“Ripple Edit”复选框，如图1-1-13所示。

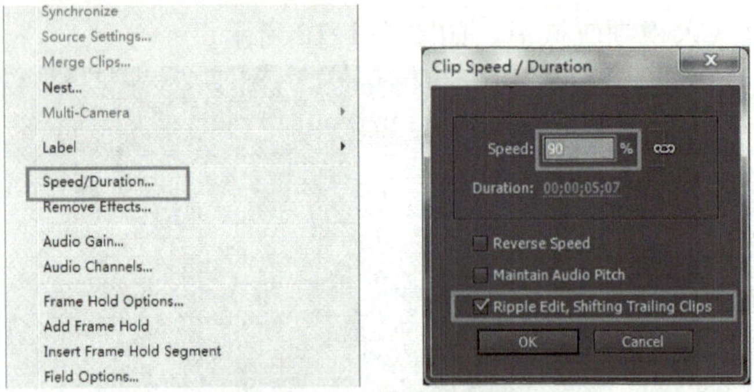

图1-1-13　改变素材速度

3）选择“单人7”素材，进行修改，选中画面不稳定的部分，裁剪并删除，在空白处单击鼠标右键，在弹出的快捷菜单中选择“Ripple Delete”命令删除波纹，如图1-1-14所示。

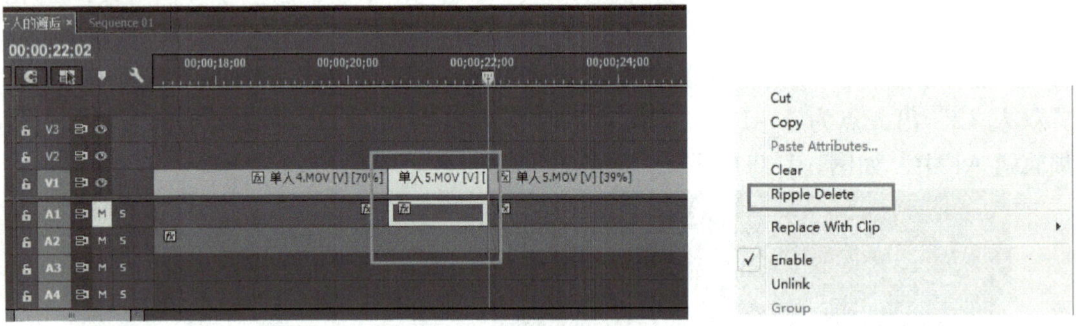

图1-1-14　删除没用的素材

4）其他素材调整方案。“单人4”速度调整为70%，“单人7”速度调整为90%，“单人9”与“双人1”之间添加叠化的转场效果，“双人5”与“双人6”之间添加叠化的转场效果，如图1-1-15所示。

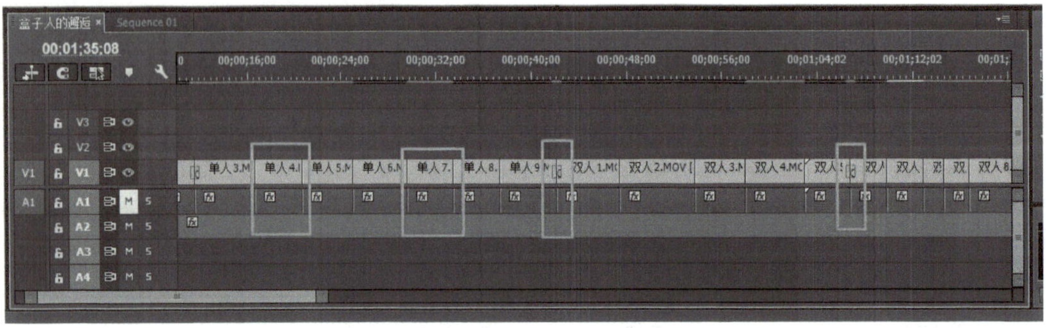

图1-1-15　调整素材、添加转场

5）选择“双人7”素材，从画面开始到特写部分，用“剪辑工具”剪断，在前半段单击鼠标右键，在弹出的快捷菜单中选择“Speed/Duration”命令，将速度改为-100%，后半段素材速度改为70%，如图1-1-16所示。

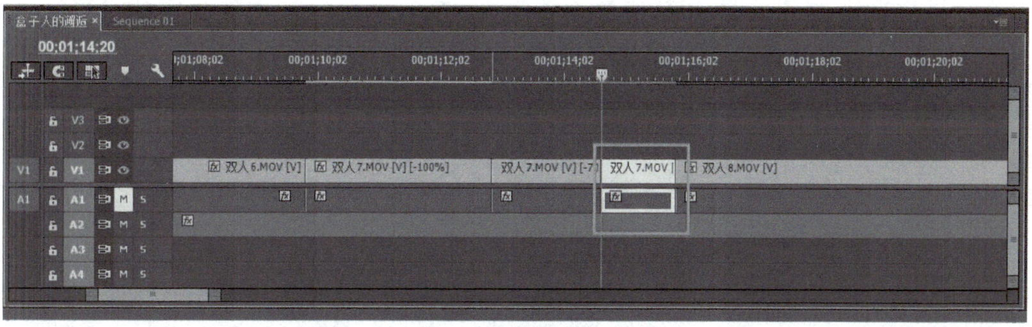

图1-1-16　翻转帧

6）“双人8”素材速度调整为85%，“双人9”素材速度调整为70%，在“双人10”素材中，由于前面进场时过快，所以截成2段，前面一段速度调整为50%，后面一段调整为70%，如图1-1-17所示。

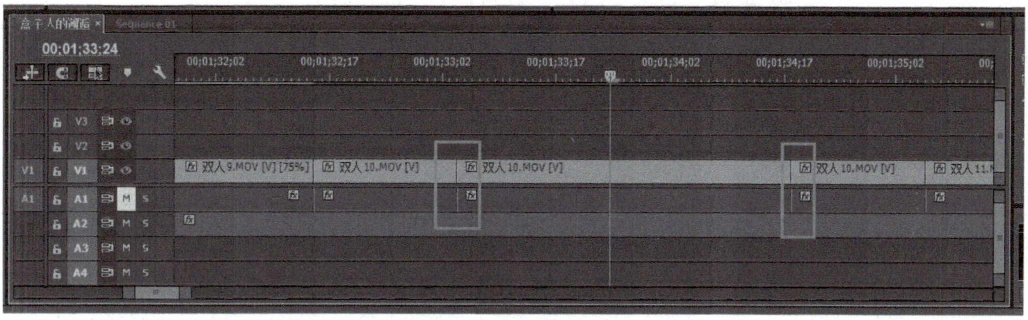

图1-1-17　调整素材速度

7）裁剪音频，根据音乐选中合适的出点，删除多余的部分，如图1-1-18所示。

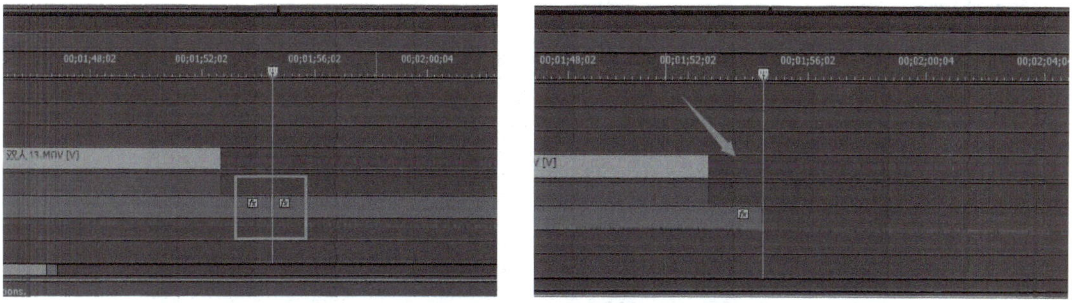

图1-1-18　音频裁剪

8）将最后一段视频素材延长至音频结束帧，如图1-1-19所示。

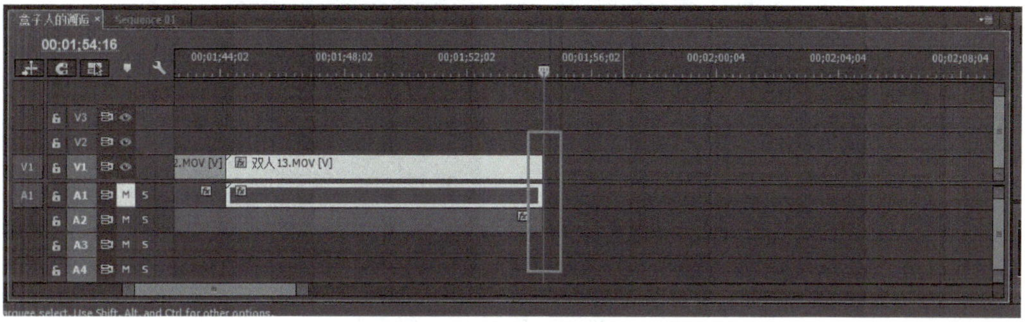

图1-1-19　延长视频

9）制作音频淡化效果，在特效面板选择“Crossfade”文件夹中的“Constant Power”，拉入音频结束处，并做延长效果，如图1-1-20所示。

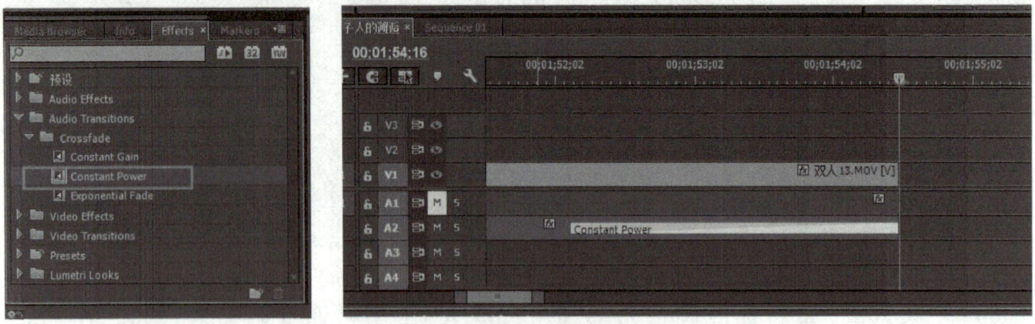

图1-1-20　音频淡出

10）黑场淡出，在视频结束处，在视频转场区选择“Dissolve”文件夹，选择“Dip to Black”拉入视频中，并且延长，如图1-1-21所示。

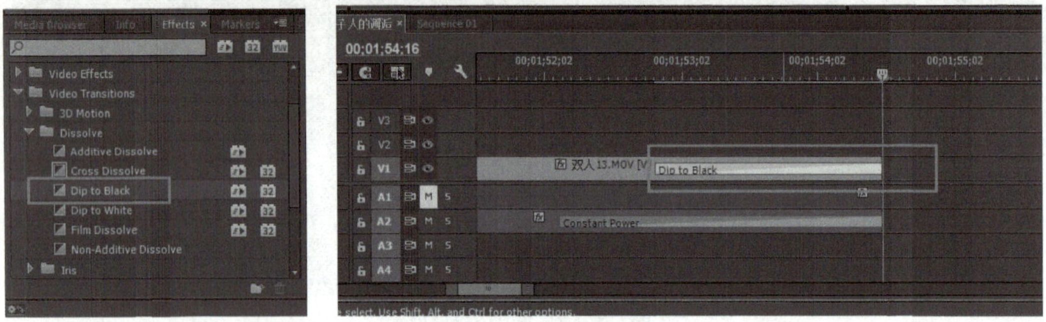

图1-1-21　视频黑场淡出

5. MV调色

1）选择“单人6”素材，在“Effects”面板中选择“RGB Curves”，拉入视频中，打开特效面板，做如图1-1-22所示的效果调节。

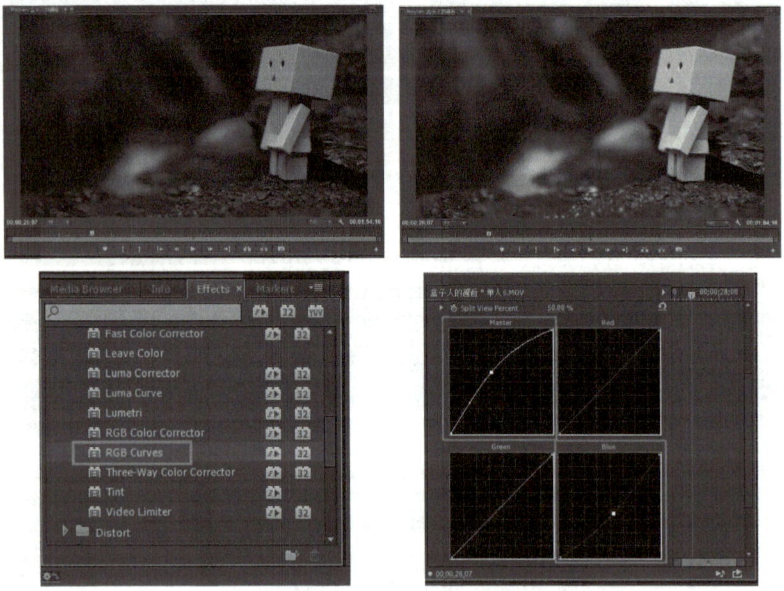

图1-1-22　RGB Curves色彩调节

2）选择“双人6”素材，在“Effects”面板中选择“RGB Curves”，拉入视频中，打开特效面板，做如图1-1-23所示的效果调节。

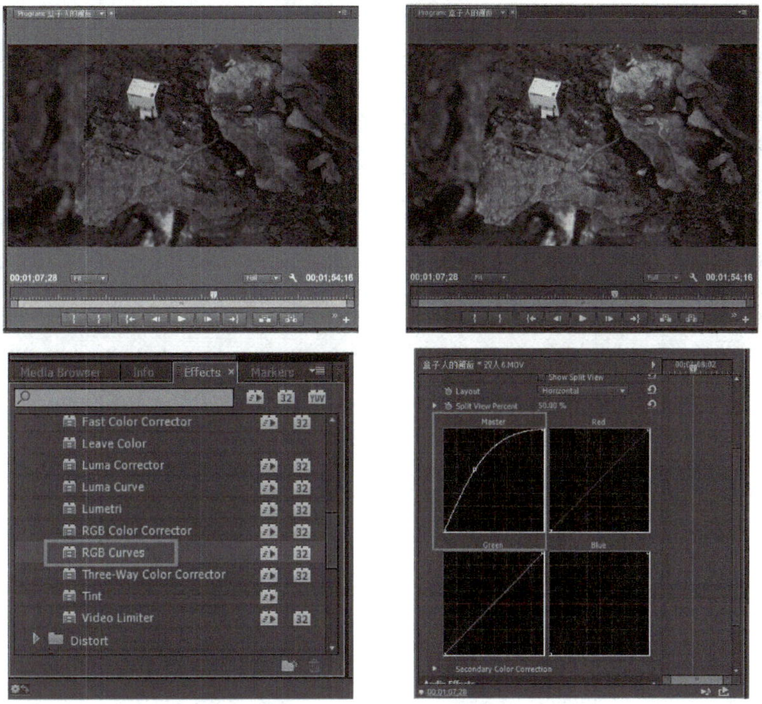

图1-1-23　整体色彩调节

3）选择“双人7”素材，在“Effects”面板中选择“RGB Curves”，拉入视频中，打开特效面板，做如图1-1-24所示的效果调节。

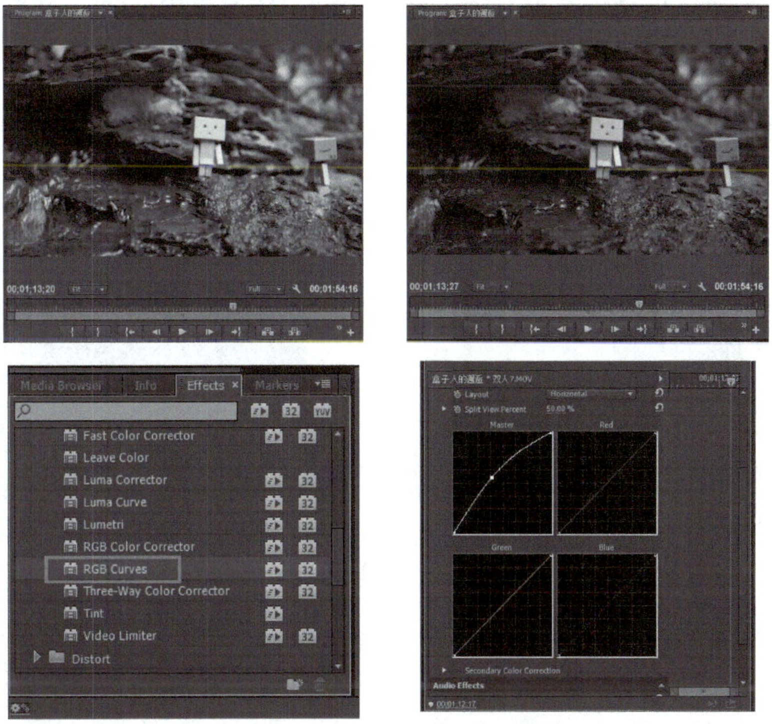

图1-1-24　整体色彩调节

4）选择“双人7”素材，在“Effects”面板中选择“Color Balance”拉入视频中，打开特效面板，把Saturation参数调整为5.0，做如图1-1-25所示的效果调节。

图1-1-25　色彩平衡调节

6. 遮幅制作

1）在素材面板中单击鼠标右键，在弹出的快捷菜单中选择“New Item”下的“Title”命令，命名为“遮幅”，出现对话框后选择“矩形工具”，绘制黑色遮幅，上下调整为一样的宽度，如图1-1-26所示。

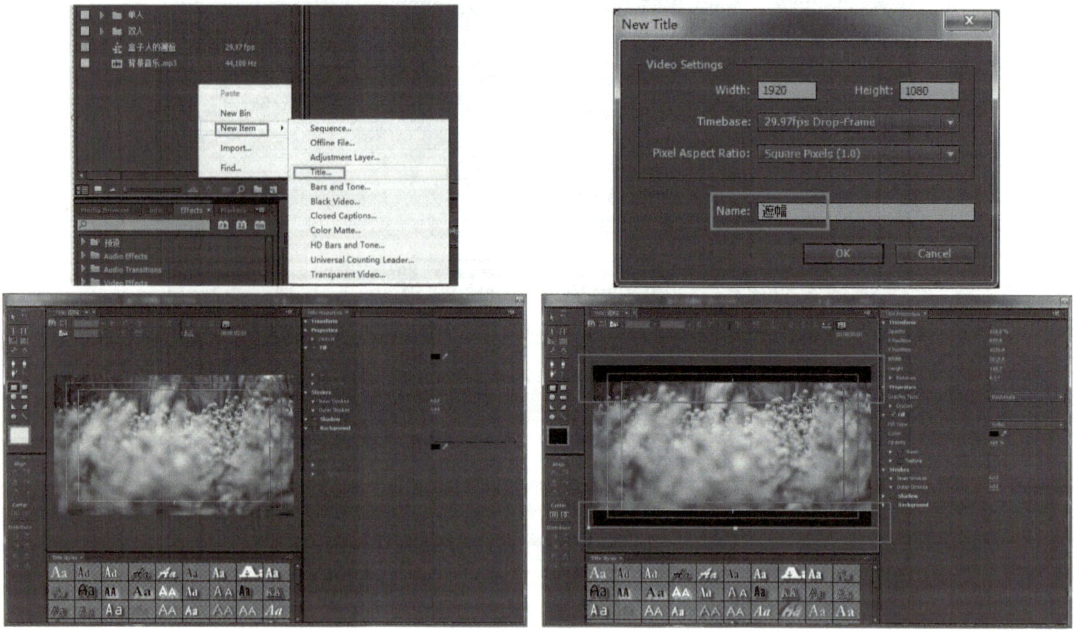

图1-1-26　新建遮幅

2）制作遮幅，将素材拉入到视频轨道上，调整素材长度，覆盖整个视频播放区域，如图1-1-27所示。

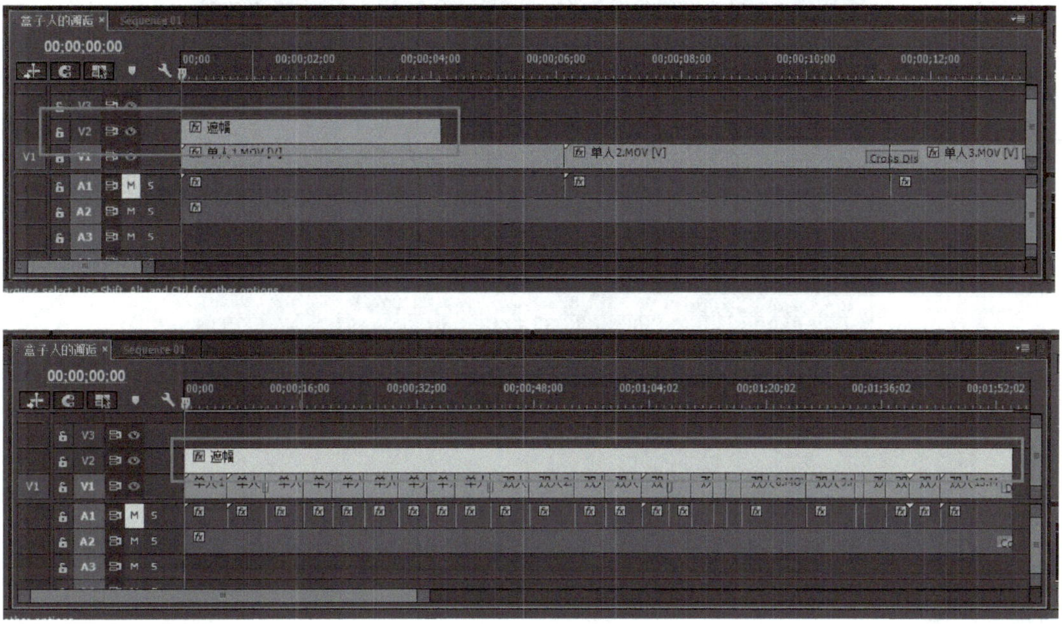

图1-1-27　制作遮幅

7. 文件输出

1）执行“File”→“Export”→“Media”命令，在弹出的对话框中可以选择适当的格式，建议使用MPEG或者H.264格式，如图1-1-28所示。

2）输出设置，给作品命名，将视频质量选择100，单击“Export”按钮输出作品，如图1-1-29所示。

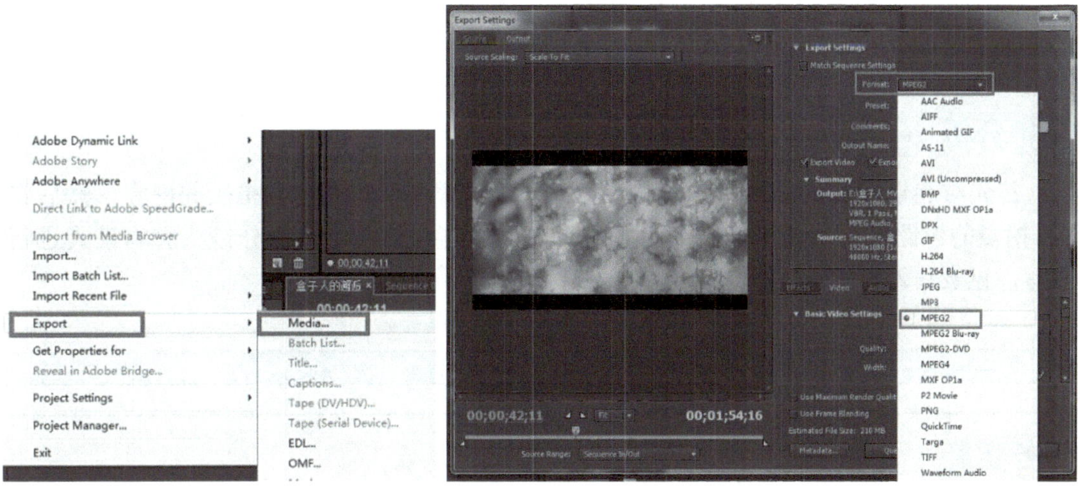

图1-1-28　选择适当的格式

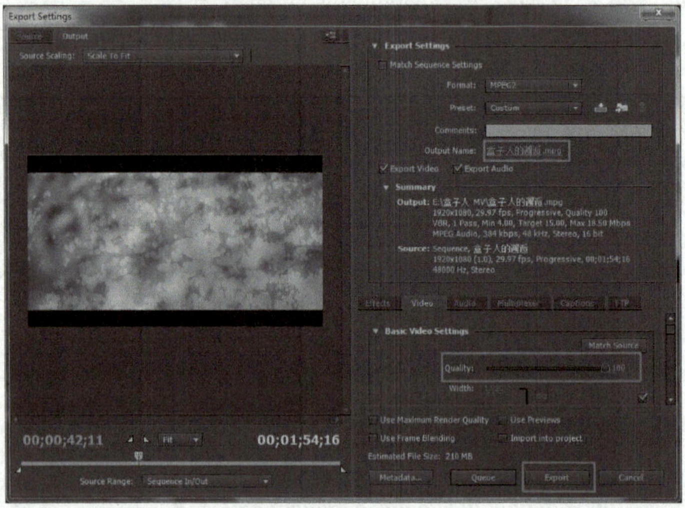

图1-1-29　输出设置

项目2 《I won't give up》MV制作

项目描述

《I won't give up》是美国男歌手Jason Mraz在2012年推出的单曲，一个好的MV作品不仅能够更好地展现作品内容，同时也是对歌手进一步的包装与宣传，所以MV的制作不仅要突出歌曲的曲风和旋律，还有让观众在观赏MV的同时记住画面的内容、歌曲的旋律、歌词的意义，让作品更加深入人心。

此次MV制作项目采用翻拍形式，在已有曲目上重新进行画面演绎，通过作品的翻拍了解并掌握制作MV需要掌握的前期、后期基本技能。本项目针对MV制作的基本要素完成一个完整MV的前后期拍摄与包装，从设计分镜头开始，包括演员的选定，拍摄的技巧，素材的整理，后期的编辑与包装。后期剪辑可以利用Premiere或者After Effects来完成。

任务1　分镜头脚本设计

任务分析

首先对选取歌曲的曲风、歌词进行分析，构思新MV的主题和拍摄的内容，然后将MV拍摄的思路转化为文字的分镜头脚本。MV分镜头脚本可参照分镜头脚本模式进行编写，见表1-2-1。

表1-2-1　分镜头脚本模式

镜号	时间	景别	技巧	内容	歌词	场景

任务实施

分镜头脚本又称“导演剧本”，是将影片的文学内容分切成一系列可以摄制的镜头，以供现场拍摄使用的工作剧本。由导演根据文学剧本提供的思想与形象，经过总体构思，将未来影片中准备塑造的声画结合银幕形象，通过分镜头的方式予以体现。

分镜头脚本大多采用表格形式，格式不一，有详有略。一般设有镜号、景别、摄法、长度、内容、音响、音乐等栏目。其中“摄法”是指镜头的角度和运动；“内容”是指画面中人物的动作和对话，有时也把动作和对话分开，列为两项。在每个段落之前，还注有场景，即剧情发生的地点和时间，段落之间标有镜头组接的技巧。有些比较详细的分镜头脚本，还附有画面设计草图和艺术处理说明等。

做MV没有拍电视剧这么复杂，MV的文案格式可以参考分镜头脚本。

本项目采用的歌曲为《I won't give up》，编剧将MV画面内容重新构思，编写了新的分镜头脚本，见表1-2-2。

表1-2-2　分镜头脚本

镜号	时间	景别	技巧	内容	场景
1	10s	大	导轨推全景	吉他声刚响起	录音室
2	11s	特写	定特写手弹吉他	特写手弹吉他	录音室
3	5s	特写	特写脸部，认真的表情	男演员被教师叫到讲台上完成题目	课室
4	5s	中或大	90° 侧面	男演员题目不会做灰溜溜地下了台	课室
5	12s	中	定平视歌手脸部	唱歌	录音室
6	5s	大	导轨	教师分发考卷，学生开始考试	教室
7	4s	中	定45° 侧	主角在考场拼搏	教室
8	10s	全	导轨推歌手全景	唱歌	录音室
9	7s	特写	定特写歌手脸部	唱歌	录音室
10	14s	中	正面歌手上半身	唱歌	录音室
11	6s	中或大	稳定跟拍	男演员奔跑	室外
12	5s	中	平视	男演员找到地方坐下来	室外
13	5s	中	侧面平视	唱歌	录音室
14	17s	特写脸部	正平视	唱歌	录音室
15	10s	吉他特写	侧面平视	唱歌	录音室
16	10 s	中景	平视，跟拍	男演员在各种场地看书，开始发奋读书	室外
17	2s	中全定镜	跟拍/定镜头	男演员在大平台上仰望天空	室外
18	10s	全	导轨推歌手全景	唱歌	录音室
19	7s	特写	定特写歌手脸部	唱歌	录音室
20	14s	中	正面歌手上半身	唱歌	录音室
21	17s	中	定镜头	男演员一个人认真地复习，其他学生不断走来走去	课室
22	11s	特写	定特写手弹吉他	特写手弹吉他	录音室
23	14s	中	正面歌手上半身	唱歌	录音室
24	17s	中	定镜头	男演员一个人认真地复习，其他学生不断走来走去	课室
25	10s	中景	运动镜头	在街道上跑，呐喊	室外
26	10s	中景	定镜平视	在公园的一个椅子坐下，沉默	室外
27	2s	特写脸部	定镜头	从愤怒转为沉寂	室外
28	3s	大镜	运动镜头	望着远处的风景	室外
29	3s	中景	定镜平视	面带微笑，慢慢走向回家的路	室外
30	11s	特写	定特写手弹吉他	特写手弹吉他	录音室

任务2 拍摄前的准备工作

任务分析

演员选定：根据歌曲选择演员，准备演员的服装和妆容。

道具准备：主要包括两方面的道具，其一为拍摄的设备，主要包括摄像设备、脚架、灯光、稳定器等常用设备；其二为拍摄现场用的道具，如麦克风、吉他、钢琴以及画面里出现的各种道具。

任务实施

MV歌曲演员为两个男生，一个主唱，一个主演；服装要求端庄整洁，男生妆容简单即可。

主要摄像设备包括：佳能5D III、佳能60D、三脚架、稳定器、轨道、LED灯光、灯架。

主要现场拍摄道具：课本、吉他、书包、单车、考试卷、笔记本、笔等。

制订拍摄计划，见表1-2-3：

表1-2-3 拍摄计划

拍摄次数	拍摄内容	拍摄场地	涉及人员
第一次拍摄	男演员校外场景	麓湖公园	摄影师、演员、场务
第二次拍摄	男演员课室场景	学校课室	摄影师、演员、群众演员、场务
第三次拍摄	男主唱翻唱	表演厅	摄影师、灯光师、歌手、场务

任务3 拍摄技巧

任务分析

1. MV拍摄选景

1）做集锦的，分配客观，不因自己喜好偏于哪个角色。

2）做单人的，不要把镜头一直放在主角身上，尤其不要一直给说话近景，也要给一些主角远景、与他人的合景、相关的空镜头。如果该主角只有近景，那么滤镜遮罩有什么用什么，人为加工出MV的层次，至少给出主角近景身后的全景。

3）没有特殊需要，电视一个角色多个演员的，最好只给其中一个演员的近景；一个演员多个角色的，在一个MV中不要出现代表两个角色的演员近景。

4）空镜头——天空、太阳、夕阳、月亮、云层、山岳、江水、浪花、旗帜……是合适的就拿来用。

电影电视一般是多个镜头合成出来的，MV的理念与其虽有不同，从某种意义上说是电视某一类剧情的集锦，但是制作手段上可以参考电视电影的拍摄与制作手法。

拍摄手法

微电影、电视、MV制作过程中运用的拍摄手法都可以适用，下面简单介绍几种比较常见的拍摄手法：

[跟镜头]

又称“跟拍”。摄像机跟随运动着的被摄对象拍摄的画面。

[推镜头]

摄像机向前推进时，被摄主体在画幅中逐渐变大，将观众的注意力引导到所要表现的部位。

[拉镜头]

摄像机逐渐远离被摄主体，画面就从一个局部逐渐扩展，使观众视点后移，看到局部和整体之间的联系。

以上三条，如果加以使用，MV会很完美。电影拍摄上用的比较多，电视剧情冗长，用得少，尤其是古老的片子，基本不用。有时，可以人为地对片源做一些推、拉镜头，前提是保证画面的清晰度。

[全景]

摄取人物全身或场景全貌的电影画面。全景具有较为广阔的空间，可以充分展示人物的整个动作和人物的相互关系。

[前景]

镜头中位于主体前面或靠近前沿的人或物。在镜头画面中，用以陪衬主体或组成戏剧环境的一部分。具有烘托主体和装饰环境等作用，并有助于增强画面的空间深度，平衡构图和美化画面。

[远景]

摄取远距离人物和景物的电影画面。这种画面可以使观众在银幕上看到广阔深远的景象，以展示人物活动的空间背景或环境气氛。

[中景]

摄取人物膝盖以上部分的电影画面。视距比近景稍远，能为演员提供较大的活动空间，不仅能使观众看清人物表情，而且有利于显示人物的形体动作。

[近景]

摄取人物胸部以上的电影画面。视距比特写稍远。近景中，人物上半身活动占据画面显著地位，成为主要表现对象，能使观众看清人物的面部表情或某种形体动作。

[特写]

拍摄人像的面部、被摄对象的一个局部的镜头。特写镜头是电影画面中视距最近的镜头，因其取景范围小，画面内容单一，可使表现对象从周围环境中凸显出来，造成清晰的视觉形象，得到强调的效果。

[大特写]

大特写又称“细部特写”，把拍摄对象的某个细部拍得占满整个画面的镜头。这种明显的强调作用和突出作用，使大特写和特写一样，成为电影艺术独特的表现手段，具有极其鲜明、强烈的视觉效果。

[空镜头]

空镜头又称“景物镜头”，指影片中作自然景物或场面描写而不出现人物（主要指与剧情有关的人物）的镜头。常用以介绍环境背景、交代时间空间、抒发人物情绪、推进故事情节、表达作者态度，具有说明、暗示、象征、隐喻等功能，在影片中能够产生借物喻情、见景生情，情景交融、渲染意境、烘托气氛、引起联想等艺术效果，在银幕的时空转换和调节影片节奏方面也有独特作用。

任务实施

男主角在室外边走路边看书，这一个镜头拍摄方法的详解如下：

首先分析这一个情节需要通过几个镜头来表现，将其分为一个正面中景、一个背面中景和一个侧面全景来诠释这个情节。

选择好拍摄的器材：佳能5DIII 、50mm定焦镜头、稳定器。

拍摄前调整好稳定器，达到手持能够稳定，画面水平没有偏差，选取好场景后进行对焦，焦点一般放置在演员的眼睛处。一切准备好后按下录制键进行拍摄，拍摄过程中注意画面的稳定，如拍摄过程中出现跑焦、笑场则进行重新拍摄。

一个镜头的拍摄注意不同景别的运用，包括正面的中景和背面的中景，再配上一个侧面的全景。这些素材的拍摄有助于后期的素材编辑以及后期剪辑时的镜头切换。

注意事项：

1）摄影上取镜范围不变、焦距不变、人物动作基本不变的“静态”视频，比如说话、沉思、特写一类，在没有滤镜、遮罩点缀的情况下，最好不要超过3s，除非是特殊需要。拉、推、跟镜头、变焦的摄影画面是MV片源的首选。

2）人物的近景与特写在一个MV中不要出现过多（哪怕是不同的人），远、中、近、前、后景要分布合理，适当放一些风景或者主角不在的空镜头。

任务4　筛选素材

任务分析

拍摄结束后会有很多素材，大量素材需要进行筛选，选择有用的素材，这样不仅方便剪辑更节约了不少时间，因此，素材的筛选是很重要的，在筛选的同时不仅对素材进行整理，也让后期剪辑师熟悉素材的内容。

任务实施

拍摄结束后将素材复制到计算机中，按拍摄时间或者机号进行分文件夹存放，刚拍摄后的素材是海量的，如图1-2-1所示。即使同一个画面镜头，有时有好几个重复的，其中只有一段是可以使用的。所以要根据剧本进行筛选，将素材规范化，有效化。

图1-2-1　素材

在这里为了让使用者更加容易找到素材，特意将素材按照内容分好类，合成一个有效素材片段，如图1-2-2所示。

图1-2-2　有效素材片段

最后素材共分为以下几段：主唱特写1、主唱特写2、主唱中景、演员教室、演员校内、演员校外，如图1-2-3所示。

图1-2-3　电影剪辑

任务5　MV后期剪辑

任务分析

根据MV歌曲的曲风、原唱和翻唱的口型对接，画面的切换，不同景别的选用，素材的选用和编辑需要能够表达歌曲的主题。本任务用到的软件主要是Premiere，主要是学习编辑手法，掌握剪辑技巧。

任务实施

1. 新建项目和序列

1）启动Premiere软件，单击“新建项目” 按钮，打开新建项目对话框，如图1-2-4所示。

2）在新建项目对话框中，单击“Browse（浏览）”按钮，设置项目存储位置。修改项目名称为“MV”，单击“OK（确定）”按钮，如图1-2-5所示。

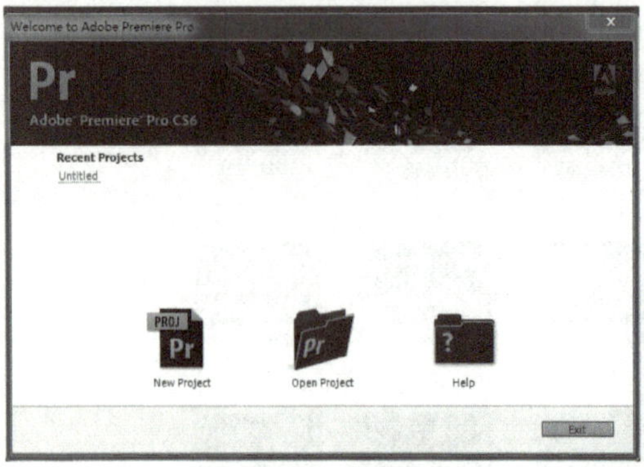

图1-2-4　新建项目

图1-2-5　给项目命名

3）单击“确定”按钮后，系统自动跳转到新建序列对话框，在对话框中展开“DV-PAL”项，选择其下的“Standard48KHz（标准银幕 48KHz）”，修改序列名称为“教材MV”，单击“OK（确定）”按钮后进入Premiere工作界面，如图1-2-6所示。

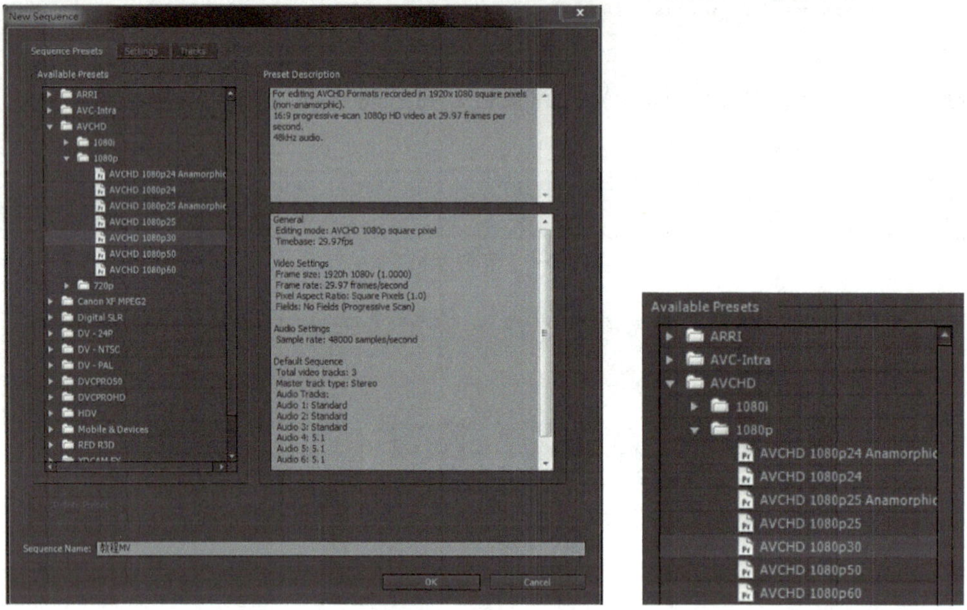

图1-2-6　选择新项目的参数

2. 导入素材及素材管理

1）在项目管理器中新建两类类别文件夹，分别是演员、主唱，将整理好的MV素材导入项目管理器中，并分门别类地放到相关的素材文件夹中，整理后的素材目录清晰，浏览和查找起来都一目了然，如图1-2-7所示。

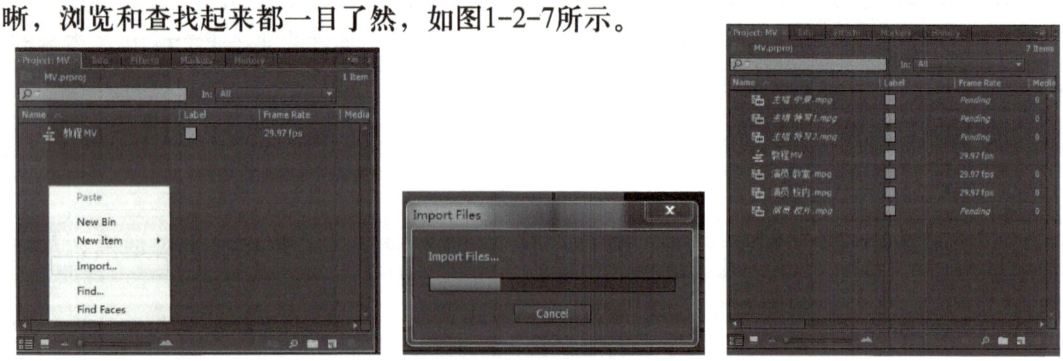

图1-2-7　导入素材

2）下载优质背景音乐，将音乐导入到素材库里，如图1-2-8所示。

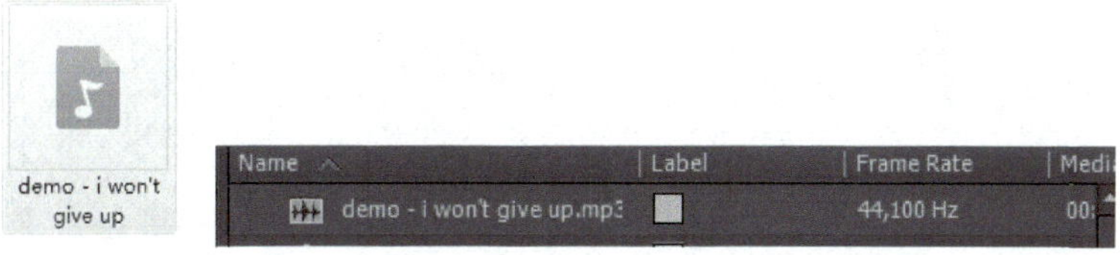

图1-2-8　导入背景音乐

3. MV素材粗剪

1）从素材库中将原唱音频放入时间轨道上，如图1-2-9所示。

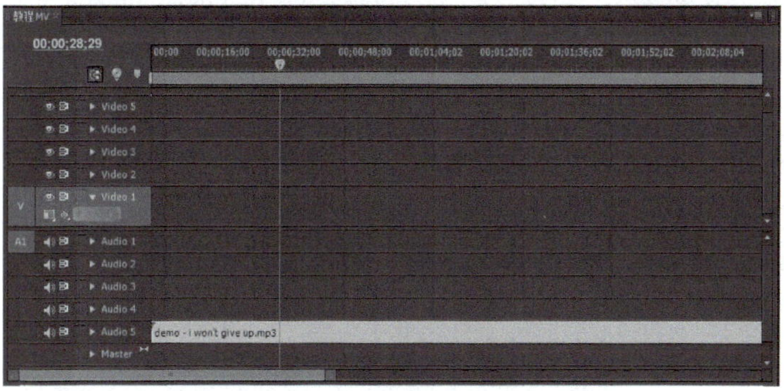

图1-2-9　音频放入时间轨道

2）在素材库中将主唱的三段素材拖放到时间轴上，将“主唱中景”素材放在最上层，如图1-2-10所示。

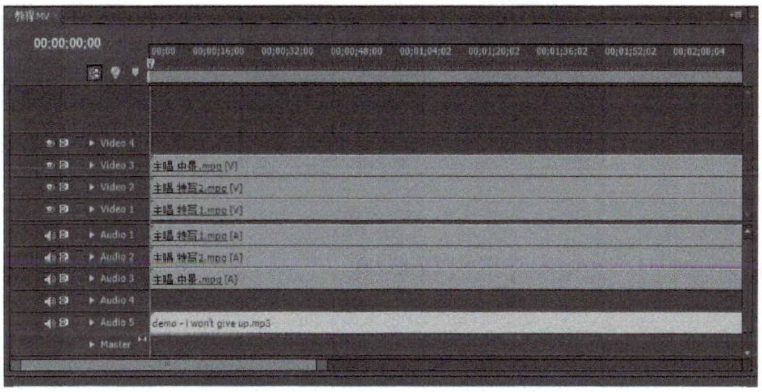

图1-2-10　视频放入视频轨道

3）用“裁剪工具”将主唱的三段音乐剪辑为同一个开始，特别是中景部分，口形一定要对上，调整后如图1-2-11所示。

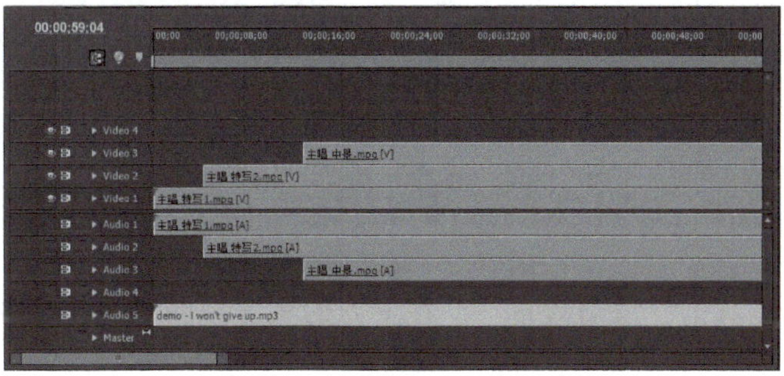

图1-2-11　调整音乐同步

4）将调整完的素材统一到同一个起始帧，方便后期编辑，如图1-2-12所示。

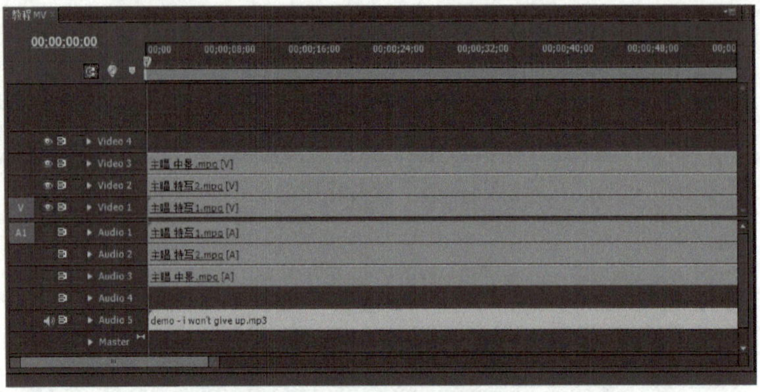

图1-2-12　统一素材开始

5）单击小框内的眼睛符号，隐藏素材的三段声音，方便剪辑的时候更好地听到原唱音乐，如图1-2-13所示。

6）为了在同一场景有不同的镜头画面，将主唱三段视频进行剪辑，使用“剪刀工具”对主唱素材进行剪辑，在19:19s处、29:01s处、39:03s处，58:02s处，剪4次，如图1-2-14所示。

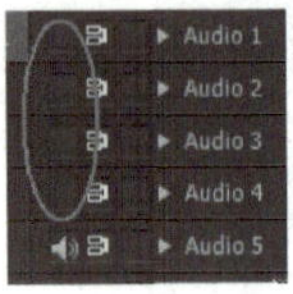

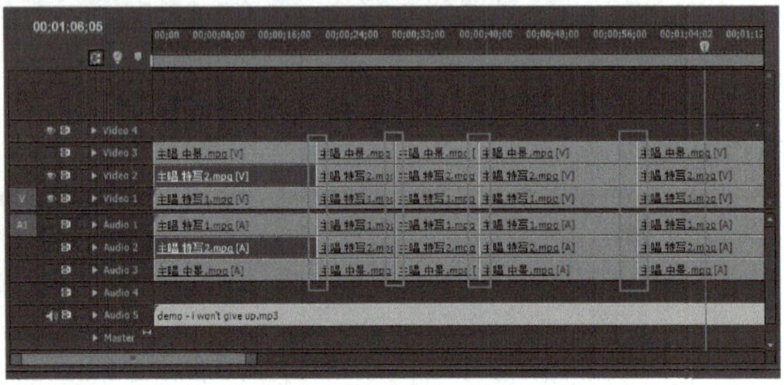

图1-2-13　隐藏音频轨道　　　　图1-2-14　剪辑主唱素材

7）将不需要的素材片段按<Delete>键删除，得到一段主唱前奏不同景别切换的片段，如图1-2-15所示。

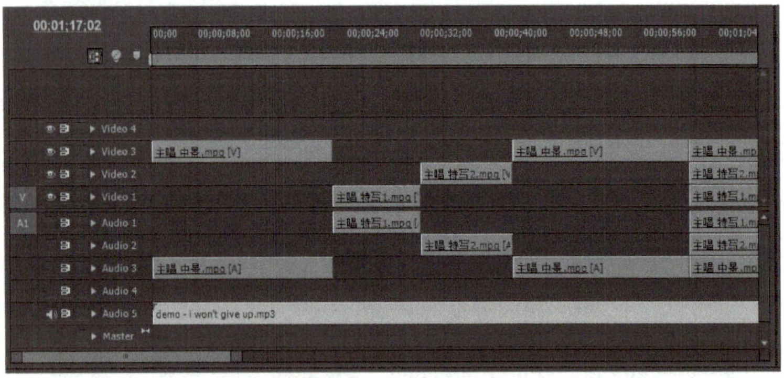

图1-2-15　删除多余素材

8）在素材库里双击“演员教室”，在上方的预览视图里可以看到素材的画面，如图1-2-16所示。

9）单击“播放”按钮，选取所需要的素材片段，在451帧处单击入点键，在550帧处单击出点键，如图1-2-17所示。

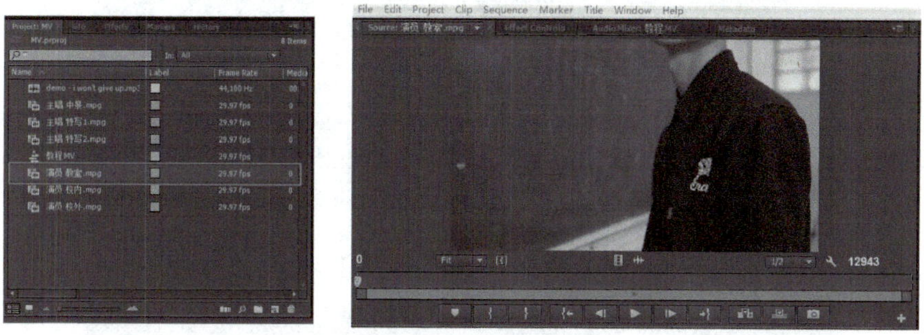

图1-2-16　预览素材

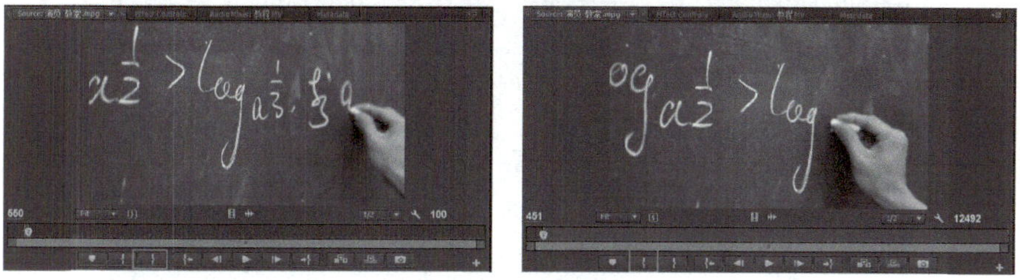

图1-2-17　选取素材

10）将选取的素材拖放到新的视频轨道上，起始帧为59:12，如图1-2-18所示。

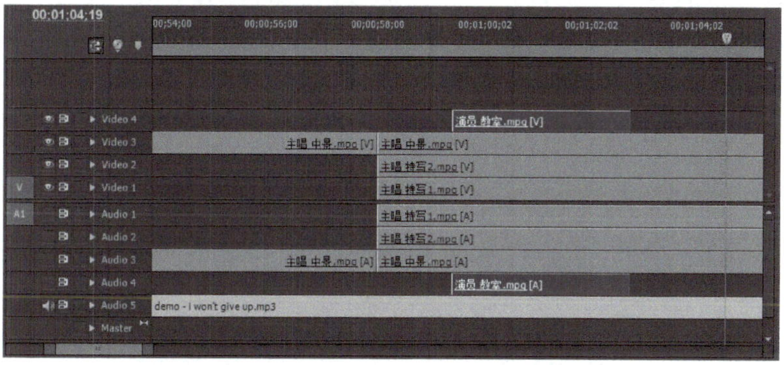

图1-2-18　将新素材放入视频轨道

11）在“演员教室”素材里用同样的方法，在出入点选择合适的素材，分别是58～164帧、2778～2933帧、3433～3630帧、4064～4686帧，将全部素材放进第4视频轨道上，如图1-2-19所示。

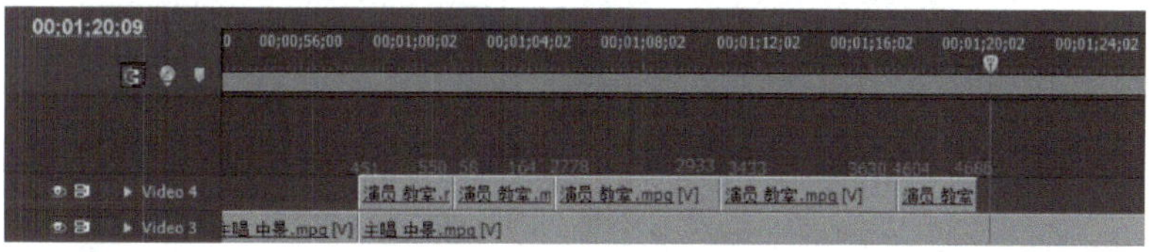

图1-2-19　放入新素材

12）在主唱素材时间轴上的1:19:25s、1:28:21s、1:34:28s、1:40:02s上进行剪辑，然后删除不用的素材，如图1-2-20所示。

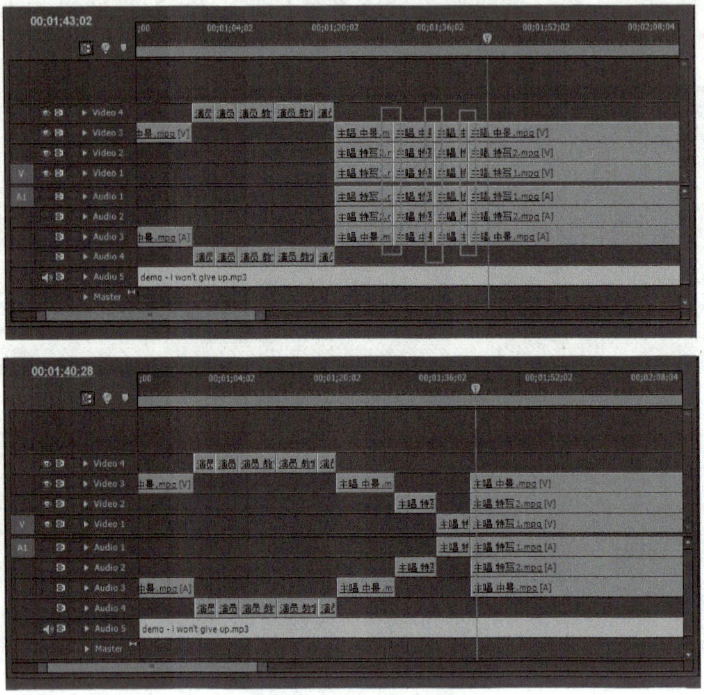

图1-2-20　剪辑主唱素材

13）单击“演员教室”素材，在预览框的出入点分别选出1463～1626帧、977～1071帧、1930～2102帧，将选取的片段插入到时间轴第4条视频轨道上1:40:07s处，并将主唱不用的素材全部剪辑删除，如图1-2-21所示。

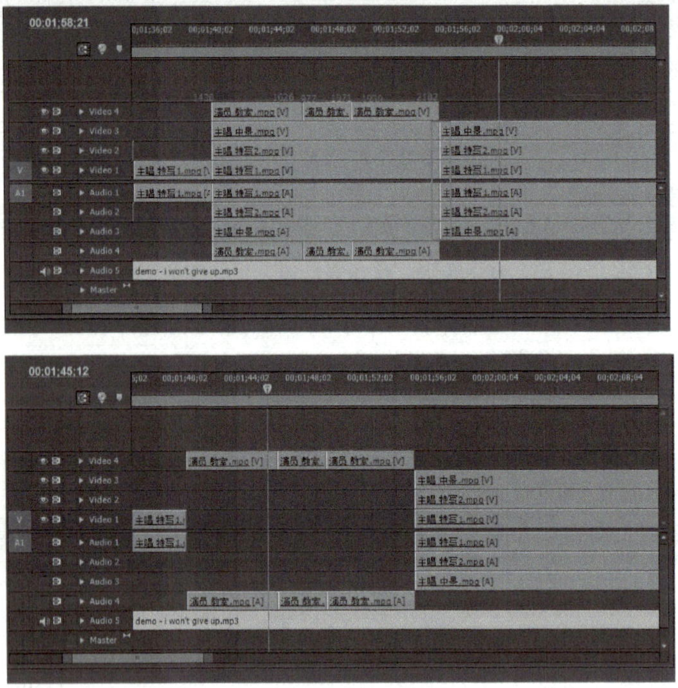

图1-2-21　删除多余素材

14）在主唱素材时间轴上的1:54:4s、2:00:08s上进行剪辑，然后删除不用的素材，如图1-2-22所示。

图1-2-22 剪辑删除素材

15）在素材库里双击“演员校外”素材，在上方的预览视图里可以看到素材的画面，如图1-2-23所示。

图1-2-23 预览素材

16）在预览框的“演员校外”素材的出入点，分别选出171～392帧、1110～1262帧、724～934帧、1902～1954帧、2744～2916帧，将选取的片段插入时间轴第4条视频轨道上2:00:10s处，并将主唱不用的素材全部剪辑删除，如图1-2-24所示。

17）在主唱素材时间轴上的2:30:08s、2:36:22s、2:46:15s上进行剪辑，然后删除不用的素材，如图1-2-25所示。

18）在素材库中单击“演员校外”素材，在预览框出入点选取3907～4023帧素材，放置在03:26:16s处，选取3222～3400帧素材，放置在03:33:12s处，在素材库中单击“演员校内”素材，在预览框出入点选取2449～42 587帧素材，放置在02:46:15s处，选取3016～3221帧素材，放置在02:56:02s处，选取3637～3838帧素材，放置在03:05:15s处，选取4176～4306帧素材，放置在03:26:16s处。然后在主唱3个素材上进行编辑，使画面景别得到变化，如图1-2-26所示。

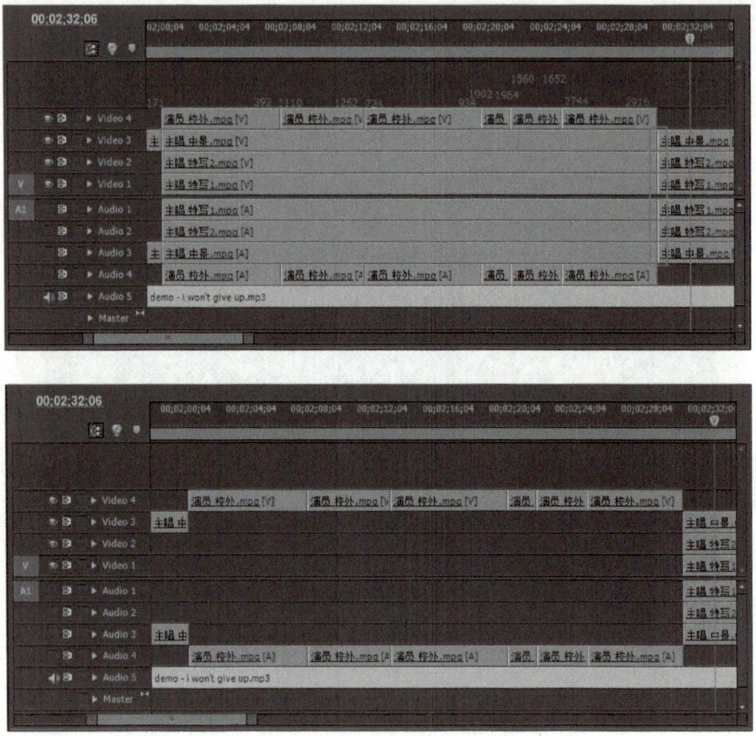

图1-2-24　放入素材到新轨道

图1-2-25　编辑主唱素材

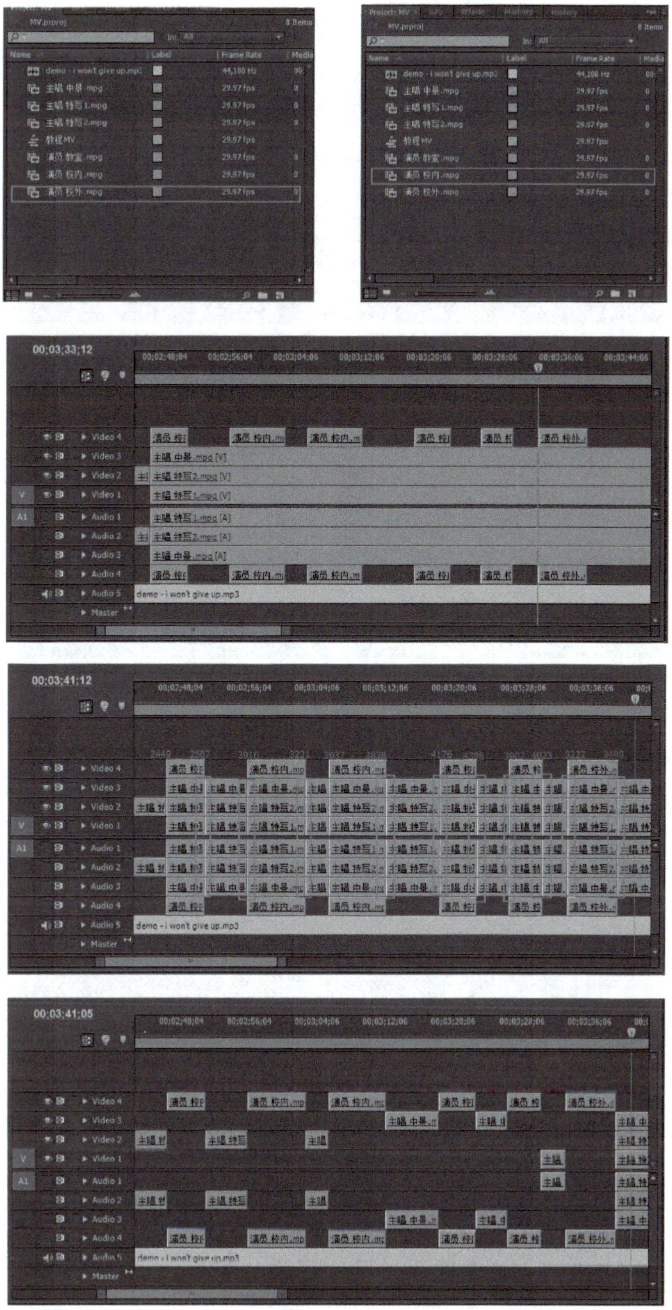

图1-2-26　添加新素材、删除多余素材

19）在素材库中单击“演员校外”素材，在预览框出入点选取7438～7712帧素材，放置在03:46:01s处，将主唱不需要的素材删除，如图1-2-27所示。

20）在素材库中单击“演员校外”素材，在预览框出入点选取11 898～11 996帧放置在04:06:10处，选取11 456～11 547帧放置在04:09:15处，选取10 939～11 070帧放置在04:12:08处，将主唱素材在03:59:13处进行剪辑，保留不同景别，将不需要的素材删除，如图1-2-28所示。

图1-2-27　添加新素材、删除多余素材

图1-2-28　添加新素材、删除多余素材

21）在素材库中单击“演员校内”素材，在预览框出入点选取38～91帧、803～1059帧、1583～1736帧，放置在04:33:22处，对主唱素材进行剪辑，保留不同景别，将不需要的素材删除，如图1-2-29所示。

22）对全部素材进行后期剪辑，在剪辑的过程中不一定按照上述方式进行，可以根据自己对剧情的把握进行，最终如图1-2-30所示。

图1-2-29　添加新素材、删除多余素材

图1-2-30　粗剪后效果图

4. 添加视频过渡效果

1）视频剪辑后时间轴视频素材不在一个视频轨道上，通过拖放将素材整理到一个轨道中，方便后期进行转场设置，如图1-2-31所示。

2）在素材上单击鼠标右键，在弹出的快捷菜单中选择“Unlink”命令，把全部素材的音频删除，如图1-2-32所示。

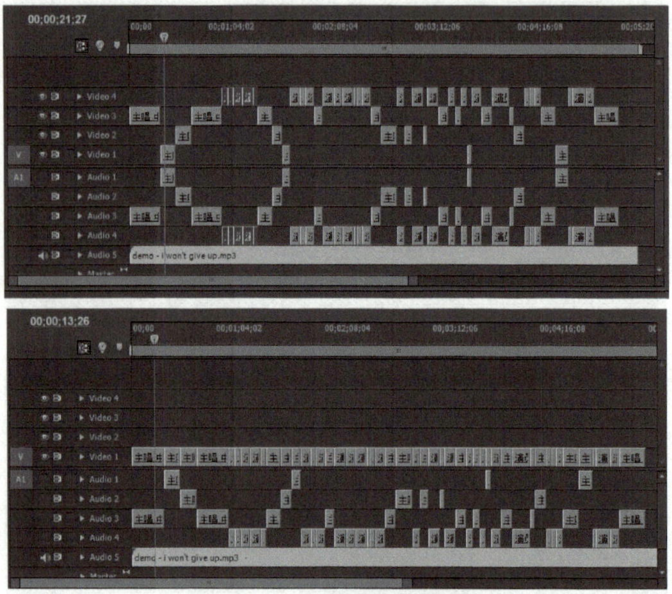

图1-2-31　整理视频轨道素材

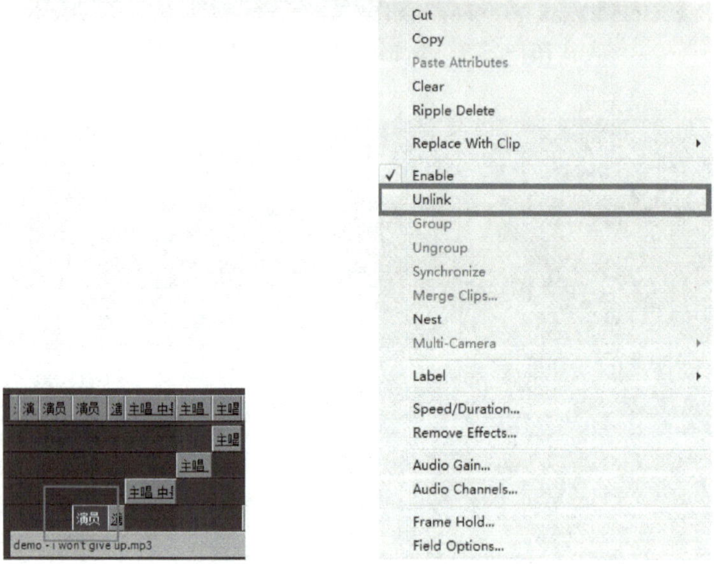

图1-2-32　删除多余音频

3）打开特效面板（Effects）选中视频转场的下拉列表框，在转场中选用“Dissolved”，如图1-2-33所示。

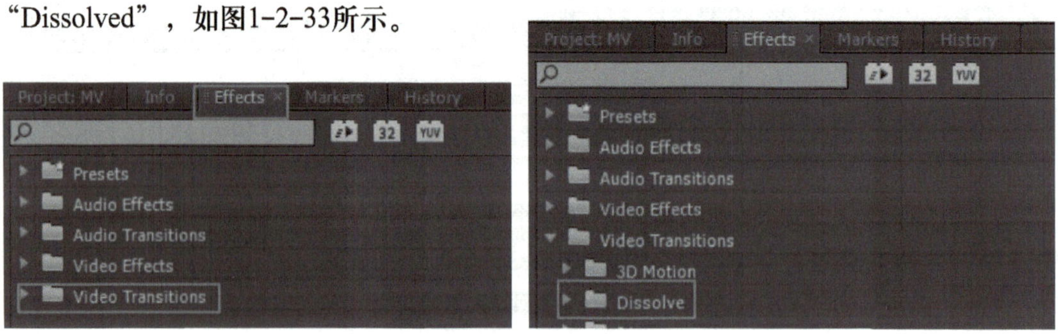

图1-2-33　查找转场效果

4）在“Dissolve”转场效果中选择“Cross Dissolve”转场效果，添加到视频素材的开始，作为黑场淡入效果，放置转场效果后将效果拉长，如图1-2-34所示。

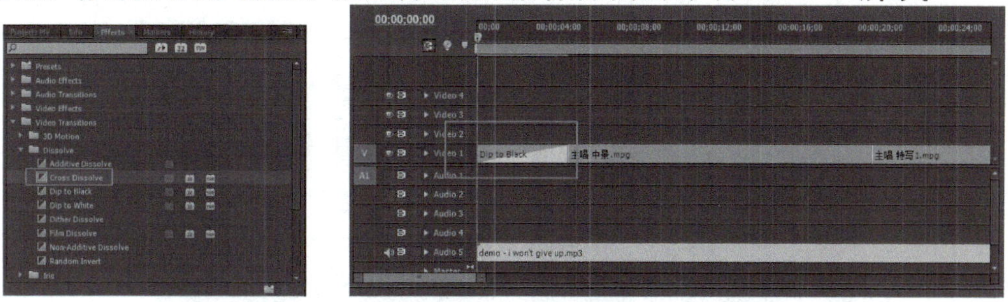

图1-2-34　添加转场效果

5）在“Dissolve”转场效果中选择“Dip to Black”转场效果，添加到视频素材的00:58:00处，作为黑场转化效果，如图1-2-35所示。

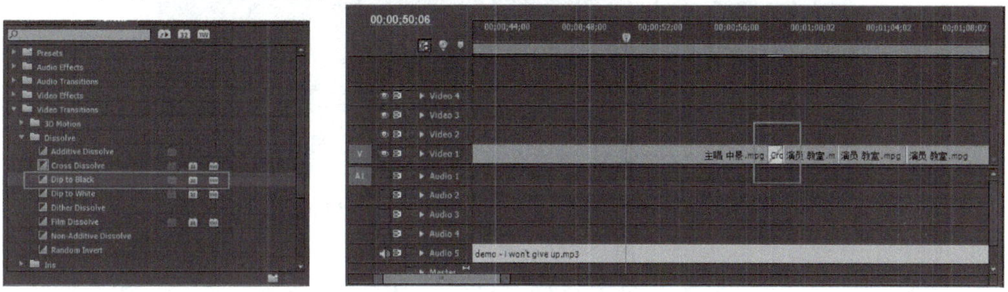

图1-2-35　添加转场效果

6）在“Dissolve”转场效果中选择“Dip to Black”转场效果，添加到视频素材的01:19:24处，作为黑场转化效果，如图1-2-36所示。

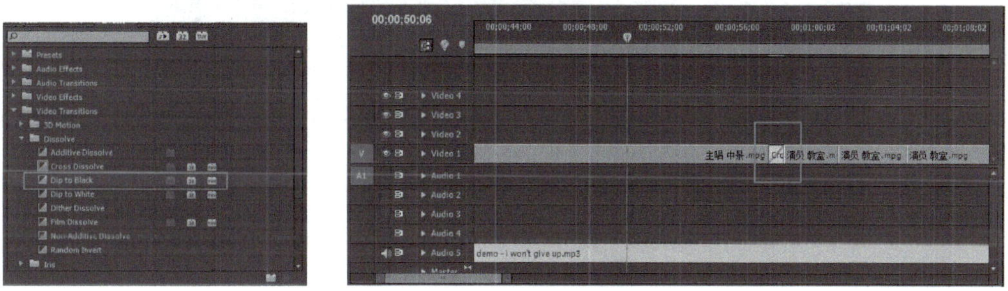

图1-2-36　添加转场效果

7）在“Dissolve”转场效果中选择“Cross Dissolve”转场效果，添加到视频素材的01:54:25处，作为叠化效果；再从“Dissolve”转场效果中选择“Dip to Black”转场效果，添加到视频素材的2:00:10处，作为黑场转化效果，如图1-2-37所示。

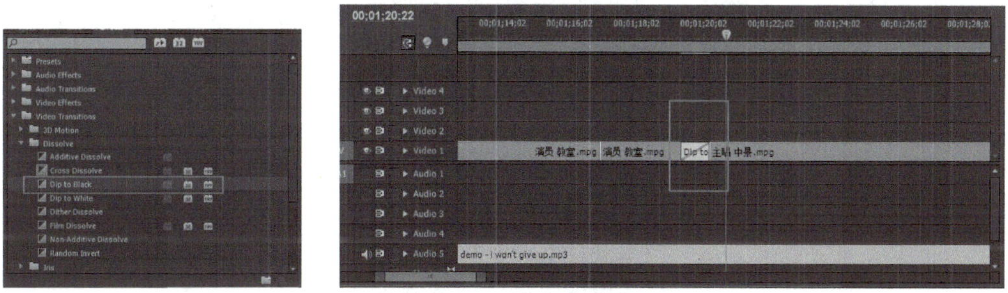

图1-2-37　添加转场效果

8）在“Dissolve”转场效果中选择“Cross Dissolve”转场效果，添加到视频素材的01:54:25处，作为叠化效果；再从“Dissolve”转场效果中选择“Dip to Black”转场效果，添加到视频素材的2:00:10处，作为黑场转化效果，如图1-2-38所示。

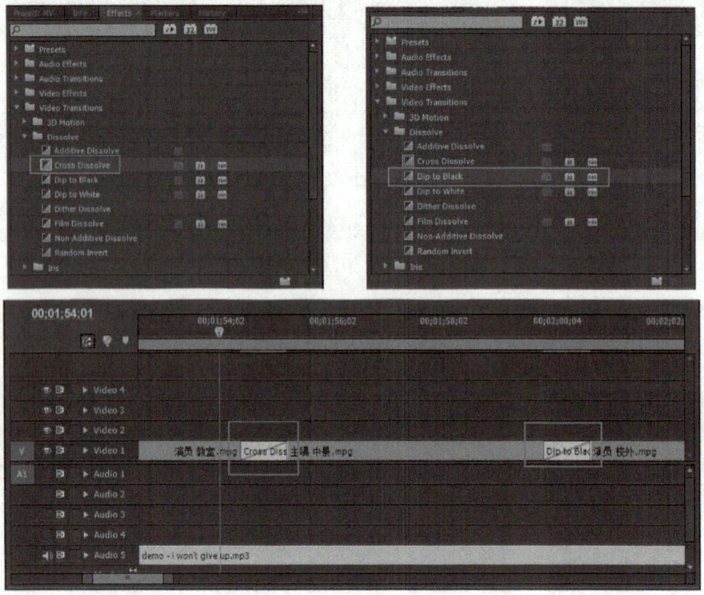

图1-2-38　添加转场效果

9）再从“Dissolve”转场效果中选择“Dip to Black”转场效果，添加到视频素材的最后并且延长，作为黑场转出效果，如图1-2-39所示。

图1-2-39　添加转场效果

5. MV素材精剪和修整

对粗剪后的MV进行审核，对不满意的部分进行修整。此次精剪主要举一个部分为例，在MV的中后段，将演员看书的素材进行重新编辑，并加入新的素材。

1）将素材轨道上03:12:08s处的素材移至上一个视音频轨道上，如图1-2-40所示。

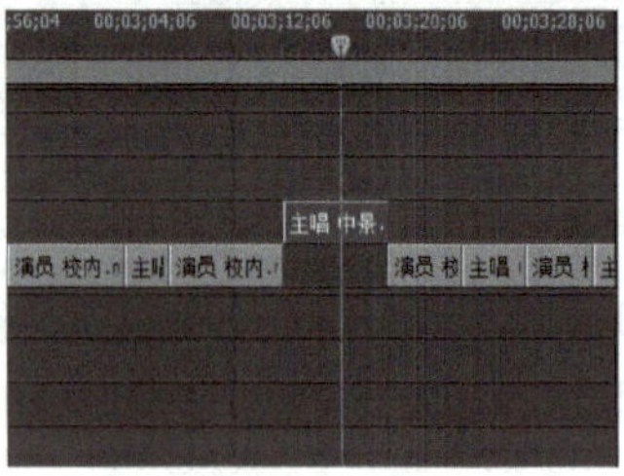

图1-2-40　选取素材

2）将上轨道的素材拖长至2:46:14～3:46:09s，这样能够保持素材在音乐上的同步并隐藏视频轨道2，方便在替换素材的时候重新添加新的内容，如图1-2-41所示。

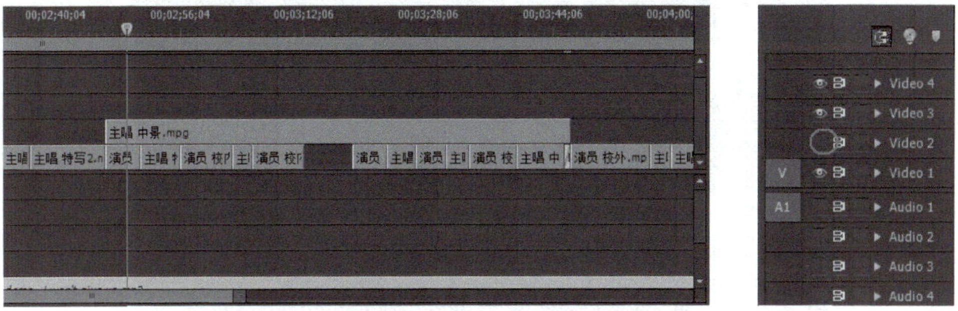

图1-2-41　拖长素材

3）将精选后不要的主唱素材删除，然后将“演员校内”其中一段拍摄过程中光线不好的素材删除，如图1-2-42所示。

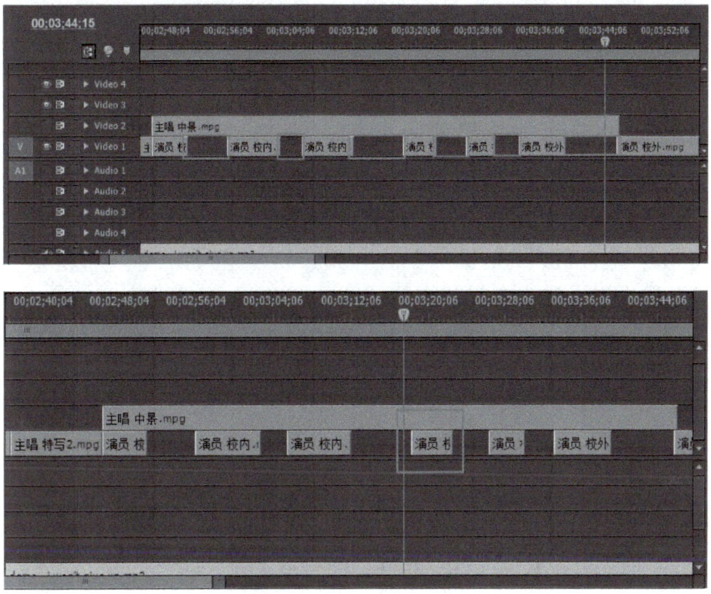

图1-2-42　删选素材

4）将演员看书的素材删除空隙合并到一起，如图1-2-43所示。

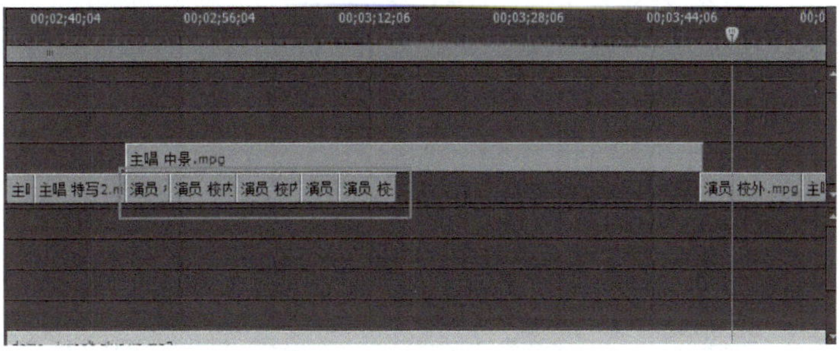

图1-2-43　删除多余空隙

5）将演员看书的素材进一步删选，删除多余的素材，让这一段素材经过剪辑后节奏感更加紧密，如图1-2-44所示。

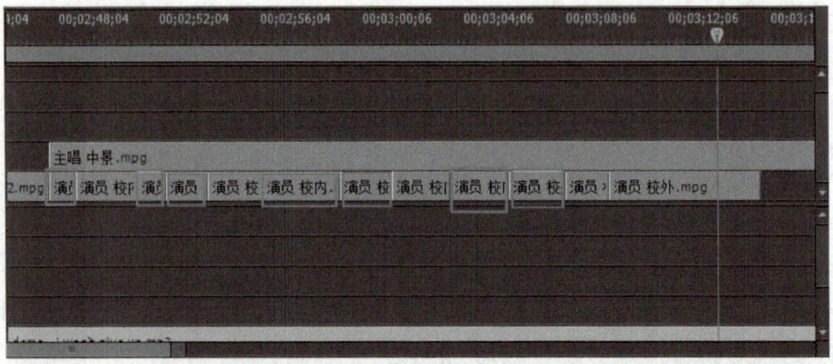

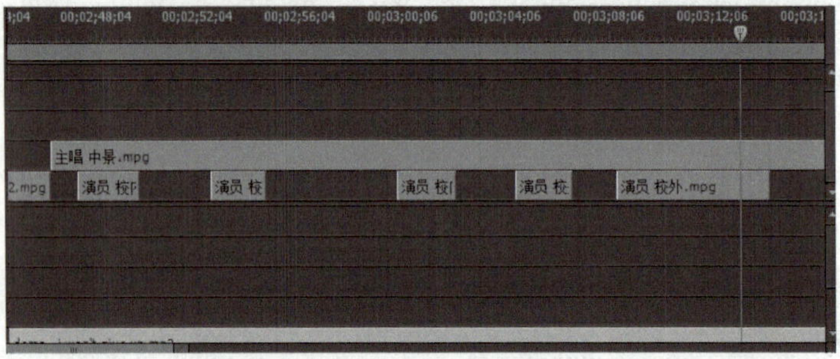

图1-2-44　精剪素材

6）再将分开的演员看书部分的删除间隙合成为一段素材，如图1-2-45所示。

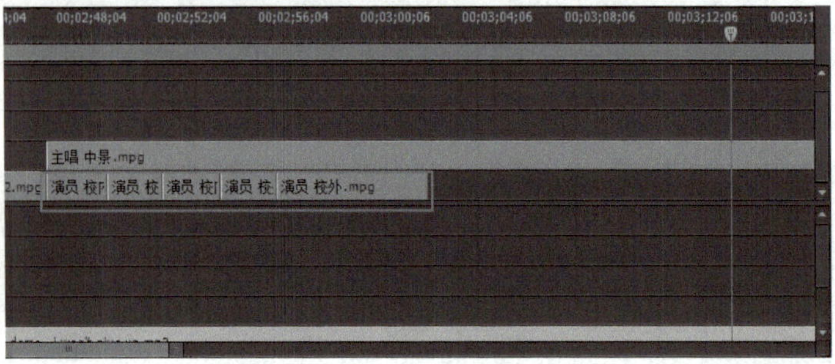

图1-2-45　删除空隙

7）将上轨道主唱的素材不需要的部分用“剪切工具”删除，如图1-2-46所示。

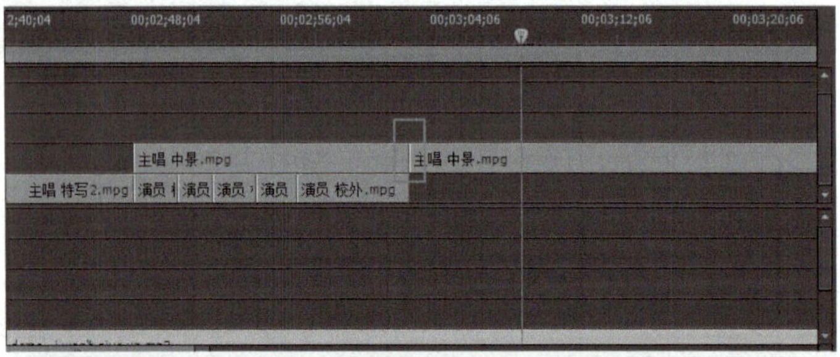

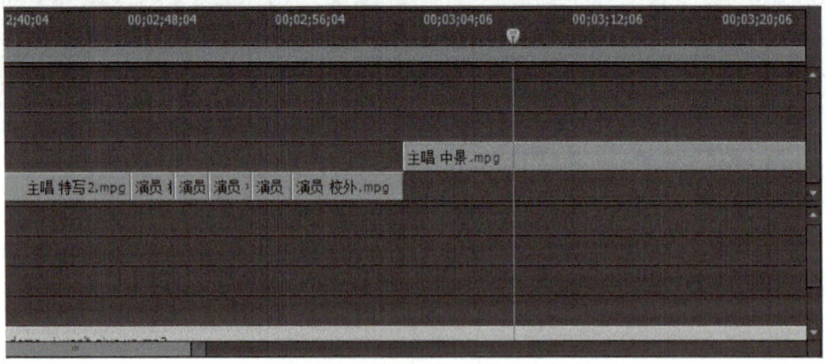

图1-2-46　删除多余主唱素材

8）在视频轨道2的主唱素材进行选择，剪辑点在03:05:20处，如图1-2-47所示。

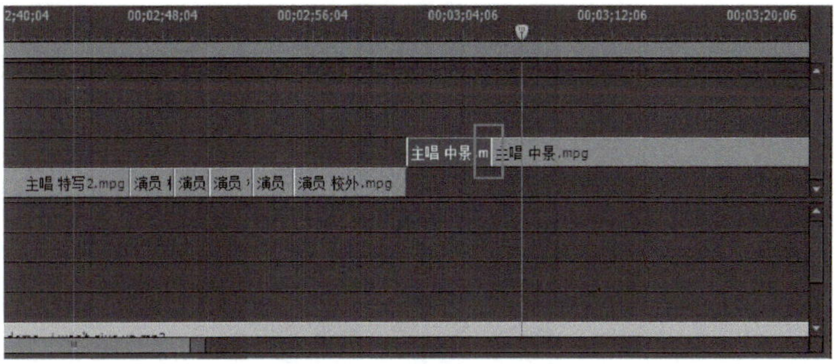

图1-2-47　剪辑主唱素材

9）在素材库里面选择“演员教室”，在预览框选取新的素材，帧数为6362～7315帧，将其拖放到视频轨道中，如图1-2-48所示。

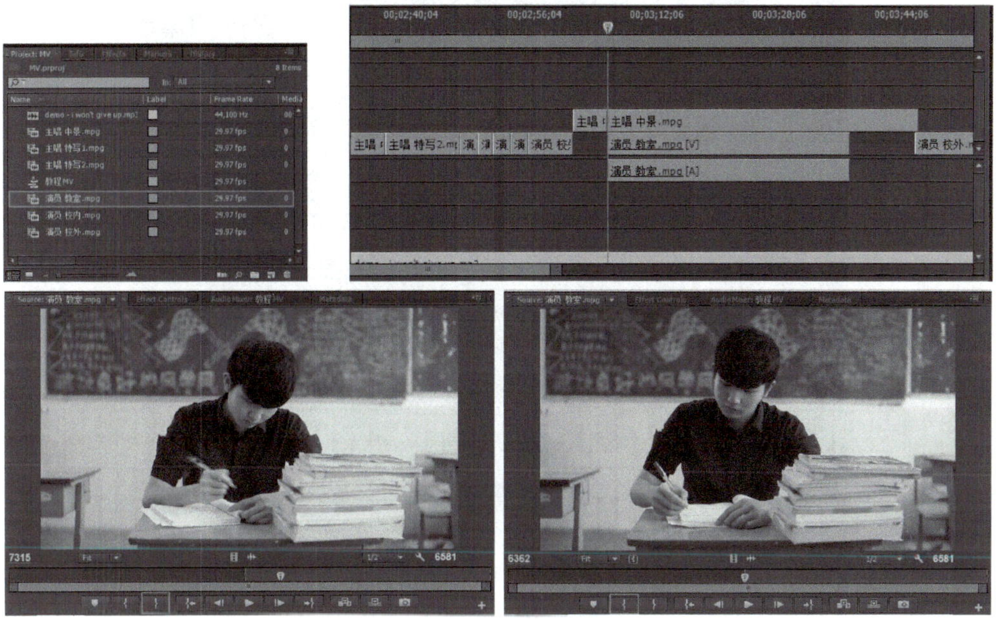

图1-2-48　添加新素材

10）在素材上出现的对话框上单击鼠标右键，在弹出的快捷菜单中执行“Speed”→“Duration”命令，出现“Clip Speed / Duration”对话框，利用速度调节器调节素材的播放速度，如图1-2-49所示。

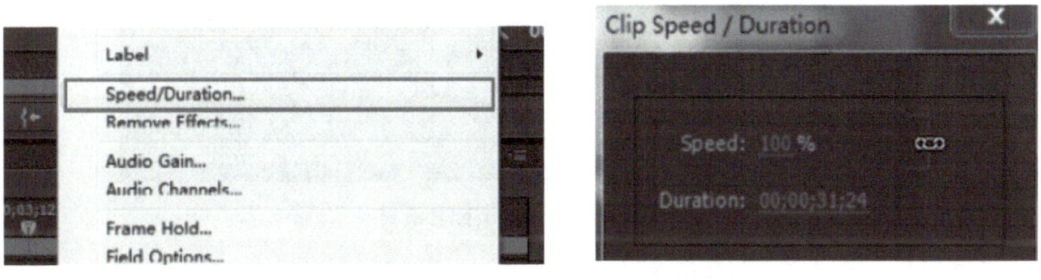

图1-2-49　改变素材速度

11）在“Speed”文本框中输入400，素材加快播放，如图1-2-50所示。

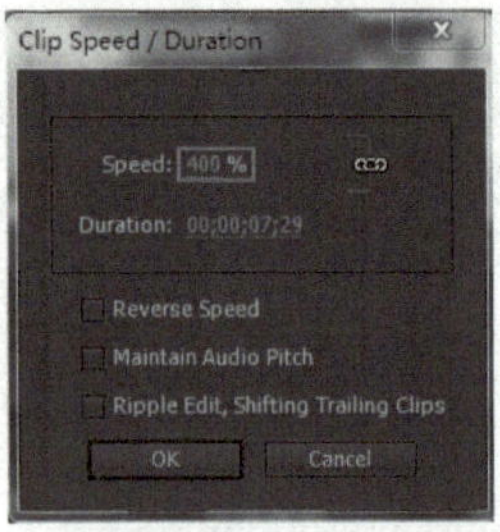

图1-2-50　输入速度值

12）使用“剪切工具”，在视频轨道的03:05:20处进行剪辑，删除不需要的部分，如图1-2-51所示。

图1-2-51　编辑主唱素材

13）使用“剪切工具”，在视频轨道2选取合适的主唱素材，在03:25:09处剪辑，如图1-2-52所示。

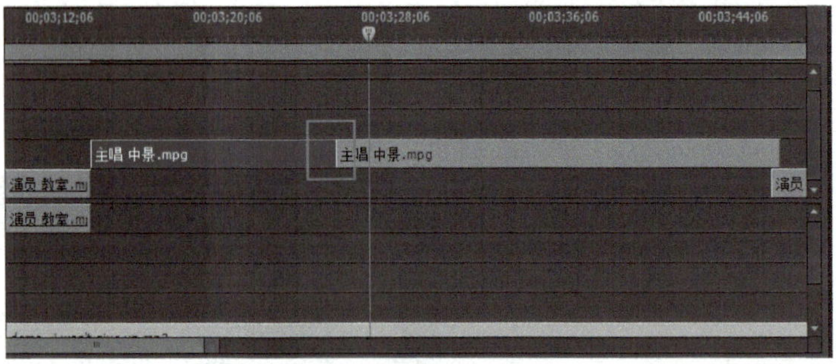

图1-2-52　编辑主唱素材

14）在素材库里选择“演员教室”，在预览框选取新的素材，帧数为8965～9606

帧，将其拖放到视频轨道中，如图1-2-53所示。

图1-2-53　添加新素材

15）再次使用加速功能，在“Speed”文本框中输入400，将素材加速播放，如图1-2-54所示。

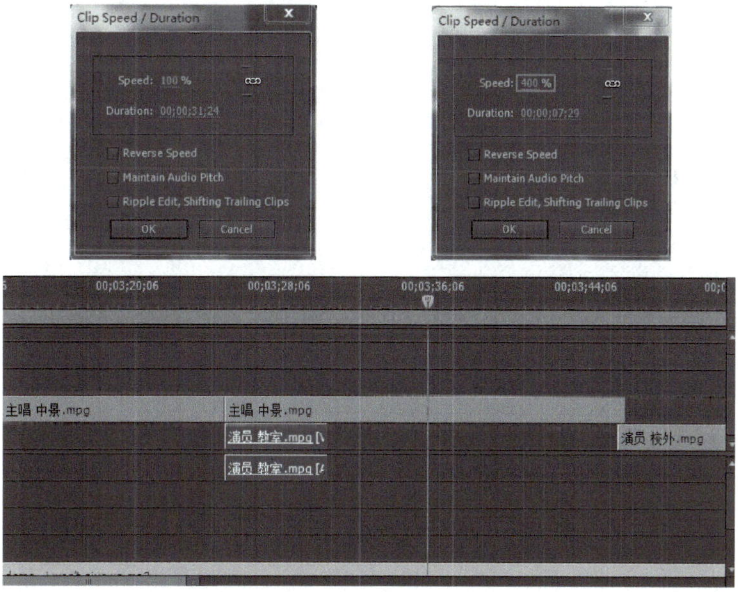

图1-2-54　改变素材速度

16）在时间轴上的03:30:21s处进行剪辑，并删除主唱中不要的素材，如图1-2-55所示。

17）在视频轨道2中，将多余的素材剪辑并删除，然后拖放到视频轨道1中，如图1-2-56所示。

图1-2-55　编辑主唱素材

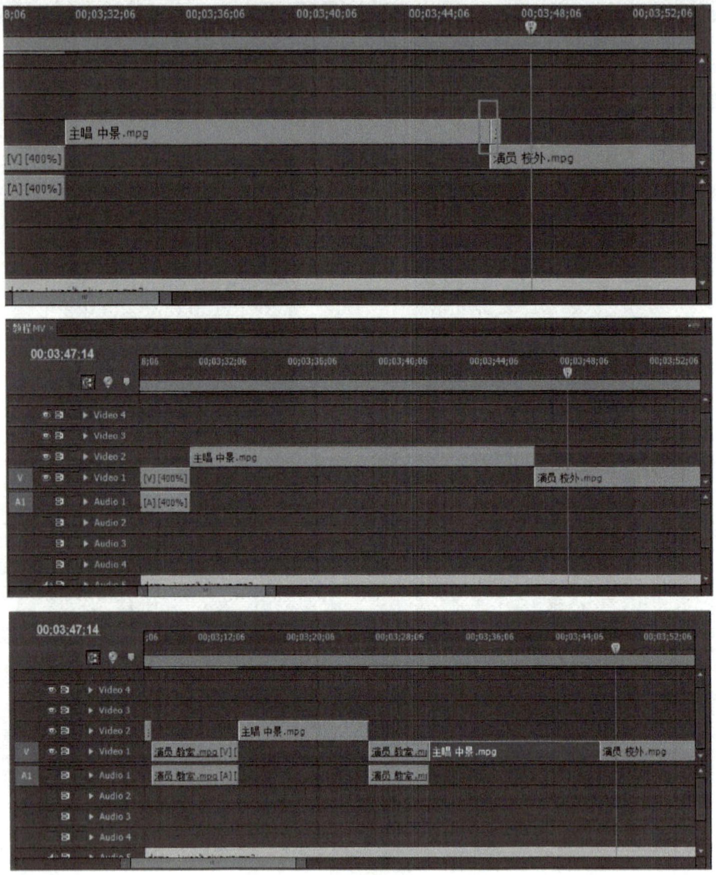

图1-2-56　删除多余素材

6. 后期调色

1）选中需要调色的素材。在时间轴的04:06:20s处选中“演员校外”素材，如

图1-2-57所示。

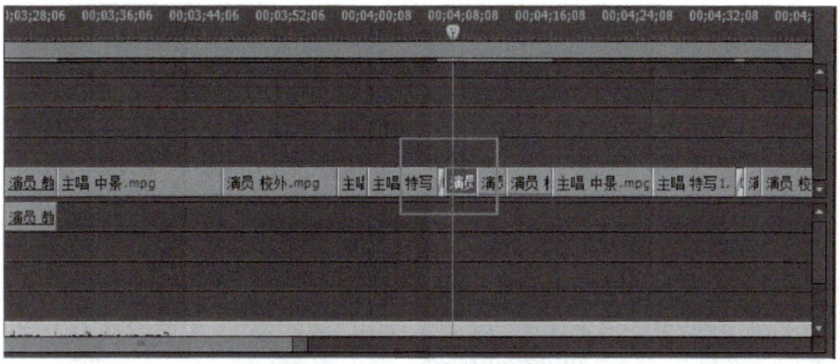

图1-2-57　选中调色素材

2）在“Effects”面板中选中“Color Correction”文件夹的Tint，拖入到需要调色的素材中，如图1-2-58所示。

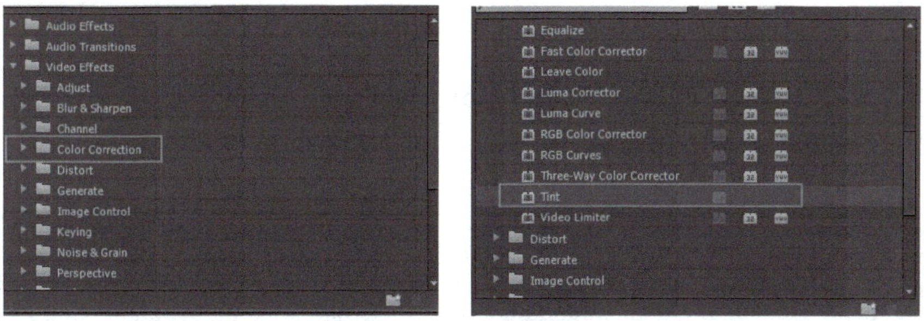

图1-2-58　添加视频特效

3）在特效调节面板中，打开“Tint”特效参数，调节“Map Black To”色彩为（R:54，G:24，B:4），调节“Map White To”色彩为（R:206，G:185，B:145），如图1-2-59所示。

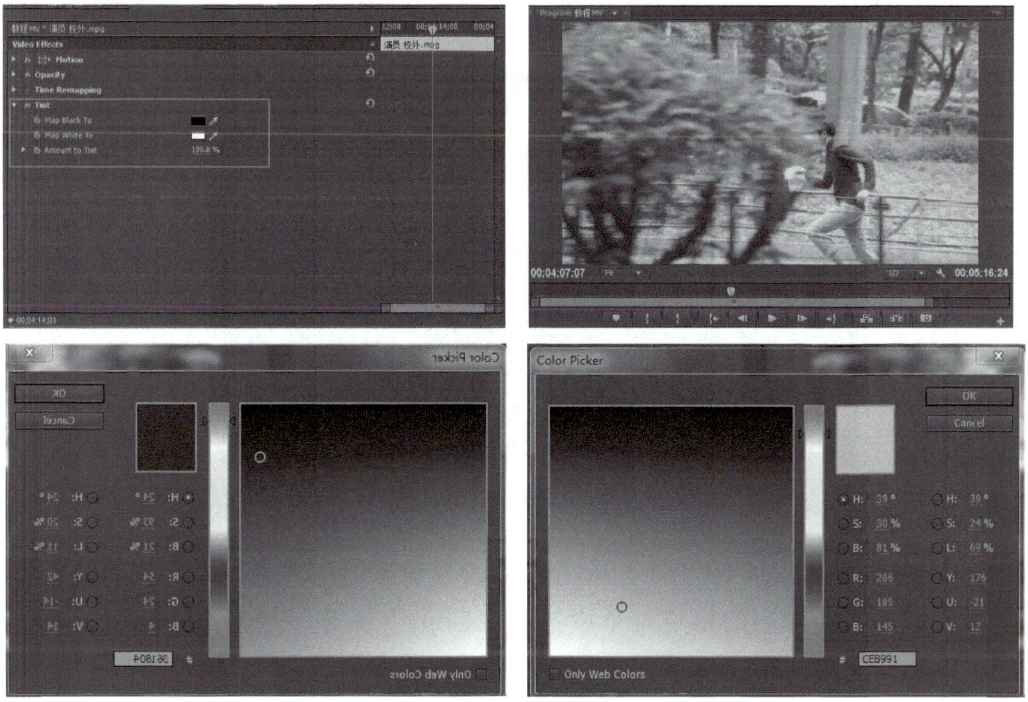

图1-2-59　输入调色参数

4）将“Amount to tint”参数调节为55%，最终可以在视频播放框中看到效果，如图1-2-60所示。

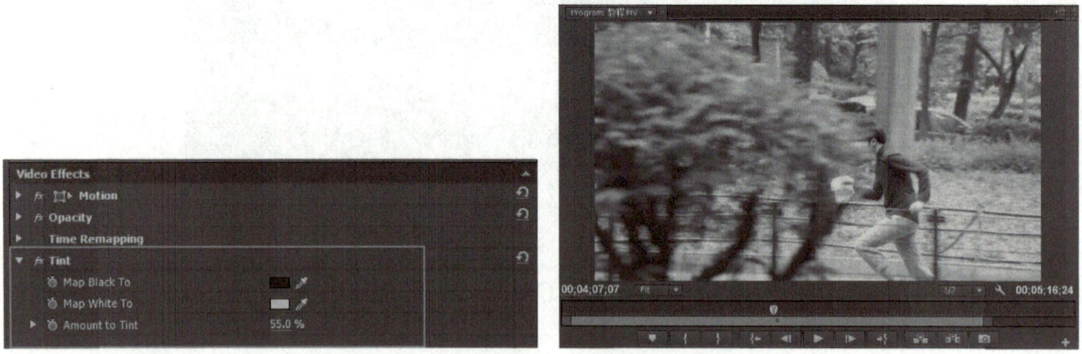

图1-2-60　输入调色参数并预览效果

5）再次在“Effects”面板中的“Color Correction”中选中“Color Balance (HLS)”，把饱和度参数修改为-85，如图1-2-61所示。

图1-2-61　添加新的效果

6）后两小段素材04:09:16s和04:12:09s处分别添加相同的效果，在特效面板中单击鼠标右键，在弹出的快捷菜单中选择“Copy”命令，然后选中素材，在特效面板中粘贴，如图1-2-62所示。

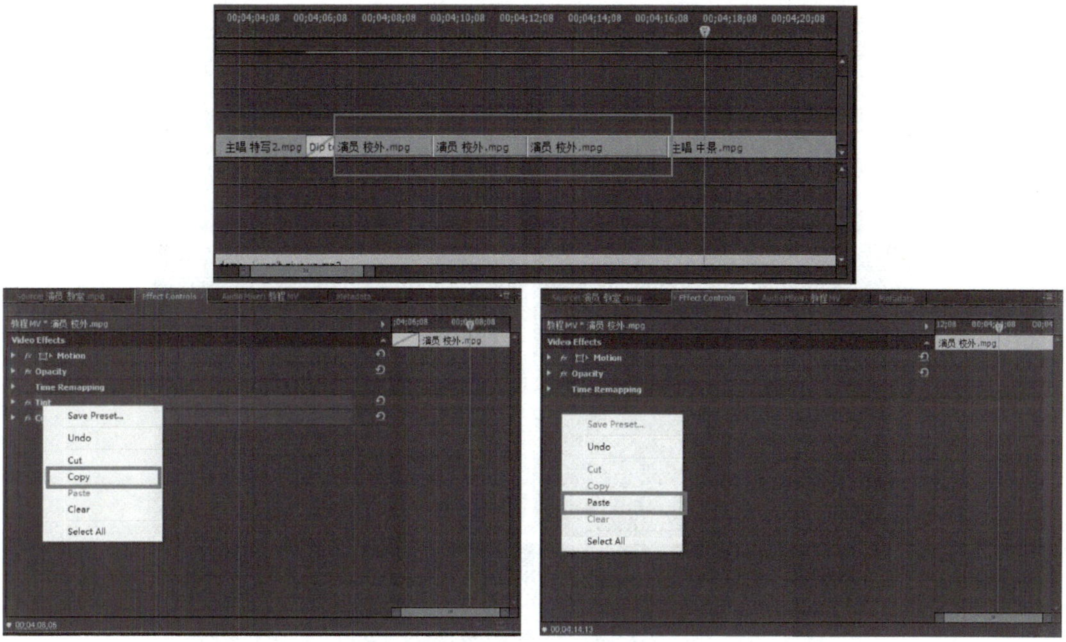

图1-2-62　复制调色效果

7. 添加字幕

1）制作歌曲名开场，新建字幕，命名为“title01”，出现字幕对话框，如图1-2-63所示。

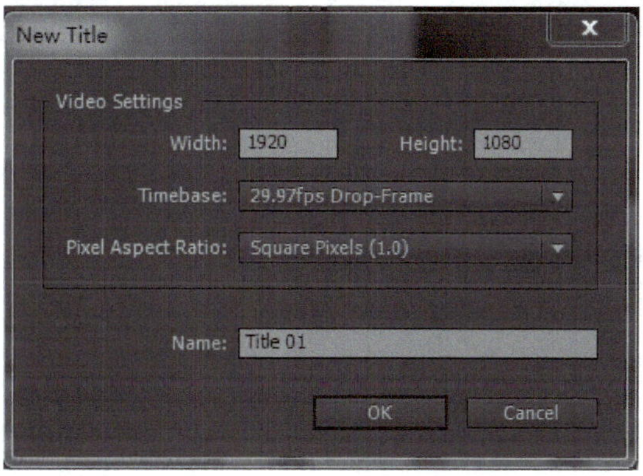

图1-2-63　新建字幕

2）输入歌曲名“I won't give up”，在字体样式调节区域，调节合适的字体和字号，如图1-2-64所示。

图1-2-64　输入MV名

3）将字幕拖放到新的轨道中，调节长度，在开场的时候加入转场效果“Dip to Black”，并延长时间；在结束时加入转场效果“Additional Dissolve”，并延长时间，如图1-2-65所示。

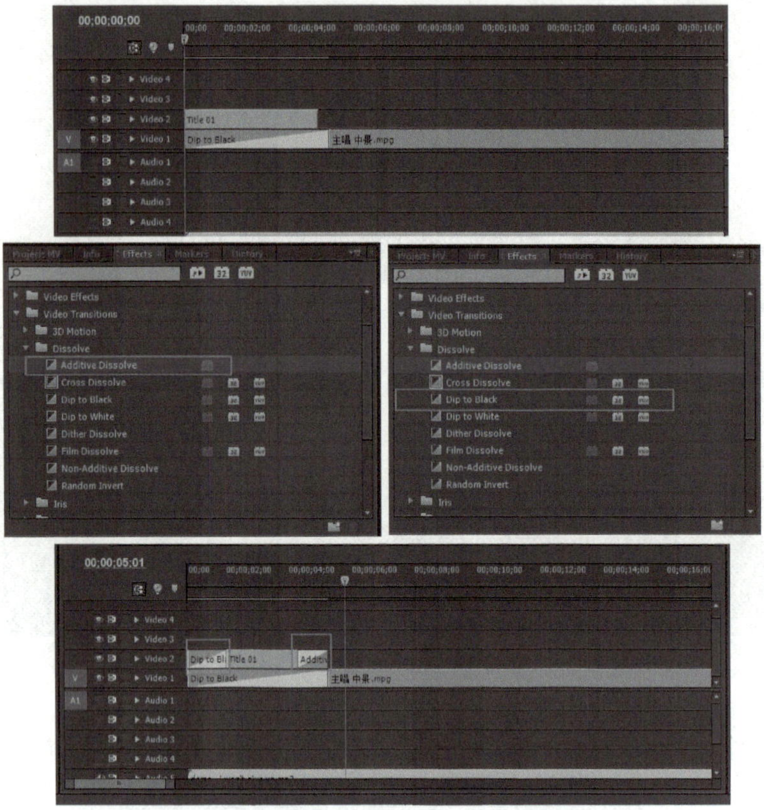

图1-2-65　添加字幕转场效果

4）制作歌词字幕，在歌唱部分对准歌词，在时间轴上00:39:07s处进入第一句歌词，新建字幕“title 02”，输入字幕，然后将字幕拖放到字幕轨道上，控制字幕的长度，如图1-2-66所示。

图1-2-66　制作歌词字幕

8. 渲染与输出

1）在“File”中选中“Export”对话框，设置参数，格式选择“MPEG2”格式，命名为“教程MV”，选择输出视频和输出音频，选中“NTSC”单选按钮，如图1-2-67所示。

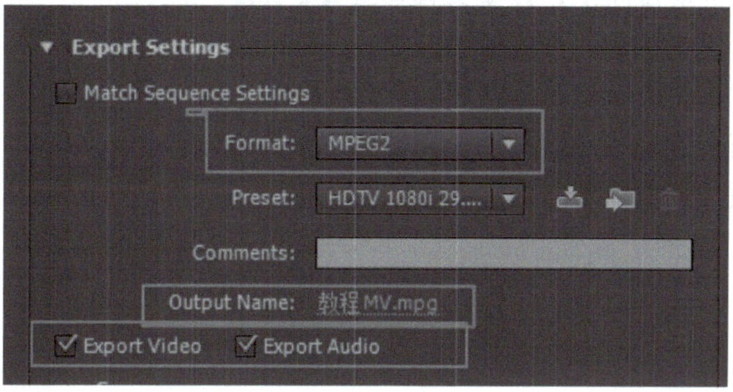

图1-2-67 渲染输出

2）选中“Export”选项，等待输出即可，如图1-2-68所示。

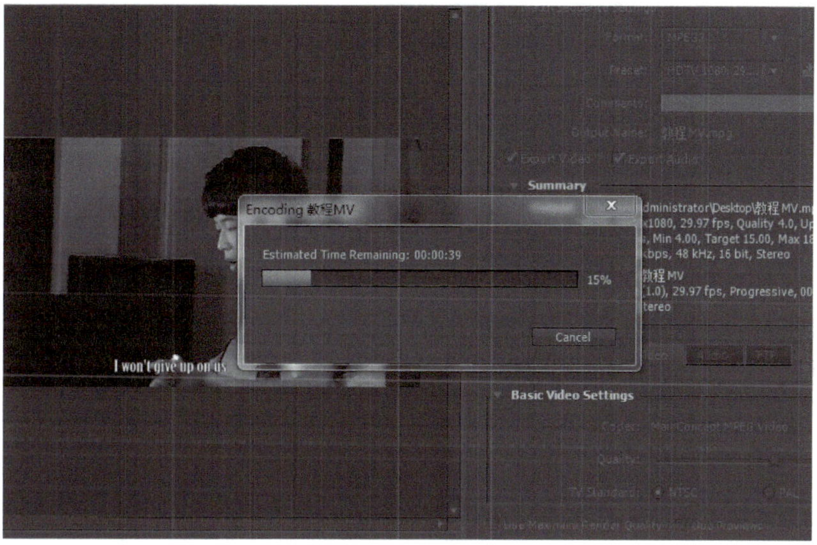

图1-2-68 渲染输出

知识归纳

通过本单元的学习，了解MV制作的全过程，包括前期拍摄和后期编辑，掌握Premiere非线性编辑的基本技巧，完成剪辑、转场、字幕、调色等基本技能点的学习，通过一个完整的项目讲解，学生能更好地把握影视作品的制作方法和流程。

拓展练习

请读者通过分组合作，选取合适的歌曲，编写分镜头脚本，使用拍摄器材创作MV，结合学习的基本技能点，完成翻拍MV的制作。

制作要求

1）选取歌曲要健康向上，分镜头脚本编写要详尽。

2）拍摄过程讲究技巧，注意画面稳定。

3）拍摄后对素材要有规范的整理和删选。

4）后期编辑注意镜头与镜头切换和转场效果的合理性。

5）进行合适的调色处理并添加字幕效果。

学习单元2 宣传片制作

单元概述

宣传片是用制作电视、电影的表现手法对所宣传的对象内部的各个层面有重点、有针对性、有秩序地进行策划、拍摄、录音、剪辑、配音、配乐、合成输出制作成片，目的是为了声色并茂地凸显宣传对象独特的风格面貌、彰显其实力，让社会不同层面的人士对宣传对象产生正面、良好的印象，从而建立对该宣传对象的好感和信任度。宣传片从其目的和宣传方式等不同的角度来分可以分为企业宣传片、产品宣传片、公益宣传片、电视宣传片和招商宣传片。

学习目标

知识目标：掌握Photoshop和Premiere的高级操作及商业剪辑。

技能目标：能通过Photoshop和Premiere高级操作掌握宣传影片的制作流程、结合项目特点进行素材加工、影片剪辑和包装。

情感目标：培养学生的应岗能力和协调能力。

项目1　节目宣传片制作

好的节目宣传片会带给节目高的收视率，所以节目宣传片要突出节目的特点和风格，让观众在收看节目前能从宣传片中得到关于节目的一些重要信息，比如内容和播出时间等。

本项目用一个实例展示节目宣传片的制作方法。电视台某频道有一栏节目叫“3031RUN”，节目的形式是在小学的高年级选出30人参加30人31足的50m赛跑。针对节目特点，展现同学们团结一致、无所畏惧，30颗不同的心，承载同一个信念、勇往直前，体现“团队合作、竞技、拼搏”的精神。在制作节目宣传片的时候，应该围绕这个节目的精粹设计分镜头，一般宣传片的时间不宜过长，以30s为宜，其中的镜头应节选节目的精彩内容并添加修饰以达到节目宣传效果。对素材的加工可以利用Premiere软件进行。后期的剪辑和包装可以利用Premiere或者After Effects完成。

任务1 分镜头设计

任务分析

本宣传片是以介绍“3031RUN”这个节目的情况而设的，一是让观众了解节目的内容，二是引起观众的喜爱，争相报名参加。分镜的设置围绕整个比赛的过程：准备—— 起跑—— 冲刺—— 结束。所有镜头应该涉及同学们在参与30人31足活动时的动作神情和各环节的不同画面，并且以激烈、鼓舞人心的节奏转换画面为宜。

任务2 素材采集

任务分析

为了能够表现同学们在参与30人31足比赛时的激烈场面，应该从拍摄的比赛过程中节选一些奔跑、冲刺相关的精彩镜头以及人物表情特写镜头。

任务实施

可以用Premiere截取精彩镜头作为最终效果的剪辑素材。

任务3 筛选和加工素材

任务分析

因为本项目采用的素材多是视频素材，为了丰富影片效果，要对制作影片的素材进行筛选分类，并且制作一些用于叠加在视频上的动态背景。

任务实施

将收集的视频素材进行筛选和分类是非常必要的，这样可以在制作时条理清晰，制作过程中不会漏掉一些重要的镜头，使制作过程更顺利。配合影片的要求对视频素材进行必要的清晰度、色调的调整，以增加效果的可观性。素材分类如图2-1-1所示。动态背景如图2-1-2所示。

图2-1-1 素材分类

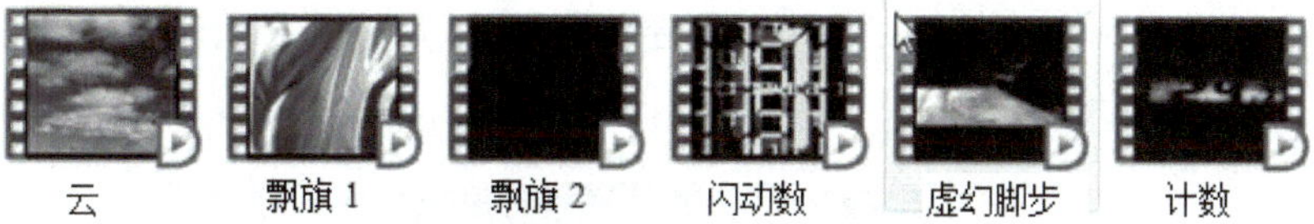

图2-1-2　动态背景

任务4　剪辑影片、添加文字和视频特效

任务分析

项目内容要突出节目的明快节奏风格，并能通过影视后期处理凸显节目的风格，在影片的末尾突出播出时间，这样才能达到节目宣传的效果。本例用到的软件包括Premiere（编辑影片）和After Effects（添加文字效果）。

任务实施

1. 新建项目和序列

1）启动Premiere软件，弹出如图2-1-3所示的对话框。

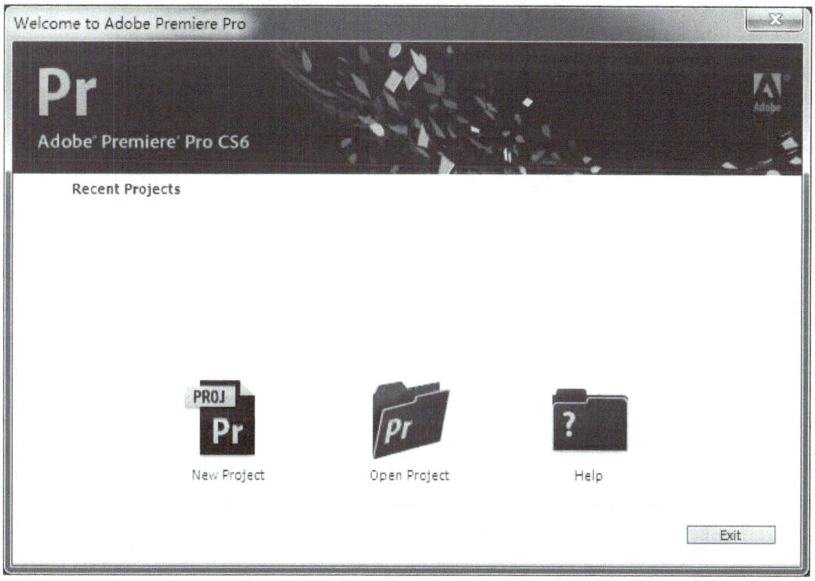

图2-1-3　启动软件

2）单击“New Project（新建项目）”按钮，打开新建项目对话框，在新建项目对话框中单击“Browse（浏览）”按钮，设置项目存储位置。修改项目名称为“3031RUN”，单击“OK（确定）”按钮，如图2-1-4所示。

3）单击“OK”按钮后，系统自动跳转到新建序列对话框，在对话框中展开

"DV-PAL"项，选择其下的"Standard 48kHz（标准银幕48kHz）"选项，修改序列名称为"3031RUN"，单击"OK（确定）"按钮后进入Premiere工作界面，如图2-1-5所示。

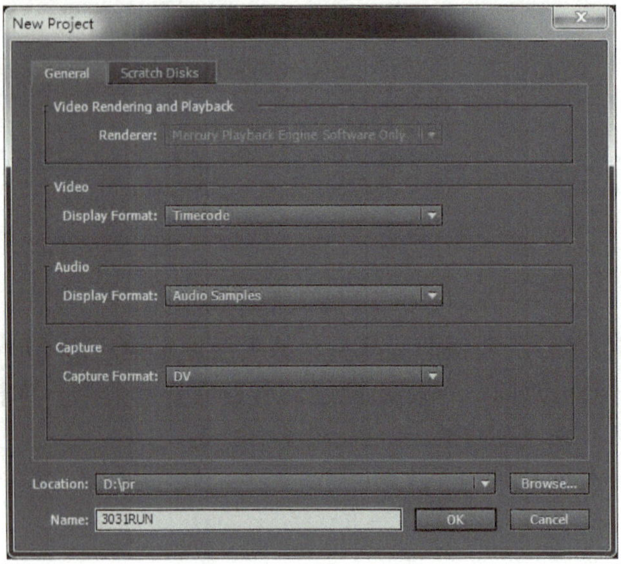

图2-1-4　新建项目文件

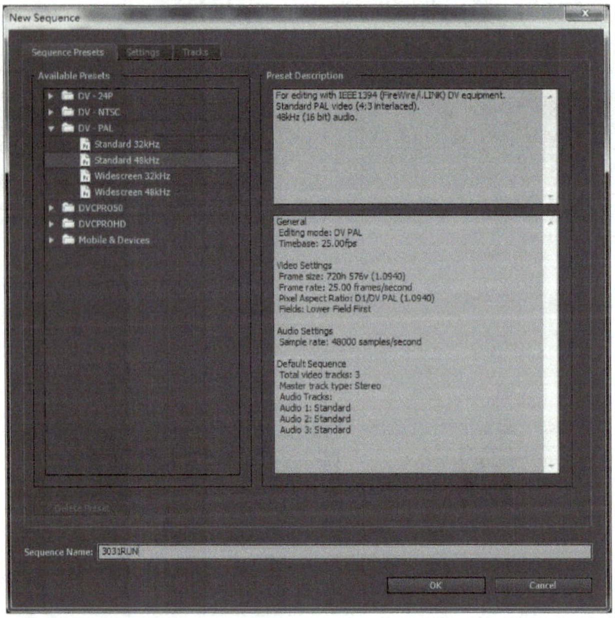

图2-1-5　新建项目文件参数设置

2. 导入素材及素材管理

在项目管理器中新建几种类别文件夹，比如视频、音频等，将制作影片所需要的素材导入项目管理器中，并分门别类地放到相关的素材文件夹中，整理后的素材目录清晰，浏览和查找起来都一目了然，如图2-1-6所示。

图2-1-6 素材管理

3. 视频剪辑

1）双击项目管理器中的“视频”→“跑步”素材，可以在素材预览窗口中看到整段的视频素材，随后拖动时间轴，利用入点和出点截取00:00:40:8～00:00:42:20的视频，选中Video1（视频轨道1），单击按钮将视频插入视频轨道1中指定的入点处，如图2-1-7所示。

图2-1-7 视频剪辑

2）按照同样的方法完成其他视频剪辑，剪辑成以下几类镜头，然后输出，形成能够表现比赛精神的视频。剪片顺序的参考数据见表2-1-1。

①起跑：剪辑不同学校学生起跑镜头的视频片段。

②中间跑步表情：剪辑不同学校学生跑步过程的视频片段。

③展示不畏困难的镜头特写。

④冲刺的镜头：剪辑几段不同学校学生的冲刺片段。

表2-1-1 参考数据

	素材名称	时间段
镜头1	体育馆跑	00:00:02:15—00:00:03:15
镜头2		00:00:00:21—00:00:02:02
镜头3	表情特写	00:00:03:24—00:00:04:22
镜头4	体育馆跑	00:00:00:00—00:00:00:20
镜头5	跑步	00:00:41:19—00:00:42:14
镜头6		00:00:01:02—00:00:01:20
镜头7		00:00:28:00—00:00:29:00
镜头8		00:01:01:16—00:01:03:11
镜头9		00:00:13:22—00:00:15:24
镜头10		00:00:32:17—00:00:35:00
镜头11	特写	00:00:01:17—00:00:03:07
镜头12	跑步	00:00:47:22—00:00:49:16
镜头13		00:00:57:19—00:00:59:22
镜头14		00:00:21:22—00:00:22:24
镜头15		00:00:52:21—00:00:54:11
镜头16		00:01:15:01—00:01:16:05
镜头17		00:00:37:19—00:00:38:11
镜头18	领奖	00:00:00:00—00:00:02:20

3）剪辑完成后的时间线如图2-1-8所示。

图2-1-8 时间线显示剪辑效果

4. 视频导出

在菜单栏中执行“File（文件）”→“Export（导出）”→“Media（影片）”命令。系统自动跳转到新建序列对话框，在对话框中“Format（格式）”的下拉菜单选择“QuickTime”，单击“Output Name（输出名称）”选项，单击橙色字选择视频的导出路径和输入保存的文件名为“剪辑”。最后单击“Export”导出视频。设置如图2-1-9所示。

图2-1-9 视频导出设置

5. 视频特效制作

1）启动After Effects软件，执行“Composition（合成）”→“NewComposition（新建合成）”命令，在“Composition Name（命名）”文本框中输入“3031run整合”，视频尺寸大小选择“Custom（自定义）”，长宽为720×480，fps（帧频）为25，影片长度设定为30秒10帧，单击“OK”按钮确定。具体设置如图2-1-10所示。

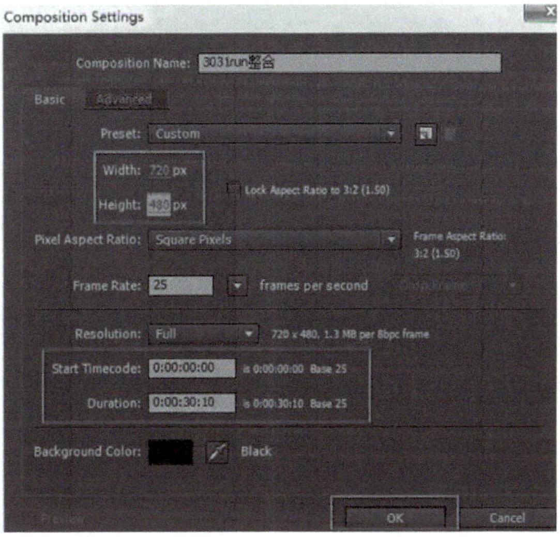

图2-1-10 合成设置

2）将“剪辑.mov”影片导入合成，并拖放到时间线上，选择“Layer

（层）”→“Transform（转变）”→“Fit to comp（适合合成）”或者按快捷键<Ctrl+Alt+F>调整视频大小，如图2-1-11所示。

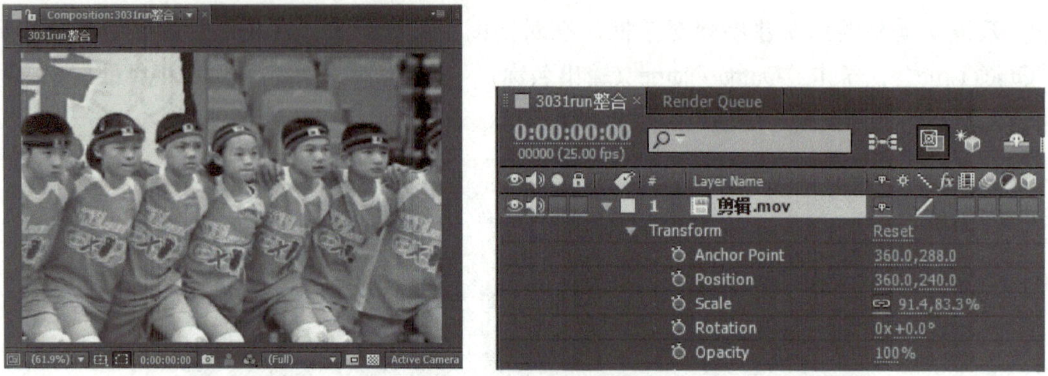

图2-1-11　导入素材并调整大小

3）将声音文件“背景音乐.wav”导入合成，并拖放到时间线的最下方。

4）导入“云.mov”素材到合成里，并拖放到时间线中放在“剪辑.mov”素材的上方，选中“云.mov”素材，执行“Effect（特效）”→“Color Correction（色彩校正）”→“Tint（浅色调）”命令添加特效。设置和效果如图2-1-12所示。

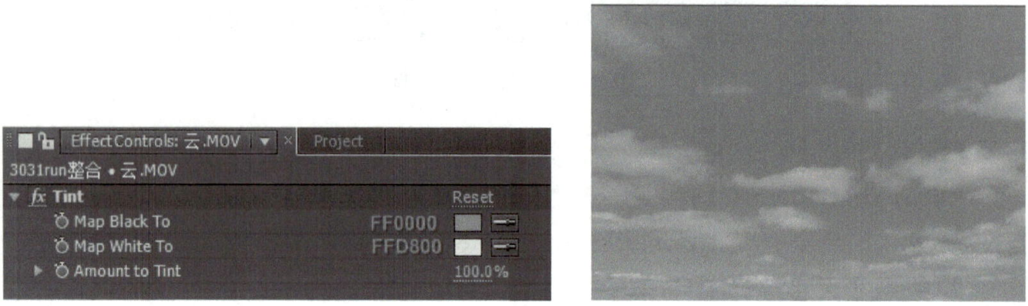

图2-1-12　调整云的颜色

5）设置“云”图层的混合效果为“Add”，用“钢笔工具”在“云”图层上做一个随意的遮罩形状，形成Mask1，设置“Mask Feather（羽化值）”为200 并选择“Inverted（反选）”选项。设置和效果如图2-1-13所示。

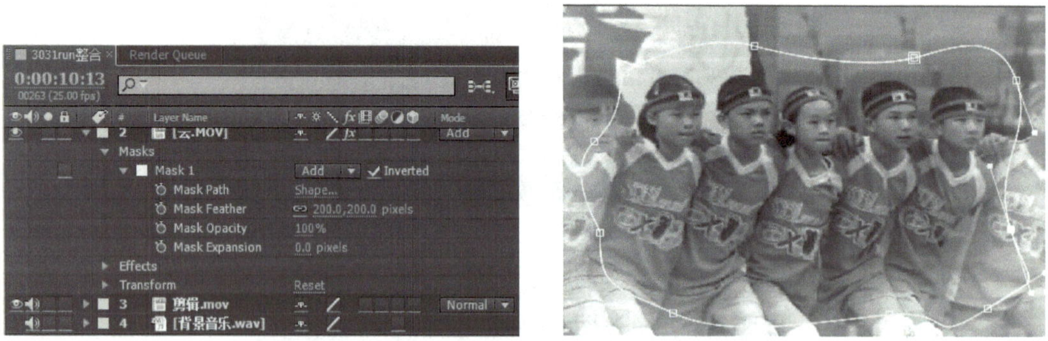

图2-1-13　制作遮罩形状

6）选择“云”图层，按快捷键<Ctrl+D>复制图层，并把复制图层紧接着放在原图层的后面。整体效果如图2-1-14所示。

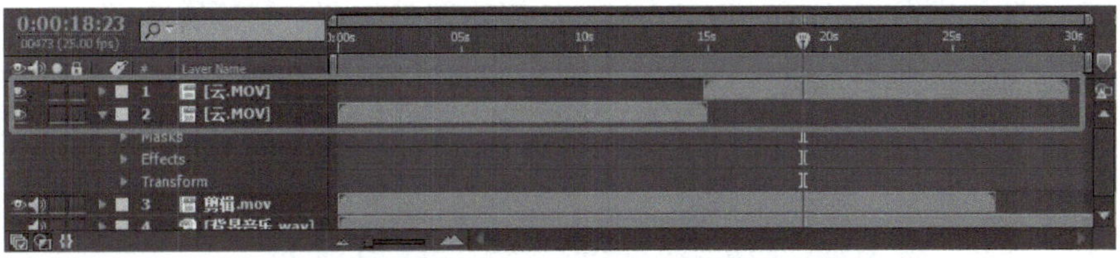

图2-1-14　复制“云”图层

7）把“闪动数.mov”素材拖放到时间线，并且放在“云”图层的上方0帧处，调整“闪动数”图层的Scale（缩放比例），可以按快捷键<S>显示出来。把图层大小设为110%，调整Opacity（不透明度），可以按快捷键<T>把图层不透明度显示出来，调整为50%，设置“Mode（图层混合模式）”为“Add”，如图2-1-15所示。

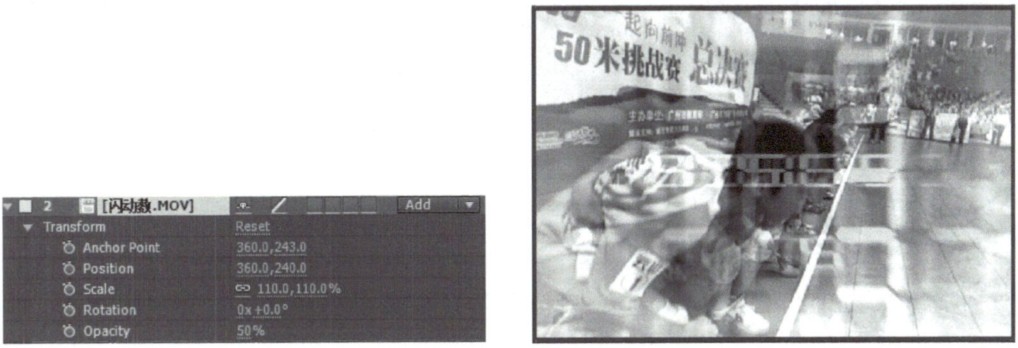

图2-1-15　“闪动数”的设置参数及视频效果

导入“计数”素材，并拖放到时间线的最上方，选中该素材，单击鼠标右键，在弹出的快捷菜单中选择“Time（时间）”→“Time Stretch（时间延长）”命令，把“New Duration（持续时间）”调到6s，单击“OK”按钮确认，如图2-1-16所示。

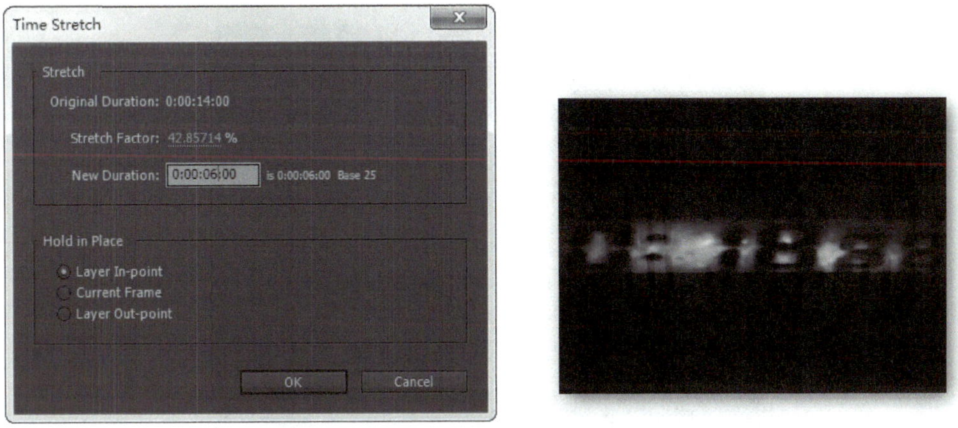

图2-1-16　设置“计数”素材的持续时间

8）设置“计数”从小到大缩放变化，选中“计数”图层，按快捷键<S>在00:00:00:00时间处单击秒表按钮添加关键帧，设置“Scale（缩放）”参数为

“20%”；然后到00:00:06:00处添加关键帧，设置“Scale（缩放）”参数为“200%”，设置“Mode（图层混合模式）”为“Add”，整体效果如图2-1-17所示。

图2-1-17 设置“计数”素材动画效果

6. 文字特效制作

1）执行“Composition（合成）”→“New Composition（新建合成）”命令，弹出对话框，在“Composition Name（合成名称）”文本框中输入“文字修饰”，视频尺寸大小为720×480，fps（帧频）为25，“Duration（持续时间）”设定为2s，单击“OK”按钮确定，如图2-1-18所示。

2）选择工具栏上的“多边形工具”，将“Fill（填充）”设为白色，按住<Alt>键拖动鼠标可以画出水平和垂直的矩形，命名为“横线”和“竖线”。摆放位置如图2-1-19所示。

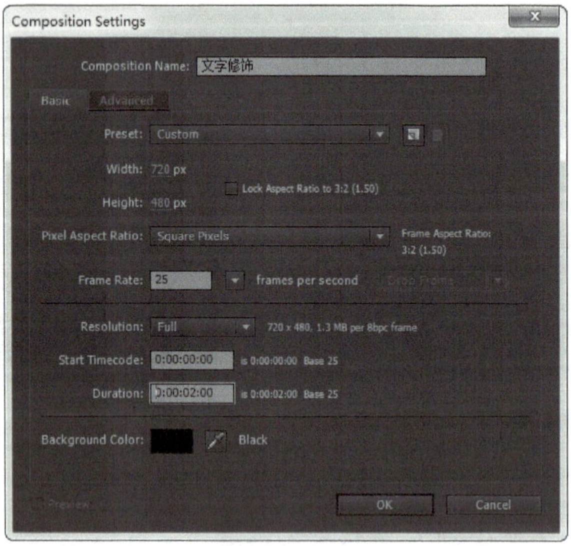

图2-1-18 新建“文字特效”合成

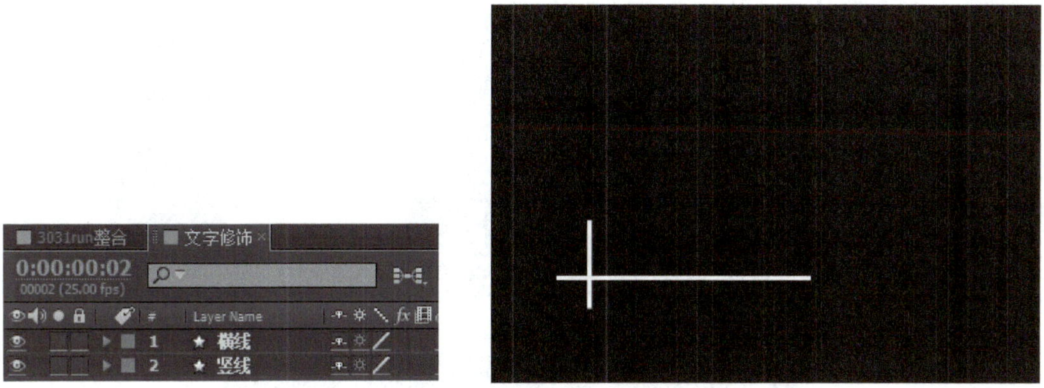

图2-1-19　横线和竖线

3）执行“Effect（特效）”→“Transition（过渡）”→“ Linear Wipe（线性擦除）”命令为“横线”和“竖线”添加特效。

4）选中竖线图层，在特效窗口内设置“Wipe Angle（角度）”为0°，在0帧处单击“Transition Completion”旁的秒表设置关键帧，并设置参数为100%；在15帧处添加关键帧，设置“Transition Completion”为0%。

5）选中横线图层，在特效窗口内设置“Wipe Angle（角度）”为270°，在15帧处单击“Transition Completion”旁的秒表设置关键帧，并设置参数为100%；在2s处添加关键帧，设置“Transition Completion”为0%。

6）执行“Layer（层）”→“New（新建）”→“soild（固态层）”命令，建立一个名为“圆圈”的白色固态层，具体设置如图2-1-20所示。

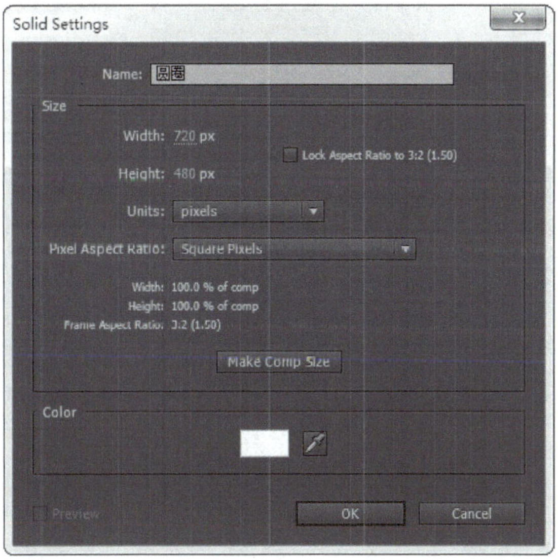

图2-1-20　新建白色固态层

7）选中“圆圈”固态层，选择工具栏上的“椭圆工具” Ellipse Tool ，在舞台上按住<Shift>键，用鼠标画出一个圆形遮罩，之后在原来的圆形遮罩上再画一个比原来图形小一些的圆形，如图2-1-21所示。

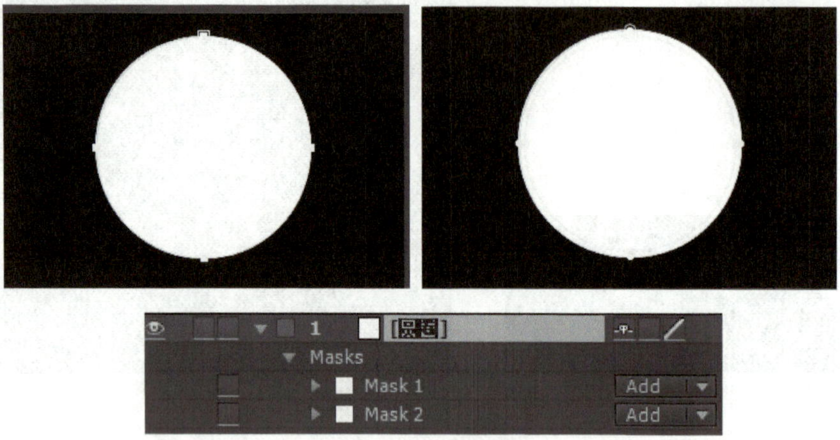

图2-1-21 圆形遮罩

8）选择Mask2的图层叠加模式为“Subtract（减）”，效果如图2-1-22所示。

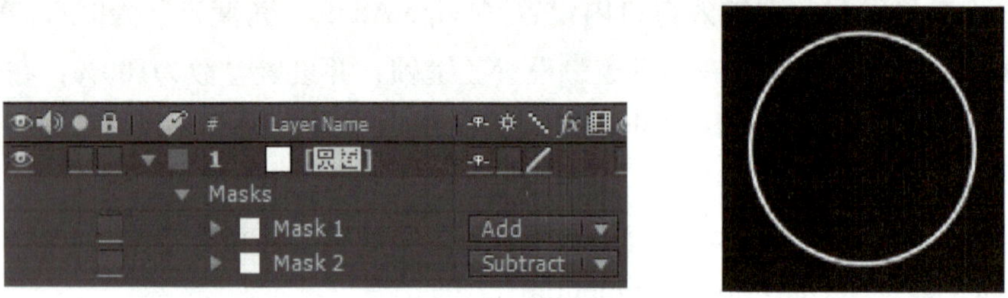

图2-1-22 制作小圆圈

9）选中“圆圈”图层，将其中心移动到横线竖线的交叉处，按快捷键<S>把大小比例调整合适，并在18帧位置设置图层透明度为0%，20帧处设置透明度为100%做淡入效果，如图2-1-23所示。

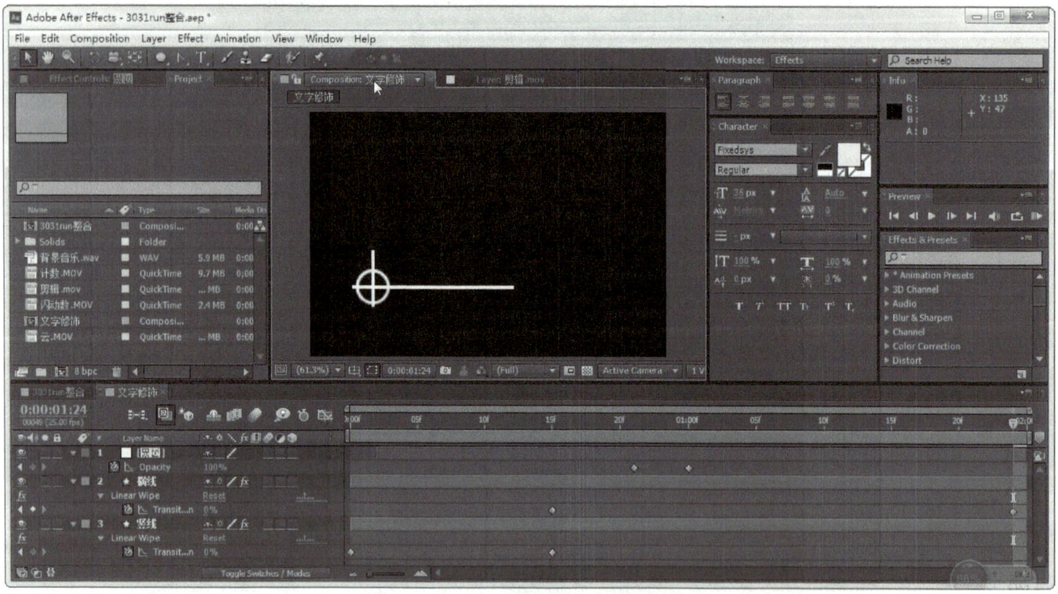

图2-1-23 设置圆圈的动画效果

10）单击工具栏上的“文字输入工具”，在横线上方输入文字“团结一致”。文本参数设置如图2-1-24所示。

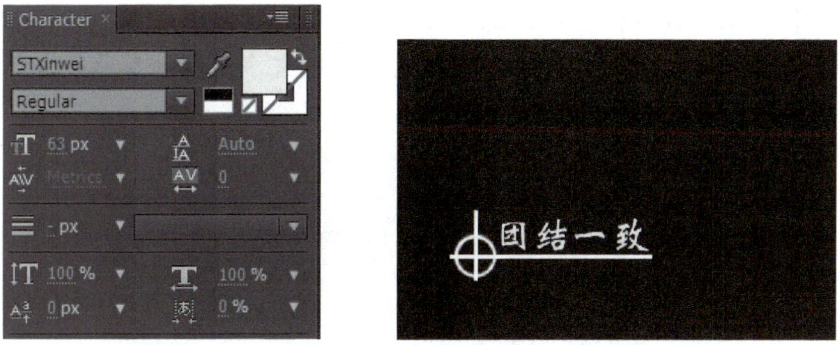

图2-1-24 输入文字

11）选择“团结一致”文字层，执行“Effects（特效）”→“Stylize（风格）”→“Glow（辉光）”命令为文字添加辉光特效，具体设置和效果如图2-1-25所示。

12）单击“团结一致”图层左方的三角形图标展开图层设置，单击“Animate（动画）”旁边的三角形图标，在弹出的菜单中选择“Opacity（不透明度）”命令，这时会在图层下拉的选项中新增几项设置，如图2-1-26所示。

13）设置“Opacity（不透明度）”为0%，然后单击“Range Selector 1”前的三角图标，在15帧处单击“Start”前的码表设置为0%，接着在0:00:01:00处设置“Start”为100%，0:00:01:20处设置“Start”为100%，0:00:01:24处设置“Start”为0%。让文字呈现随横线出现的节奏从左到右展开和收起文字的动画效果。

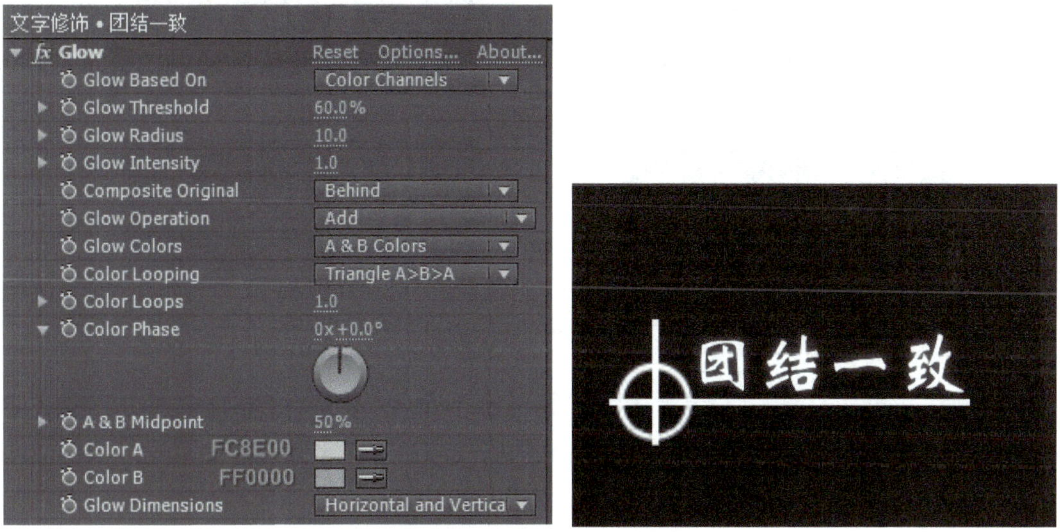

图2-1-25 给文字添加辉光

图2-1-26 给文字设置动画

14）打开“3031RUN整合”，把“文字修饰”拖放到时间轴5s的位置，然后选中“文字修饰”图层，调整文字的位置和大小，使文字出现在屏幕的左下角，如图2-1-27所示。

图2-1-27　文字摆放位置

15）按照同样的方法制作“勇往直前”“无所畏惧”和“永不止步”的文字修饰效果，如图2-1-28所示。

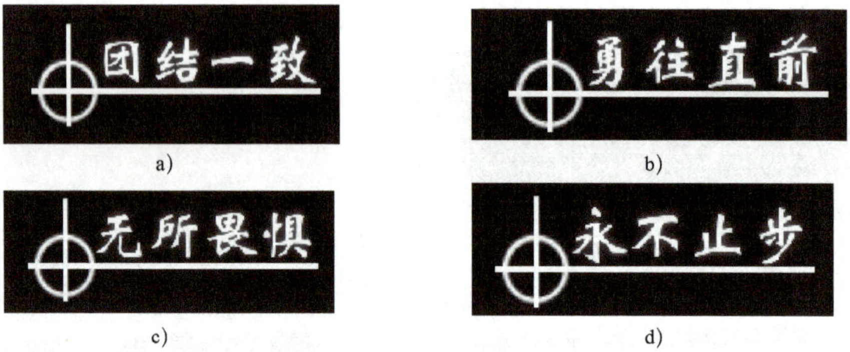

图2-1-28　文字效果

16）将“勇往直前”“无所畏惧”和“永不止步”的文字修饰效果分别摆放在“3031RUN整合”合成的8s、13s和16s处。

7. 片尾制作和导出最终效果

1）执行“Composition（合成）”→“New Composition（新建合成）”命令，新建名为“片尾”，视频尺寸大小为720×480，fps（帧频）为25，持续时间是4s的影片，单击“OK”按钮确定，如图2-1-29所示。

2）导入素材“飘旗1.mov”，并拖放到“片尾”合成的时间线上，调整素材大小使之符合合成大小。选中“飘旗1”图层，执行“Effect（特效）”→“Color Correction（色彩校正）”→“Tint（浅色调）”命令添加特效，设置和效果如图2-1-30所示。

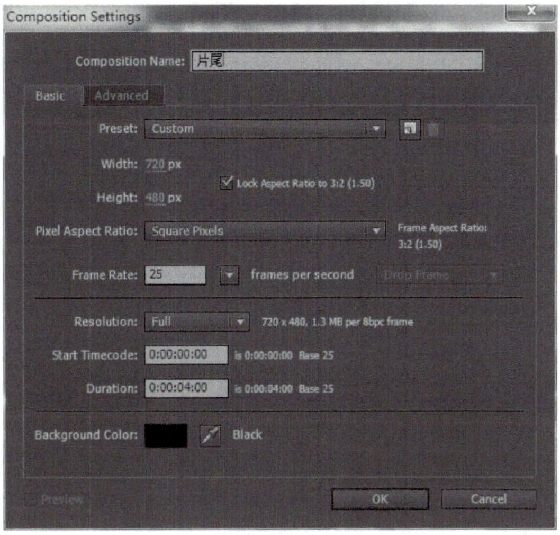

图2-1-29　新建“片尾”合成

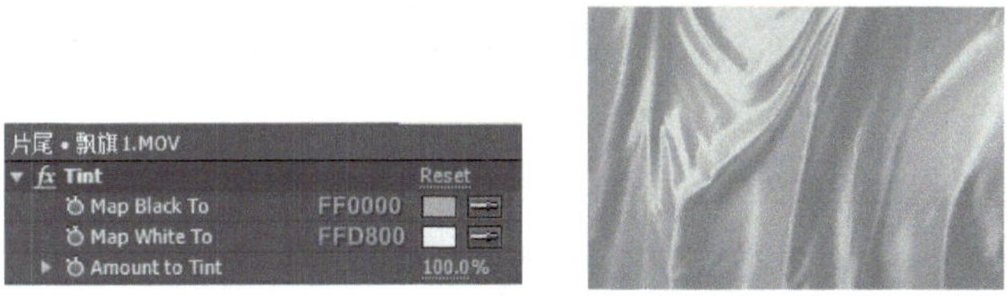

图2-1-30　改变“飘旗”素材的色调

3）导入序列“秒表”素材，并拖放到“片尾”合成的时间线上方，调整“Position（位置）”和“Scale（缩放）”使秒表显示在屏幕的合适位置。把图层的混合模式调为“Overlay（叠加）”，如图2-1-31所示。

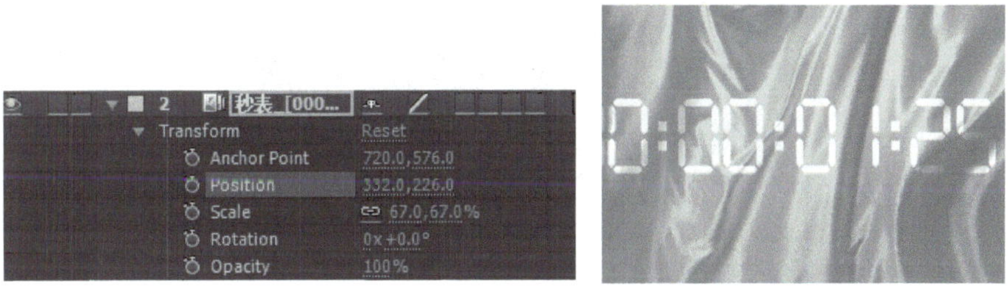

图2-1-31　添加计时秒表效果

4）单击工具栏上的“文字输入工具”，在Character窗口设定字体大小为200px。

填充颜色设定为绿色（#60FF00），描边颜色设定为深绿色（#117900），字体随意，输入文字“3031”。设置和效果如图2-1-32所示。

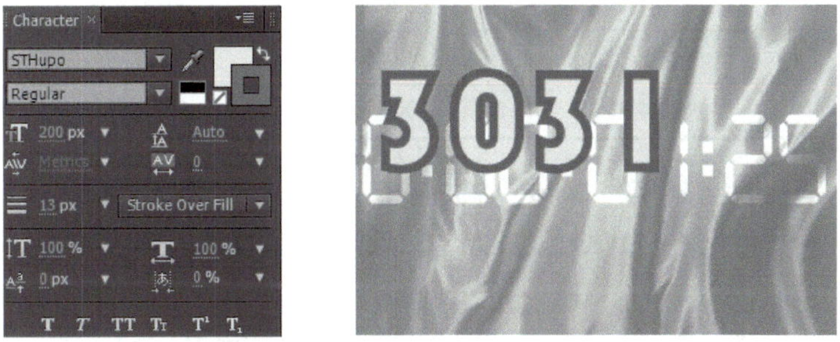

图2-1-32　添加“3031”文字

5）用同样的方法制作文字“RUN”和“50米挑战赛”。其中“RUN”字体大小为130px，字体填充颜色是#FFDB34，描边颜色是#AF7300，“50米挑战赛”字体大小是130px，字体颜色为黑色，效果如图2-1-33所示。

图2-1-33　标题文字效果

6）选择工具栏中的“中心点移动工具”调整图层的中心点，分别将“3031”“RUN”和“50米挑战赛”文字图层的中心点移动到各自的中心位置，如图2-1-34所示。

7）按住<Shift>键选择“3031”和“RUN”文字图层，按快捷键<T>和<S>，设置不透明度和缩放动画。具体参数见表2-1-2。

图2-1-34　调整标题文字中心点

表2-1-2　参数

	“3031”		“RUN”	
	时间	参数	时间	参数
Opacity	0帧	0%	15帧	0%
	5帧	100%	20帧	100%
Scale	5帧	1500%	20帧	1500%
	20帧	100%	1秒10帧	100%

8）选中“50米挑战赛”图层，执行“Effects（特效）”→“Stylize（风格）”→“Glow（辉光）”命令添加特效，默认设置即可。使文字发出黑色的光，加深文字效果。

9）单击“50米挑战赛”图层左方的三角形图标展开图层设置，单击“Animate

（动画）”旁边的三角形图标，在弹出的菜单中执行“Opacity（不透明度）”命令，这时会在图层下拉的选项中新增几项设置。

10）设置“Opacity（不透明度）”为0%，然后单击“Range Selector 1”前的三角形图标，在15帧处单击“Start前”的码表设置为0%，接着在0:00:01:00处设置“Start”为100%，0:00:01:20处设置“Start”为100%，0:00:01:24处设置“Start”为0%。让文字呈现随横线出现的节奏从左到右展开和收起文字的动画效果。

11）按住<Shift>键选3个文字图层，再按快捷键<Ctrl+Shift+C>，在弹出的对话框中命名合成为“片尾文字”，效果如图2-1-35所示。

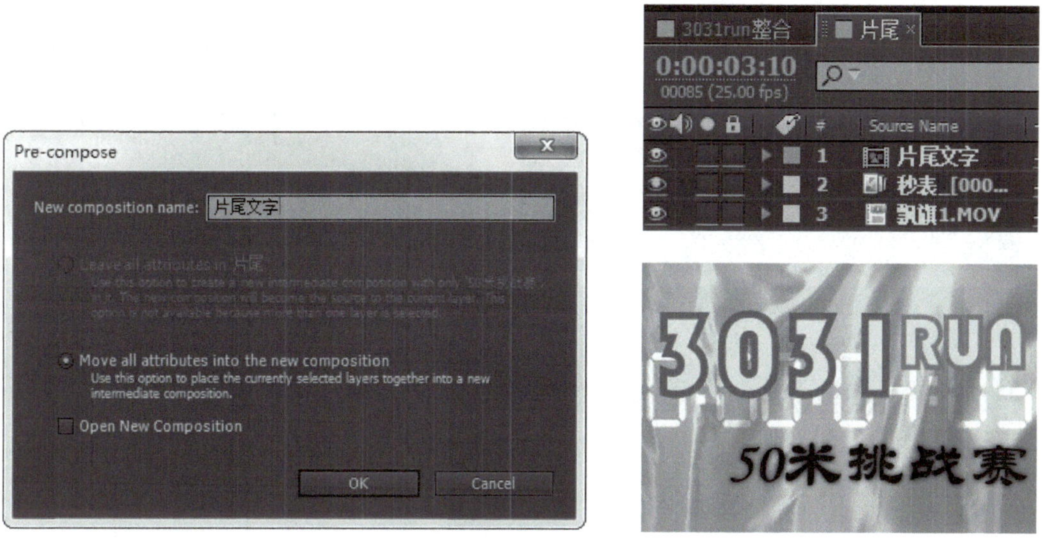

图2-1-35　合并图层

12）执行“Effect（特效）”→“Perspective（透视）”→“Drop shadow（阴影）”命令为“片尾文字”添加特效，打开特效窗口设置“Shadow Color”为白色，“Direction”角度为-180°，“Opacity”为100%。选择“片尾文字”图层，使用快捷键<R>把旋转角度调为-8°，设置和效果如图2-1-36所示。

图2-1-36　为文字添加阴影效果

13）执行“Layer”→“New”→“Soild”命令新建名为“光晕”的黑色固态层。

14）执行“Effect（特效）”→“Generate（生成）”→“Lens Flare（镜头光晕）”命令为“光晕”图层添加特效，打开特效窗口在时间轴0:00:01:02处单击添加关键帧设置“Flare Center”的坐标为（-70，434），接着在0:00:02:10处设置“Flare Center”坐标为（772，252）。最后将“光晕”图层的混合模式调为“Add”，如图2-1-37所示。

15）用Photoshop软件制作如图2-1-36所示的文字效果，命名为“播出时间.psd”。将“播出时间.psd”导入到“片尾”合成中。选中“播出时间”图层，在3s处设置“Opacity（不透明度）”为0%，在0:00:03:05处设置“Opacity（不透明度）”为100%。文字的摆放位置如图2-1-38所示。

图2-1-37　添加镜头光晕效果

图2-1-38　播出时间

16）打开“3031 RUN整合”合成，将“片尾”合成拖放到时间轴0:00:26:00处。把“背景音乐.wav”放入到合成中，然后按快捷键<Ctrl+M>弹出导出设置窗口。单击“Output Module（输出模式）”按钮选择“Quick Time”格式，单击“Output”橙色字部分选择导出路径，单击“OK”按钮确定后再单击右上的“Render”按钮就可以导出mov格式的影片，如图2-1-39所示。

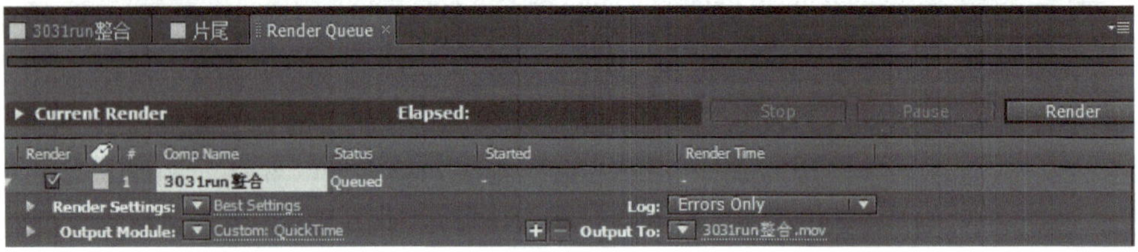

图2-1-39　合成

项目2 学校电视台宣传片制作

项目描述

本项目是介绍广州市某学校学生电视台的宣传片。该宣传片属于建立企业形象的宣传类别。用手绘电视台台徽的方式串联起所有学生的工作情况，以表现该学生电视台中所有人员的目标一致、坚定地为电视台奉献的使命感。制作前期应从设计分镜头开始，然后按照分镜头剧本进行拍摄，再进行后期的剪辑和润色，主要使用After Effects和Premiere两个软件来完成。

任务1 构思

任务分析

这个宣传片是要展示一个学生电视台的形象，台徽就是该电视台的标志，而凝聚在标志后面更重要的是电视台成员统一的理念。所以整个宣传片以台徽作主线，先出现立体金属效果的台徽震撼观众，然后以温馨的手绘台徽方式来贯穿整部宣传片，穿插学生工作情景，使得该宣传片节奏紧凑，且能展示出该台中学生的坚定理念。在片头中使用AE进行特效的制作，视频的主要部分使用Premiere剪辑来完成。

任务2 分镜头脚本设计

任务分析

根据前面的分析，该项目内容是制作3'17"的学校学生电视台宣传片，下面为其进行规划并设计分镜头。分镜头脚本见表2-2-1。

表2-2-1 分镜头脚本

镜号	时间	景别	技巧	内容	场景
1	10s	全景	特效	电视台台徽弹出	
2	9s	特写	定特写绘制台徽	预备工具绘制台徽	电视台
3	4s	特写	特写脸部，认真的表情	工作人员认真拍摄视频	电视台门口
4	5s	特写	定特写绘制台徽	绘制台徽草图	电视台
5	3s	近景	侧面俯视	工作人员认真制作后期	制作室
6	5s	特写	定特写绘制台徽	绘制台徽字体草图	电视台
7	3s	近景	侧面俯视	工作人员认真录制音频	录音室
8	5s	特写	定特写绘制台徽	修饰台徽草图	电视台
9	2s	近景	正面工作人员腰部	工作人员带上对讲机	操场
10	5s	特写	定特写绘制台徽	台徽字体上色	电视台
11	3s	特写	平视特写	工作人员带上耳机	操场
12	5s	特写	定特写绘制台徽	填充台徽字体	电视台
13	3s	特写	仰视	特写三脚架	舞台

（续）

镜号	时间	景别	技巧	内容	场景
14	5s	特写	定特写绘制台徽	填充台徽字体	电视台
15	3 s	中景	拍镜	工作人员拿着挑杠收音	篮球场
16	5s	特写	定特写绘制台徽	台徽上色	电视台
17	2s	中景	侧面平视	工作人员带着稳定器拍摄	操场
18	6s	特写	定特写绘制台徽	绘制完成放下画笔	电视台
19	8s	全景	滚动字幕	电视台人员名单	

任务3 视频拍摄

任务分析

拍摄一段手绘电视台台徽的视频，并对学生电视台日常工作进行拍摄。

任务实施

使用数码摄像机拍摄一段手绘电视台台徽的视频和学生电视台日常工作视频。

拍摄结束后将素材复制到计算机中，按拍摄时间或者机号进行分文件架存放，刚拍摄后的素材是海量的，如图2-2-1所示。即使同一个画面镜头，有时有好几个重复的，其中只有一段是可以使用的。所以要根据剧本进行筛选，将素材规范化、有效化。

图2-2-1 素材

为了让使用者更加容易找到素材，特意将素材按照内容分好类，如图2-2-2所示。

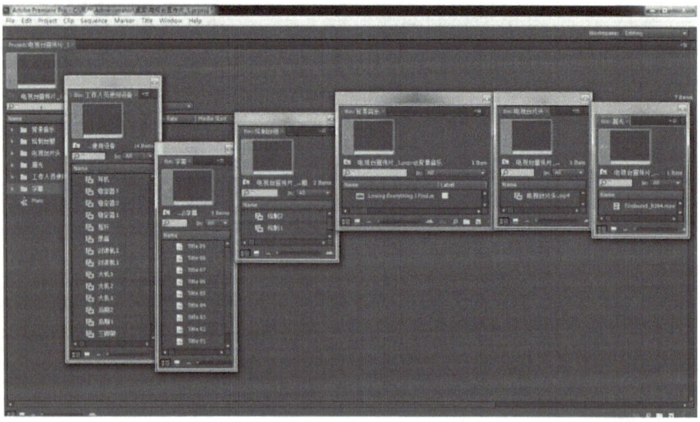

图2-2-2 素材分类

任务4 制作和采集素材

任务分析

本任务主要是为片头的火花寻找视频素材，为片头的背景搜索图片素材，绘制电视台台徽。

任务实施

1）上网搜索火花寻找视频素材和背景图片。

2）使用AE软件绘制电视台台徽。

任务5 片头特效

任务分析

宣传片开头使用金属感的火花和光照效果，此效果需要使用After Effects进行制作。

任务实施

1）执行“File”→“Import”→“File”（文件→输入→文件）命令，或按<Ctrl+I>快捷键，或在项目窗口空白处双击，打开“输入文件”对话框，选择要导入的素材导入到“项目”面板中，如图2-2-3所示。

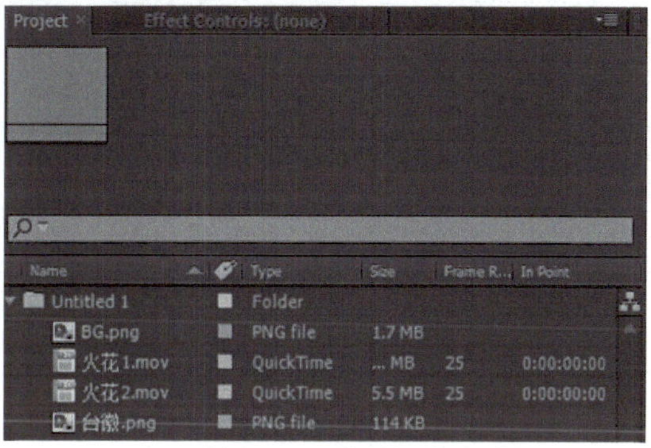

图2-2-3 素材导入

2）新建合成，在弹出的对话框中设置好参数并命名为“Comp1”，如图2-2-4所示。

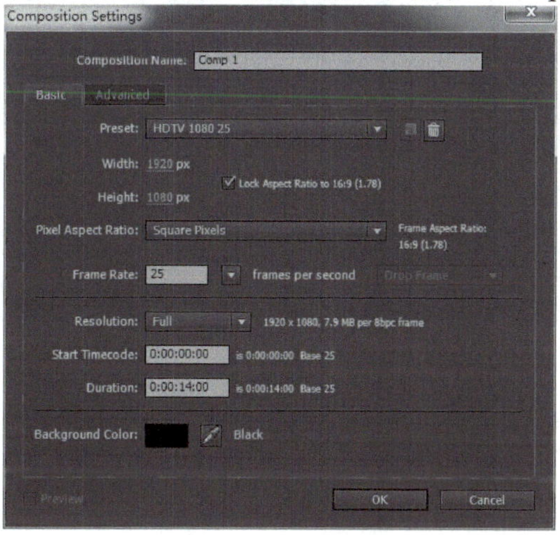

图2-2-4 新建合成

3）把素材拖至“时间线”窗口中，如图2-2-5所示。

图2-2-5　拖动素材

4）在时间线窗口中按<F4>键切换，设置“火花1”的“Mode（图层混合模式）”为“Add（叠加）”，设置“火花2”的“Mode（图层混合模式）”为“Add（叠加）”，如图2-2-6所示。

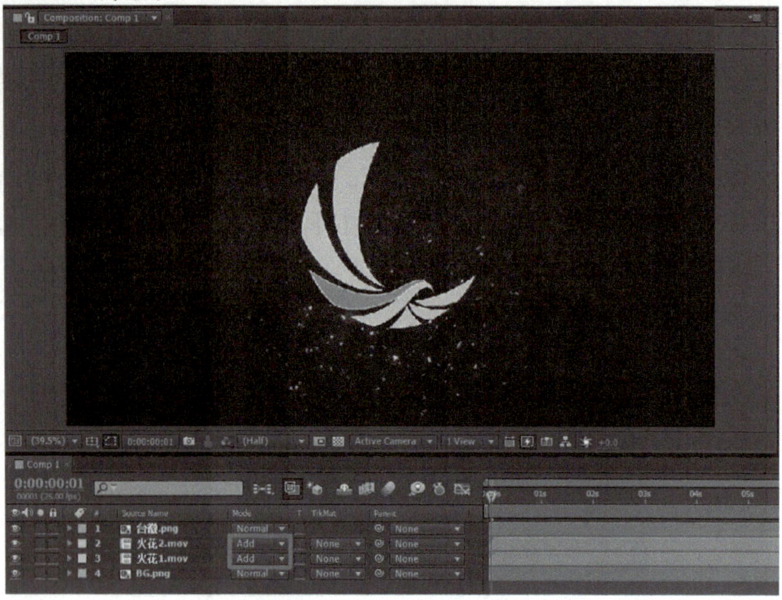

图2-2-6　更改图层混合模式

5）在时间线窗口中单击层“台徽.png”前面的小三角按钮，展开其属性，或按<S>键展开其缩放属性，调整“Scale（旋转）”的参数值，如图2-2-7所示。

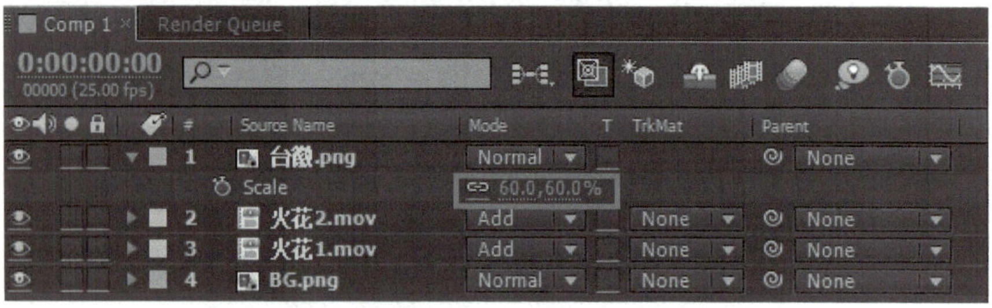

图2-2-7　调整Scale（旋转）的参数值

6）选择“台徽.png”图层，通过执行“Layer”→“Pre-compose”（图层→合并层）命令或者按快捷键<Ctrl+Shift+C>可以对图层进行合并。合并后会自动产生默认名称为“台徽.png Comp 1”的合成层，如图2-2-8所示。

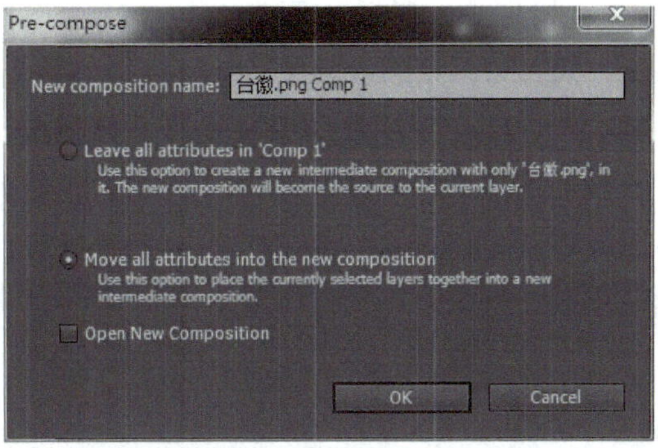

图2-2-8　合并图层

7）在时间线窗口中打开各层的三维开关，如图2-2-9所示。

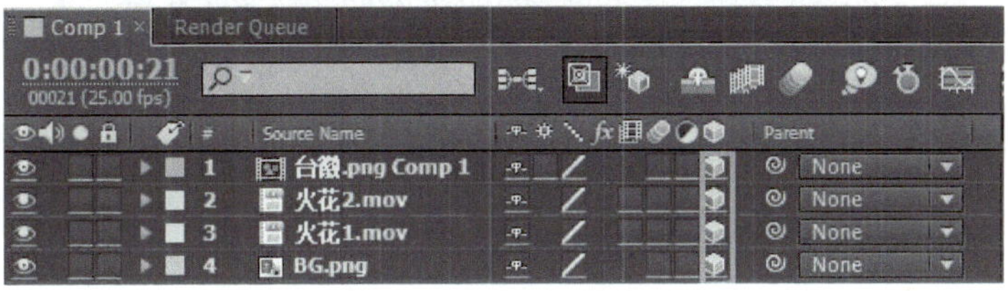

图2-2-9　打开三维开关

8）在时间线窗口中打开各层的动态模糊开关，并打开动态模糊总开关，如图2-2-10所示。

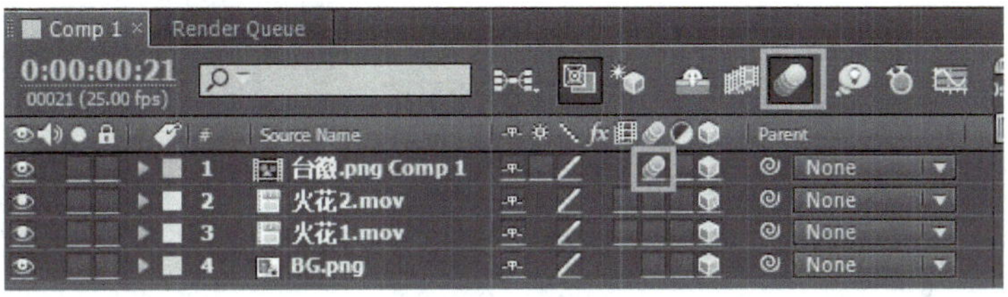

图2-2-10　打开动态模糊开关

9）继续给“台徽.png Comp1”设置关键帧动画，按<P>键展开其缩放属性，调整“Position（位置）”，第0:00:00:21帧和第0:00:01:02帧的关键帧设置分别为（960，540，3000）和（960，540，0）。

10）按快捷键<Ctrl+D>，将“台徽.png Comp1”复制一层，如图2-2-11所示。

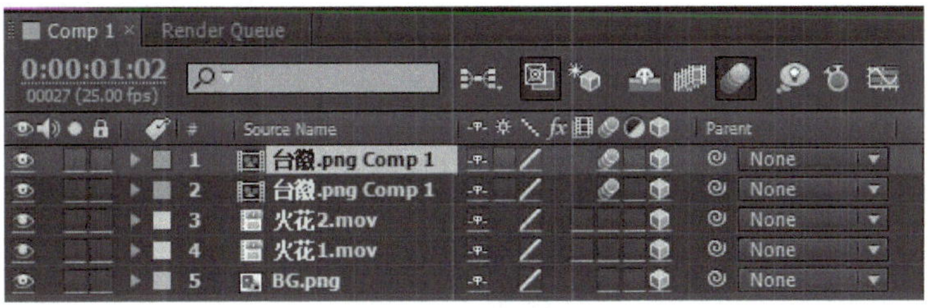

图2-2-11　复制“台徽.png Comp1”图层

11）在时间线窗口中选择复制层“台徽.png Comp1”。

① 添加“Hue/Saturation（色相/饱和度）”特效，设置参数“Master Saturation”为-10。

②添加“Drop Shadow（投影）”特效，设置参数“Opacity”为18%，“Direction”为0x+185.0°，“Ditance”为22.0，“Softness”为82.0。

③添加“Drop Shadow（投影）”特效，设置参数“Opacity”为18%。

④添加“Color Emboss（彩色浮雕）”特效，设置参数“Relief”为2.00，“Contrast”为40，“Blend With Original”为20%。设置效果如图2-2-12所示。

图2-2-12 调色效果

12）在时间线窗口中选择层“台徽.png Comp1”。

①添加“Fill（填充）”特效，设置参数“Color”为（R:4，G:4，B:4），效果如图2-2-13所示。

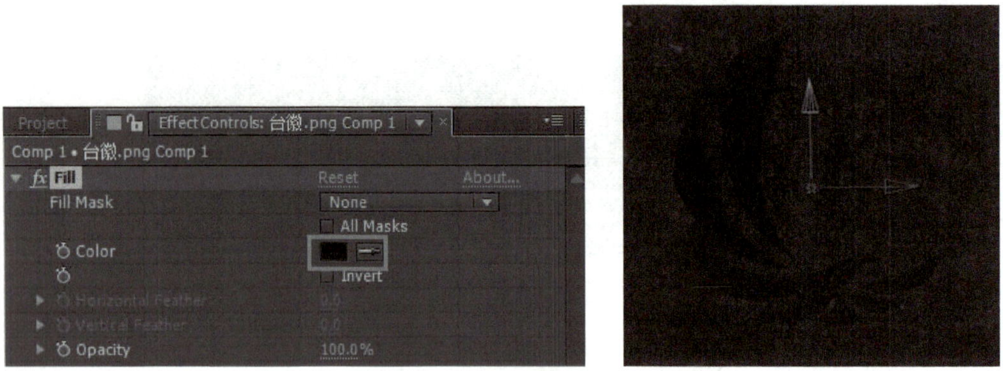

图2-2-13 填充及效果

②添加“CC Radial Fast Blur（放射状快速模糊）”特效，设置关键帧动画，调整“Amount（数量）”，第0:00:01:00帧处和第0:00:01:03帧处的关键帧设置分别为50和100，效果如图2-2-14所示。

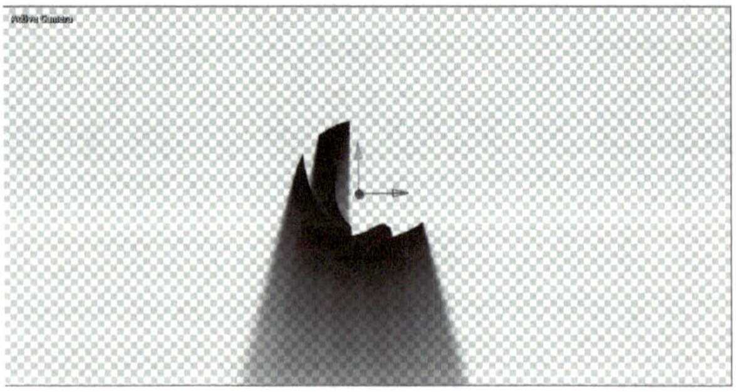

图2-2-14 CC Radial Fast Blur效果

13）使用“字体工具”，输入文字“ETV”，调整字体为“Blackoak Std”，字号为50px，水平伸展为80%，按<P>键展开其缩放属性，调整“Position（位置）”参数为（850，791）。设置参数值如图2-2-15所示。

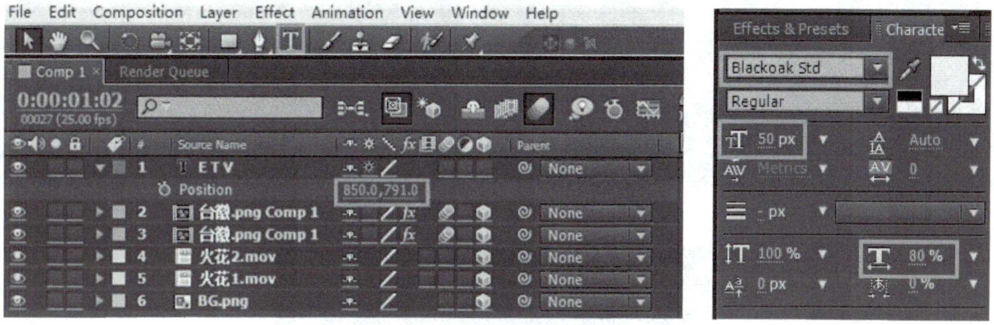

图2-2-15　文字参数设置

14）选择“ETV”图层，通过执行“Layer”→“Pre-compose”（图层→合并层）命令或者按快捷键<Ctrl+Shift+C>可以对图层进行合并。合并后会自动产生默认名称为“ETV Comp 1”的合成层，如图2-2-16所示。

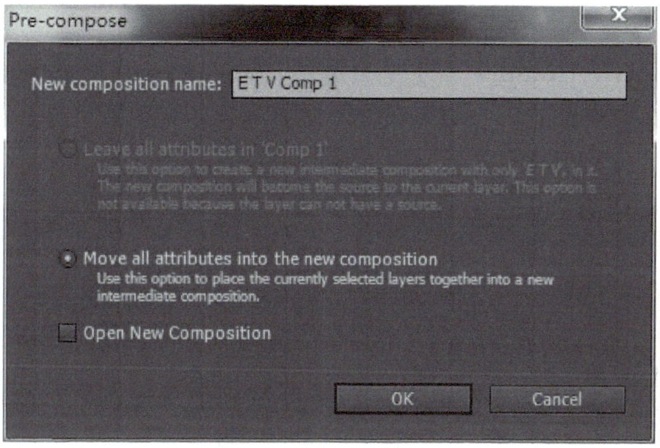

图2-2-16　合并图层

15）在时间线窗口中的“ETV Comp 1”层上按快捷键<Ctrl+D>复制一层，如图2-2-17所示。

图2-2-17　复制图层

16）在时间线窗口中选择复制层“ETV Comp 1”。

添加“Glow（辉光）”特效，设置关键帧动画，调整“Glow Threshold（辉光阈值）”和“Glow Radius（辉光半径）”第0:00:08:00帧处和第0:00:10:00帧处的关键帧设置，如图2-2-18所示。效果如图2-2-19所示。

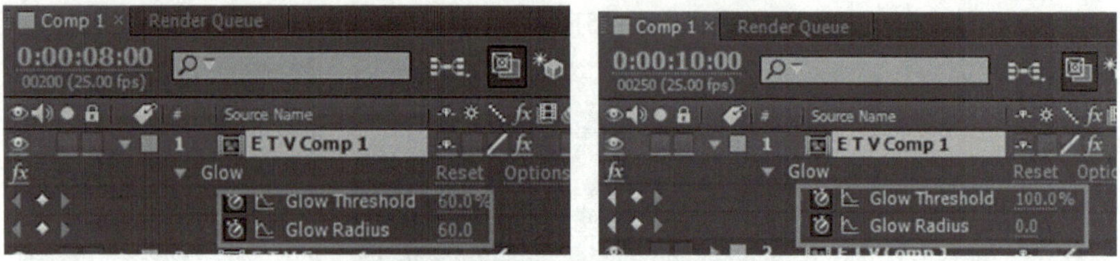

图2-2-18 “辉光”特效关键帧设置

图2-2-19 添加“辉光”特效后的效果

17）继续为“ETV Comp 1”设置关键帧动画，按<T>键展开其不透明度属性，调整“Opacity（不透明度）”，第0:00:07:11帧处和0:00:07:24帧处的关键帧参数如图2-2-20所示。

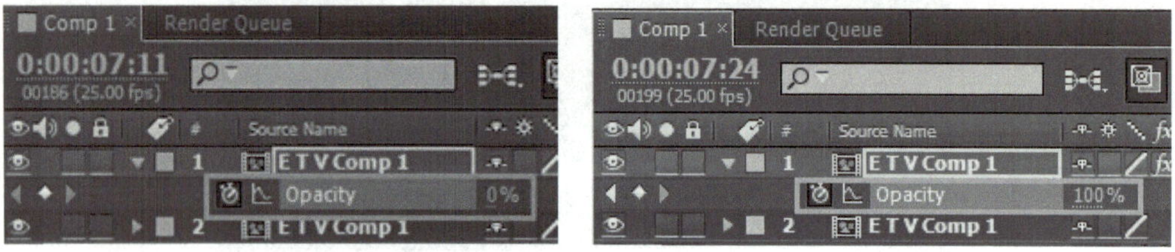

图2-2-20 “不透明度”关键帧动画设置

18）在时间线窗口中选择层“ETV Comp 1”。

①添加“Fill（填充）”特效，设置参数“Color”为（R:229，G:228，B:228），如图2-2-21所示。

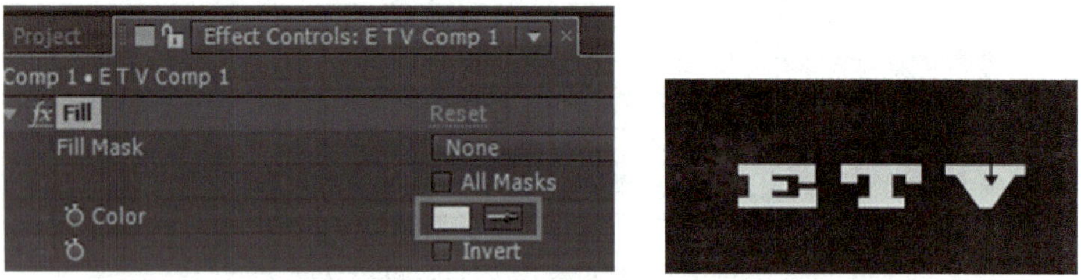

图2-2-21 Color设置及填充效果

②添加“CC Radial Blur（放射状模糊）”特效，选择“Type（类型）”为“Fading Zoom”，并设置“Quality”为100。调整“Amount（数量）”设置关键帧动

画，第0:00:07:13帧、第0:00:07:21帧和第0:00:08:03帧处的关键帧设置分别为0、200、0，如图2-2-22所示。

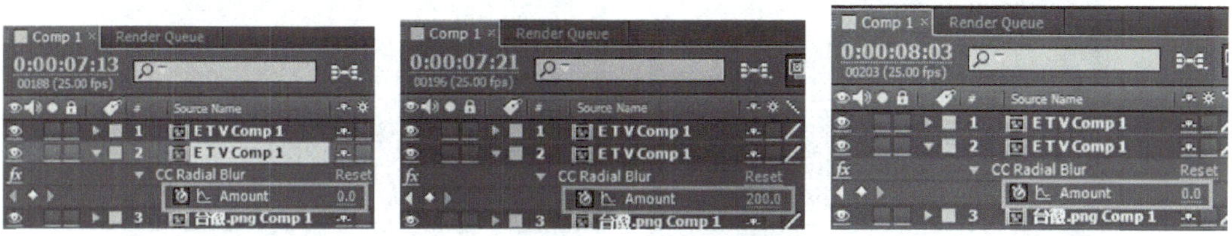

图2-2-22 “Amount”关键帧设置

③ 调整“Center（中心）”第0:00:07:11帧处和第0:00:08:06帧处的关键帧设置，如图2-2-23所示。

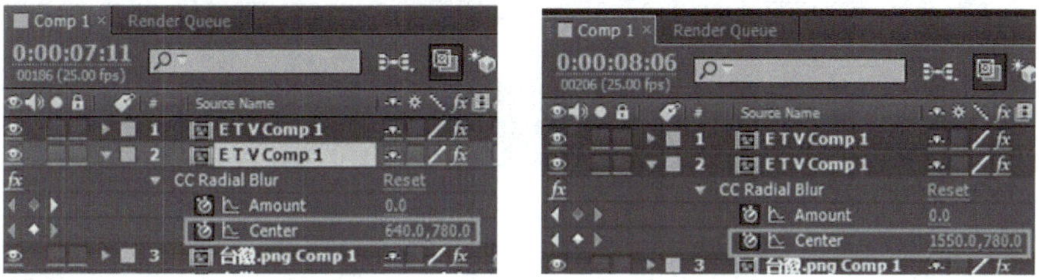

图2-2-23 “Center（中心）”关键帧设置

④ 按快捷键<Ctrl+D>复制“CC Radial Blur”（放射状模糊）特效，如图2-2-24所示。

图2-2-24 复制“CC Radial Blur”（放射状模糊）特效

⑤ 添加“Glow（辉光）”特效，设置关键帧动画，调整“Glow Threshold（辉光阈值）”和“Glow Radius（辉光半径）”第0:00:08:00帧处和第0:00:10:05帧处的关键

帧设置，设置和效果如图2-2-25所示。

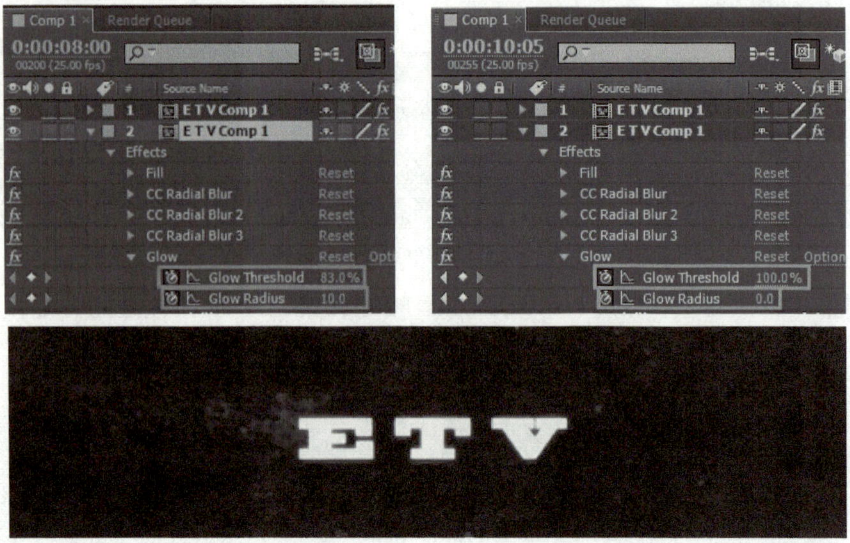

图2-2-25 “Glow（辉光）”特效设置及效果

⑥ 继续给“ETV Comp 1”设置关键帧动画，按<T>键展开其不透明度属性，调整“Opacity（不透明度）”，设置第0:00:07:11帧处和第0:00:07:20帧处的不透明度参数分别是0%和90%。

19）执行“Layer”→“New”→“Solid”（图层→新建→固态层）命令或按快捷键<Ctrl+Y>新建固态层，命名为“光晕”，如图2-2-26所示。

图2-2-26 新建白色固态层

① 选择“光晕”层打开调节层开关，以在合成中建立一个调节层来为其他层应用效果，如图2-2-27所示。

图2-2-27　打开调节层开关

②为“光晕”层添加“Lens Flare”（镜头光晕）特效，设置参数“Flare Center”为（962，780），“Flare Brightness”为81，“Lens Type”为105mm prime，调整“Blend With Original（混合来源层）”第0:00:07:15帧处和第0:00:07:20帧处的关键帧分别设置为100%和0%。效果如图2-2-28所示。

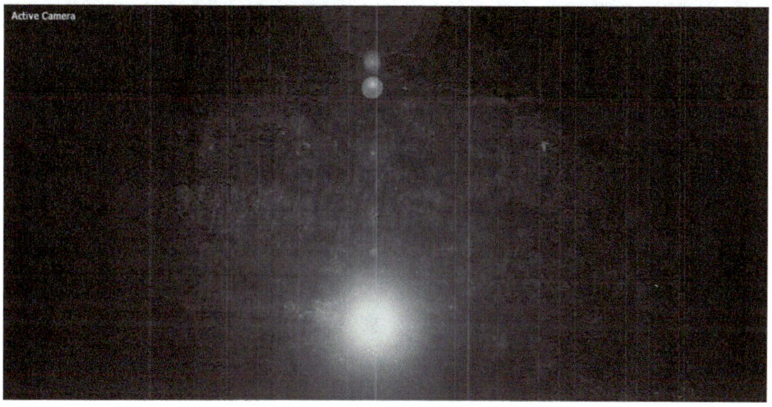

图2-2-28　光晕效果

20）把“火花2”层拖动到最顶层，并按快捷键<Ctrl+D>复制一层，如图2-2-29所示。

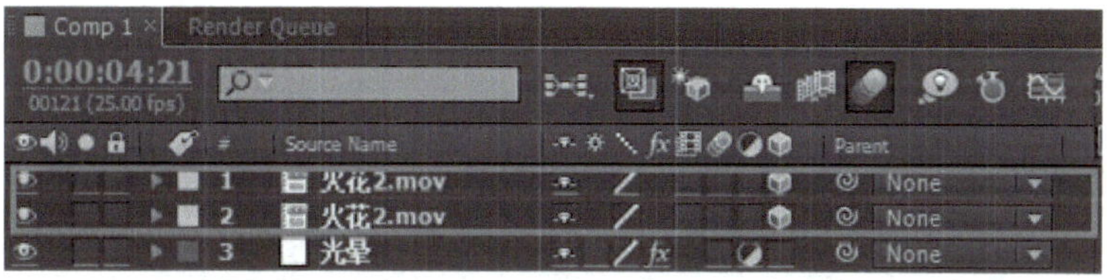

图2-2-29　将“火花2”置顶并复制图层

21）执行“Layer”→“New”→“Solid”（图层→新建→固态层）命令或按快捷键<Ctrl+Y>新建白色固态层，命名为“光晕2”。

①选择“光晕2”层打开调节层开关，以在合成中建立一个调节层来为其他层应用效果，如图2-2-30所示。

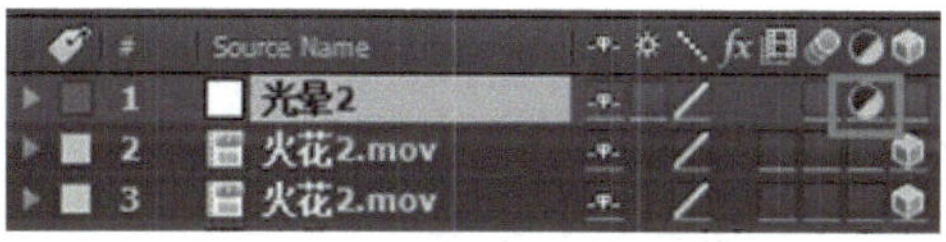

图2-2-30　打开调节层开关

②为“光晕2”层添加3次“Lens Flare（镜头光晕）”特效，设置参数参考表2-2-2和图2-2-31。

表2-2-2 镜头光晕参数设置

特　效	Flare center	Flare brightness	Lens type	Blend with original
Lens Flare	960，-36	95%	105mm prime	20%
Lens Flare2	960，-210	100%	105mm prime	15%
Lens Flare3	960，-50	100%	105mm prime	15%

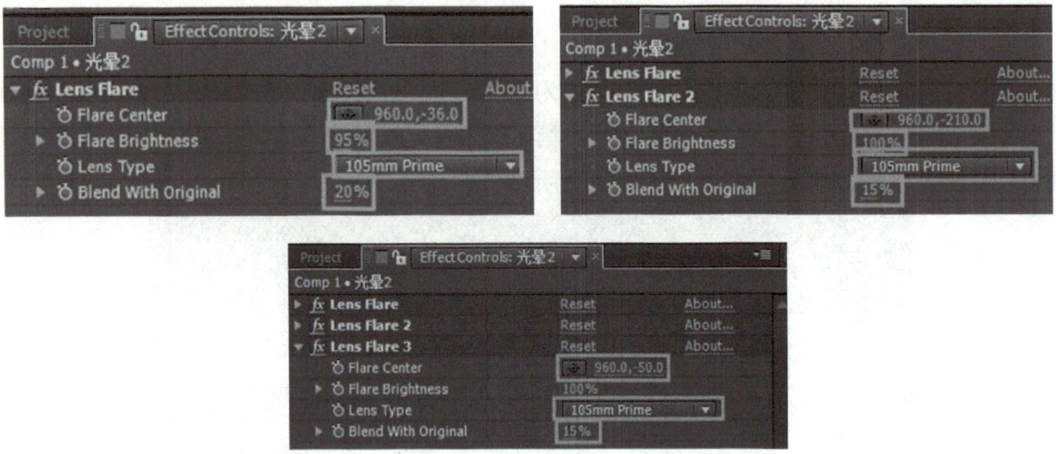

图2-2-31 调整“光晕”参数

③添加“Lens Flare（镜头光晕）”特效，调整“Flare Brightness（光晕亮度）”，在第0:00:01:00帧、第0:00:01:05帧、第0:00:01:18帧、第0:00:02:15帧、第0:00:05:18帧、第0:00:07:15帧、第0:00:07:19帧和第0:00:08:00帧处添加关键帧，设置参数分别是25%、100%、30%、80%、15%、15%、70%和0%。设置后的效果如图2-2-32所示。

图2-2-32 光晕效果

22）执行“Layer”→“New”→“Light”（图层→新建→灯光）命令或快捷键<Ctrl+Alt+Shift+L>创建灯光层，按<P>键展开其缩放属性，调整“Position（位置）”参数为（900，-260，-1150），如图2-2-33所示。

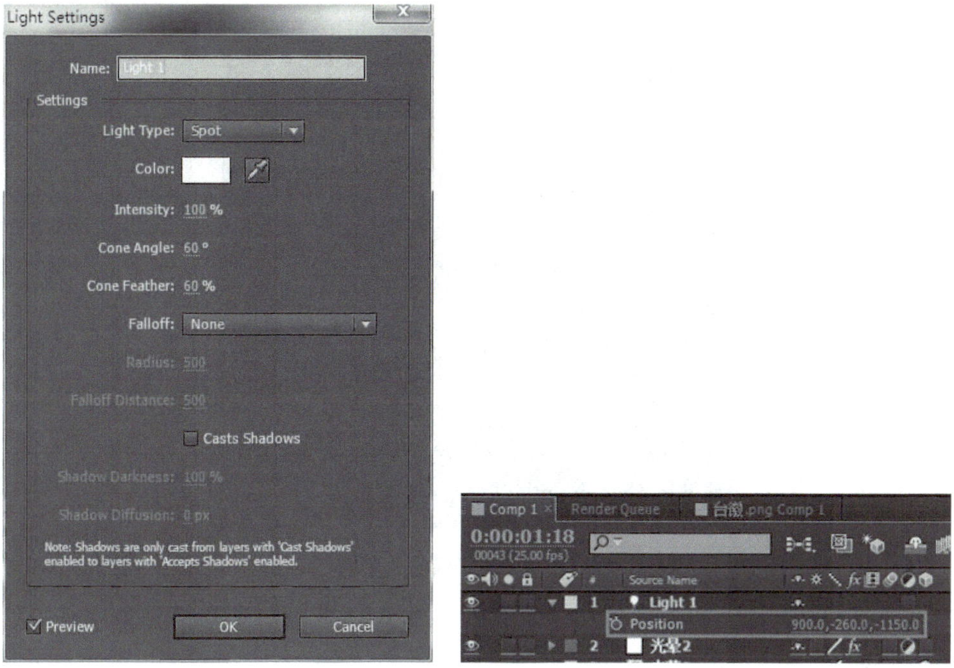

图2-2-33　新建灯光层及设置

23）执行“Layer”→New→Light（图层→新建→灯光）命令或快捷键<Ctrl+Alt+Shift+L>再创建一个灯光层，如图2-2-34所示。

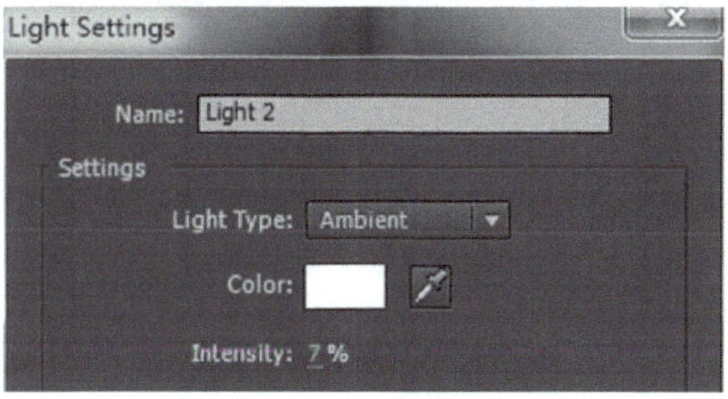

图2-2-34　新建灯光层

24）执行“Layer”→“New”→“Solid”（图层→新建→固态层）命令或按快捷键<Ctrl+Y>新建，重命名为“mask”。

25）给“mask”设置关键帧动画，按<T>键展开其“Opacity（不透明度）”属性，调整“Opacity（不透明度）”，第0:00:00:00帧、第0:00:00:22帧、第0:00:12:00帧和第0:00:13:05帧处的关键帧参数设置分别是100%、0%、0%和100%。

26）执行“Layer”→“New”→“Solid”（图层→新建→固态层）命令或按快捷键<Ctrl+Y>新建，重命名为“mask2”，如图2-2-35所示。

27）给“mask2”层添加“Fast Blur（快速模糊）”特效，调整“Blurriness（模糊强度）”第0:00:00:10帧、第0:00:01:00帧、第0:00:11:00帧和第0:00:13:10帧处的关键帧参数设置分别为15、0、0和40。

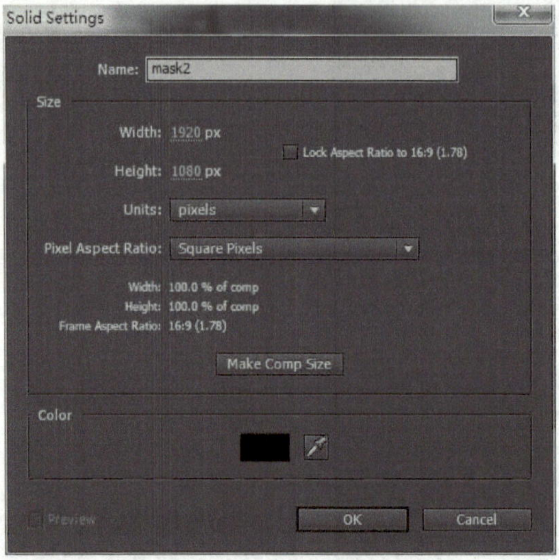

图2-2-35　新建黑色固态层

28）打开“mask2”调节层开关，在合成中建立一个调节层来为其他层应用效果，如图2-2-36所示。

图2-2-36　打开调节开关

29）选择所有的层，执行“Layer”→“Pre-compose”（图层→合并层）命令或者按快捷键<Ctrl+Shift+C>可以对图层进行合并。合并后重命名为“合成”的合成层如图2-2-37所示。

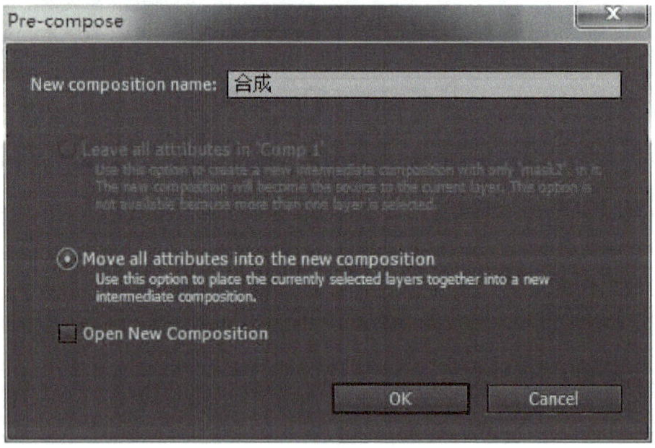

图2-2-37　合并图层

30）执行“Layer”→“New”→“Solid”（图层→新建→固态层）命令或按快捷键<Ctrl+Y>新建，重命名为“mask”，选择“矩形工具”，绘制一个长方形，选择“Inverted（反装）”，设置和效果如图2-2-38所示。

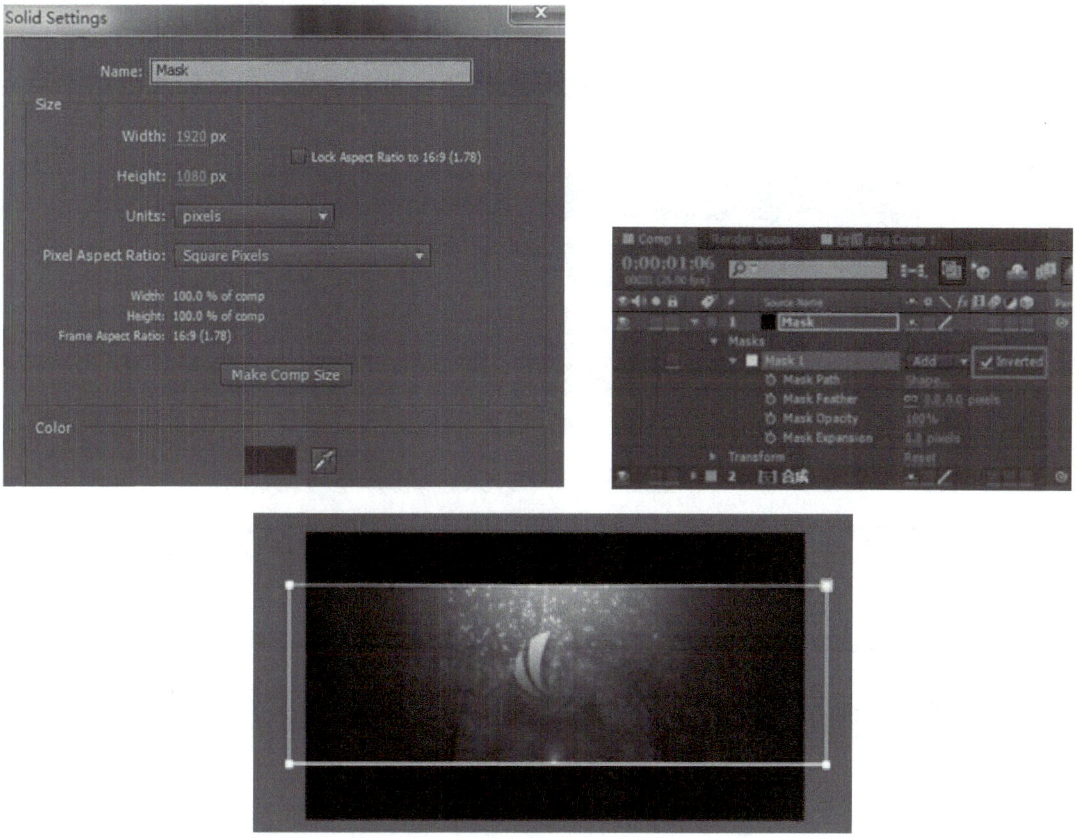

图2-2-38　新建固态层“Mask”的设置及效果

31）执行“Layer”→“New”→“Camera”（图层→新建→摄像机）命令或按快捷键 <Ctrl+Alt+Shift+C>创建，摄像机设置如图2-2-39所示。

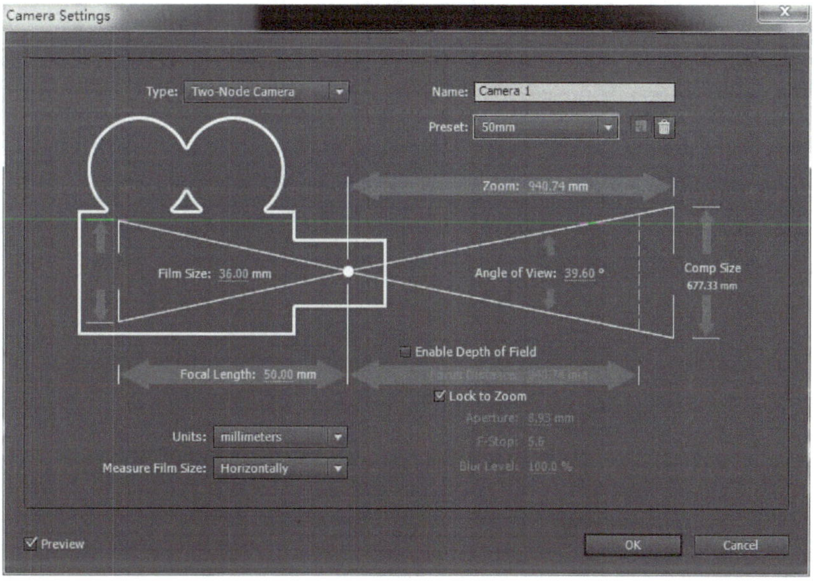

图2-2-39　摄像机参数调整

32）执行“Layer”→“New”→“Null Object”（图层→新建→空物体）命令或按快捷键<Ctrl+Alt+Shift+Y>创建。

33）用鼠标拖动“Parent”栏目左边的◎按钮到目标图层，然后释放鼠标，设置图层的父层，如图2-2-40所示。

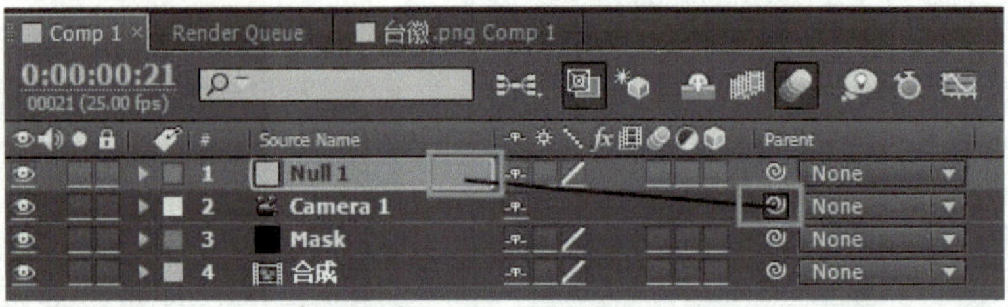

图2-2-40　设置父层

34）打开“Null 1”和“合成”层的三维开关，如图2-2-41所示。

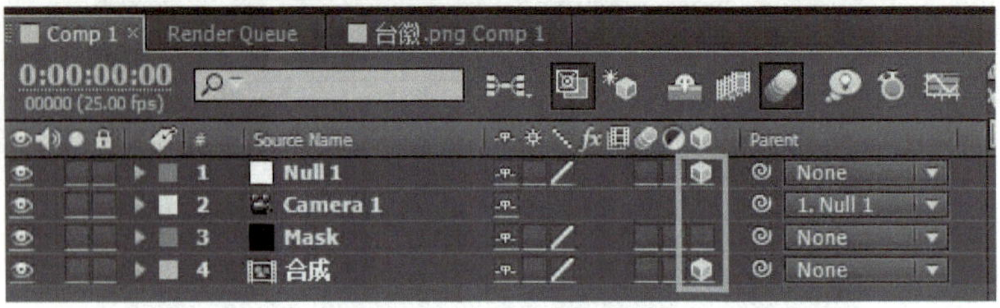

图2-2-41　打开三维开关

35）为“Null 1”设置关键帧动画，按<P>键展开其缩放属性，调整“Position（位置）”，第0:00:01:00帧、第0:00:07:15帧和第0:00:13:20帧处的关键帧设置分别为（950，500，0）、（960，590，500）和（960，590，600）。

36）在时间线窗口中选择“合成”层。

①为“合成”层添加“Curves（填充）”特效，设置曲线如图2-2-42所示。

②为“合成”层添加“Hue/Saturation（色相/饱和度）”特效，设置参数“Master Saturation”为-32，如图2-2-43所示。

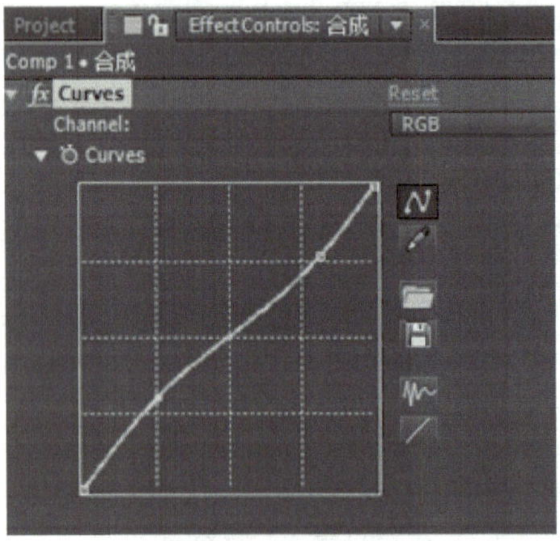

图2-2-42　设置曲线参数

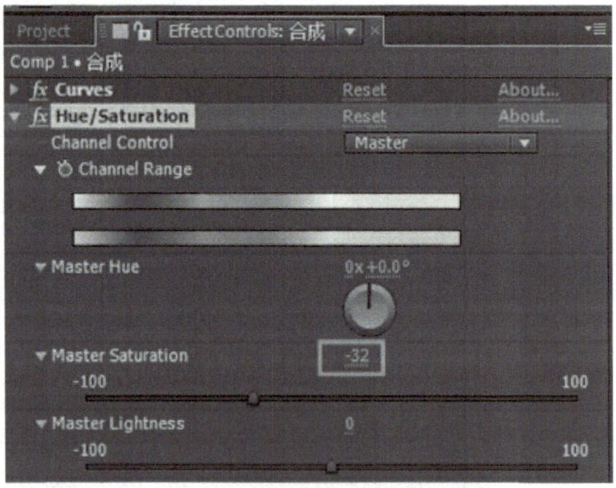

图2-2-43　设置色相/饱和度参数

③为“合成”层添加“Color Balance（色彩平衡）”特效，设置参数“Shadow Red Balance”为-2.0，“Shadow Green Balance”为7.0，“Midtone Blue Balance”为7.0。

④为“合成”层添加“Exposure（曝光）”特效，设置参数“Exposure”为-0.20。调色效果如图2-2-44所示。

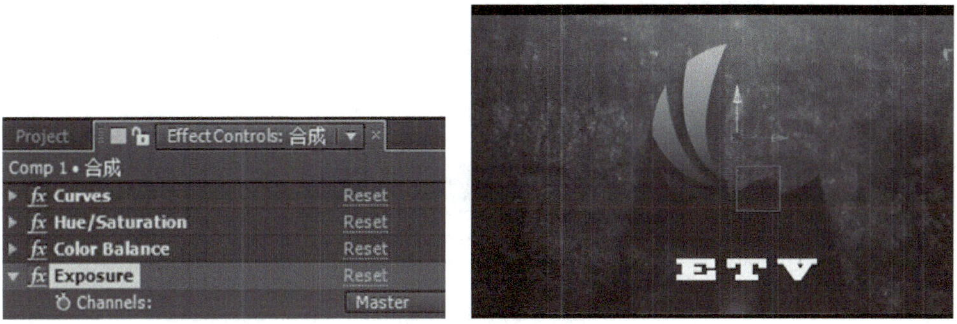

图2-2-44　调色效果

37）执行“Composition”→“Add to Render Queue”（合成→添加到渲染队列）命令或者按快捷键<Ctrl+Shift+/>可以将合成添加到渲染队列，并打开渲染窗口。

①Output Module（输出模板）：可以设置输出的文件格式。单击当前的设置会弹出“Output Module Setting”对话框。对话框的各项设置如图2-2-45所示。

②Output To（输出到）：设置输出文件的命名方式和存放位置。此外通过执行“Edit”→“Templates”（编辑→模板）命令可以对“Render Settings”和“Output Module”进行设置，可以在打开的对话框中建立渲染和输出模板，以简化渲染和输出设置。

③最后单击“Render”按钮输出。

图2-2-45　渲染输出设置

任务6　宣传片剪辑

任务分析

下面需要使用Premiere软件将拍摄好的视频素材进行剪辑，合成宣传片。

任务实施

1）启动Premiere软件，单击“新建项目”按钮，打开新建项目对话框，如图2-2-46所示。

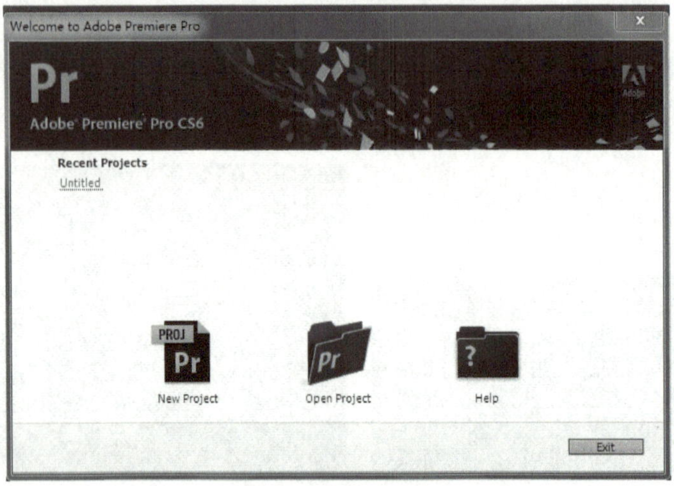

图2-2-46　新建项目

2）在新建项目对话框中，单击“Browse（浏览）”按钮，设置项目存储位置。修改项目名称为“电视台宣传片”，单击“OK（确定）”按钮，如图2-2-47所示。

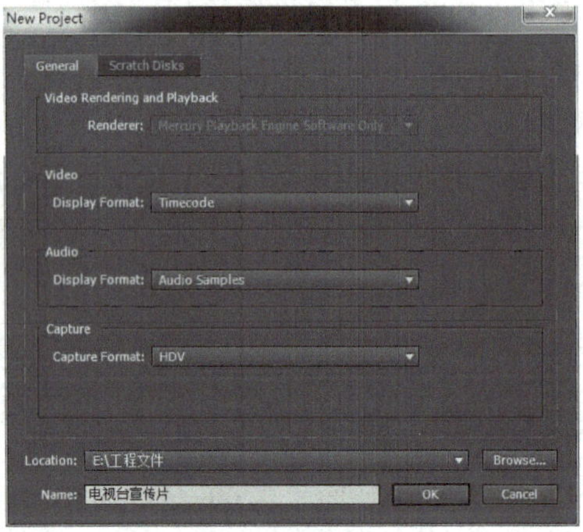

图2-2-47　参数设置

3）单击“确定”按钮后，系统自动跳转到新建序列对话框，选择其下的“Timebase”为“25.00 frames/second”，修改“Video”列表中的“Frame Size”为1920×1080，“Pixel Aspect Ratio”为“Square Pixels（1.0）”，修改序列名称为“电视台宣传”，单击“OK（确定）”按钮后进入Premiere工作界面。

4）将整理好的素材导入项目管理器中，如图2-2-48和图2-2-49所示。

5）下载优质背景音乐，将音乐导入到素材库里，如图2-2-50所示。

6）从素材库中将电视台片头与“片头音频”合成为“电视台片头”放入时间轨道上，如图2-2-51所示。

7）从素材库中将“Loving Everything I Find”音频放入时间轨道上并锁定音频轨，如图2-2-52所示。

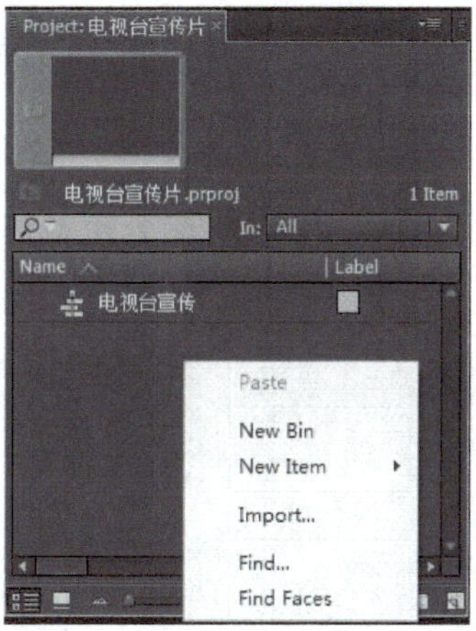

图2-2-48　把素材导入项目管理器

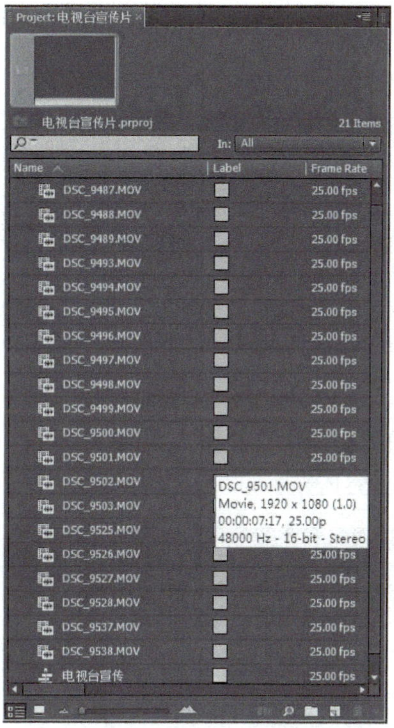

图2-2-49　把素材导入项目管理器

图2-2-50　将音乐导入到素材库里

图2-2-51　放入时间轨道

图2-2-52　将音频放入时间轨道

8）从素材库中将绘制2、绘制1放入时间轨道上，如图2-2-53所示。

图2-2-53　放入时间轨道

9）用裁剪工具▣将绘制的两端视频剪辑为各部分，按照分镜头调整，如图2-2-54所示。

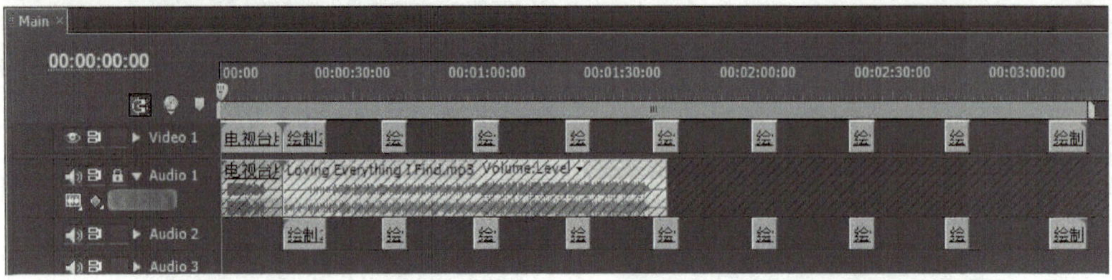

图2-2-54　视频剪辑

10）将素材库中“工作人员使用设备”内的视频，按照分镜头将其放入时间轨道上，如图2-2-55所示。

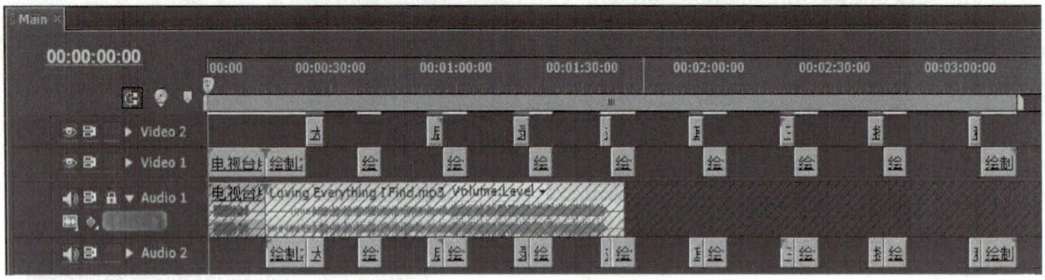

图2-2-55　放入时间轨道

11）删除时间轨道上的间隙，如图2-2-56所示。

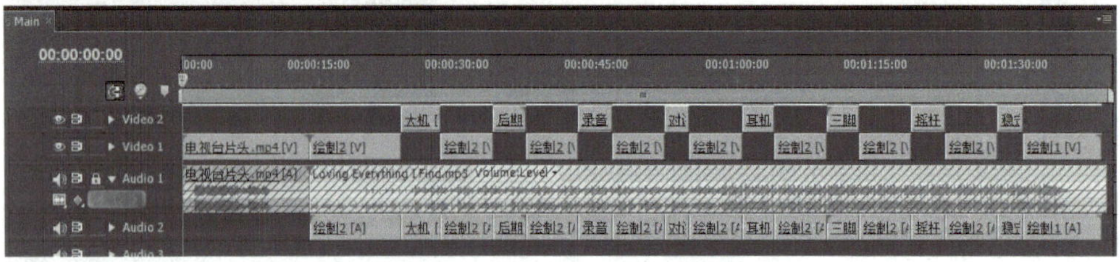

图2-2-56　删除时间轨道上的间隙

12）设置“Font Family（字体）”为“Microsoft YaHei”；“Font Size（字号）”为40，制作下列8组的字幕文件。文字位置如图2-2-57和图2-2-58所示。

①努力Strive。

②坚持Insist。

③认真Seriously。

④探索Exploration。

⑤不懈追求完美The relentless pursuit of perfection。

⑥让我们做得更好Let's make think better。

⑦使不可能变为可能Imposle made posle。

⑧这就是电视台This is the station。

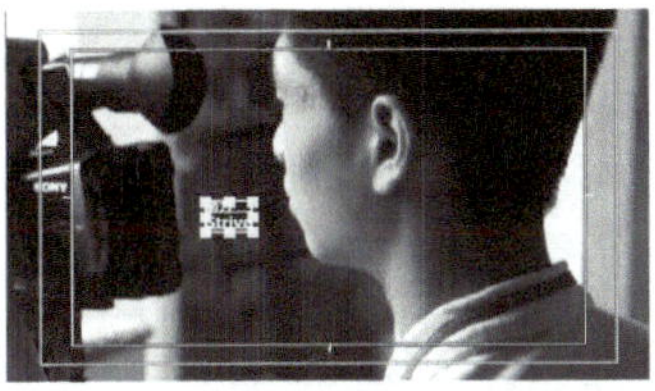

a)

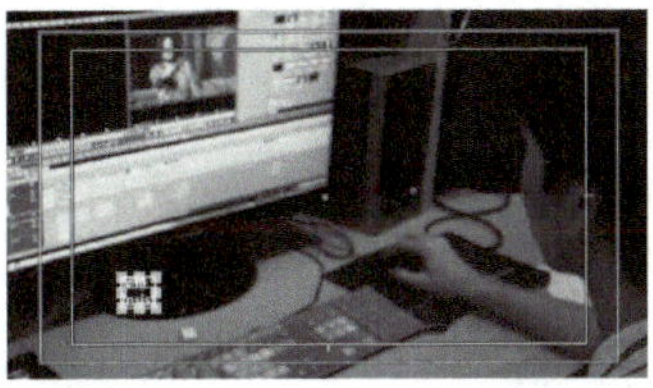

b)

c)

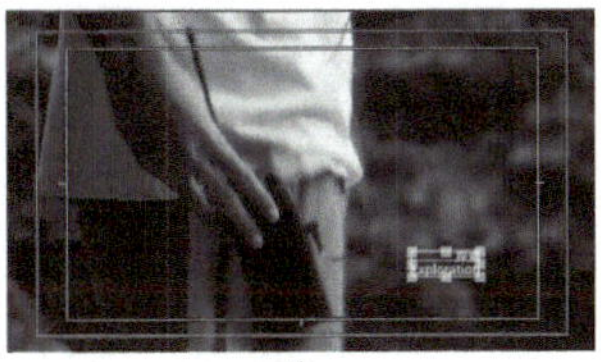

d)

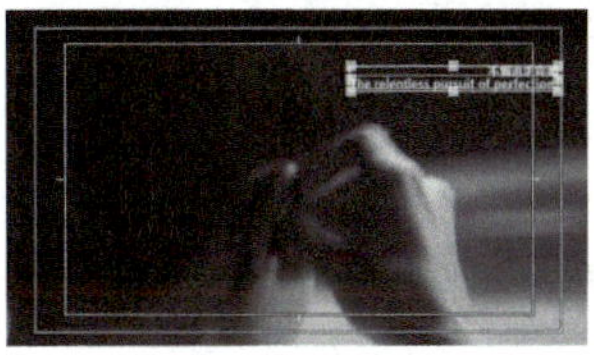

e)

f)

g)

h)

图2-2-57 文字在视频中的摆放位置

a）努力 Strive b）坚持Insist c）认真Seriously d）探索Exploration e）不懈追求完美The relentless pursuit of perfection f）让我们做得更好Let's make think better g）使不可能变为可能Imposle made posle h）这就是电视台This is the station

13）执行“Title”→“New Title”→“Default Roll”命令制作片尾滚动字幕，如图2-2-58所示。

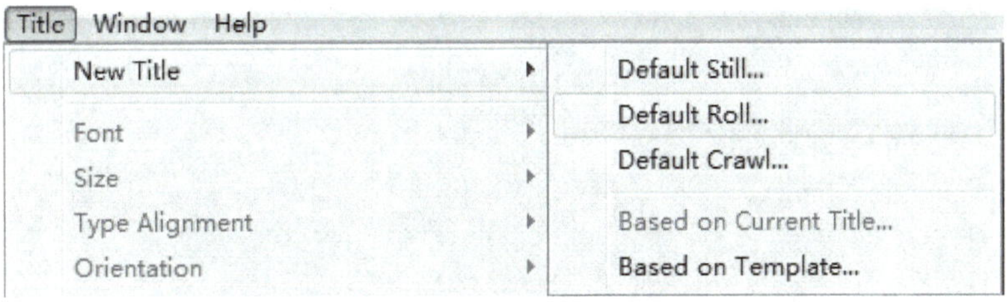

图2-2-58 制作片尾滚动文字

14）设置“Font Family（字体）”为“Microsoft YaHei”；“Font Size（字号）”为40，制作下列片尾滚动字幕后。文字位置如图2-2-59所示。

台长：李承恩

副台长：胡文浩

秘书：吴碧倩

顾问：邓楗林

制作部：

部长：曾华桀

后期组长：王智轩

前期组长：齐佳辉

部员：

黄天鹏、许键宏、黄卓燊

陈泽项、曹诗琪、何钰漩、梁振超

主播部：

部长：谭倩欣

部员：

翁慧珊、梁懿霖、罗俊昊

组织部：

部长：无

策划组长：李承恩

宣传组长：胡文浩

部员：

侯鑫资、林晓茵、吴碧倩、邓楗林

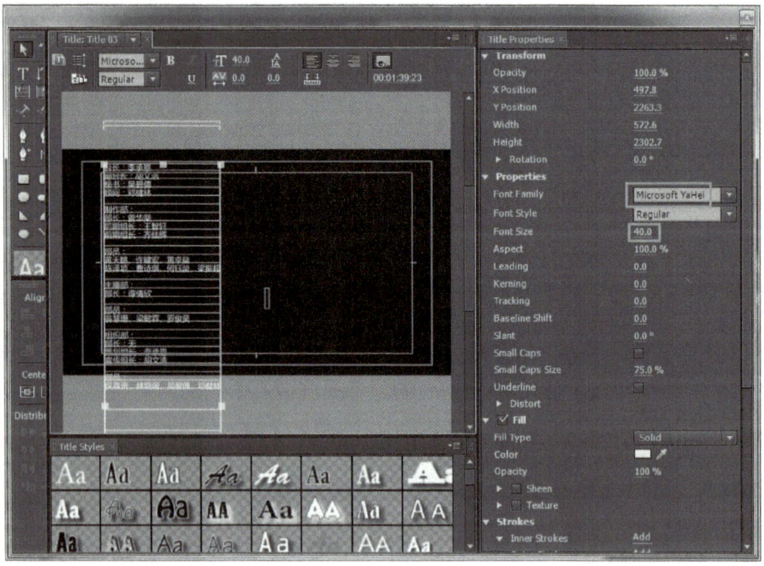

图2-2-59　片尾滚动字幕

15）将滚动字幕放到时间线视频轨道3的末端，如图2-2-60所示。

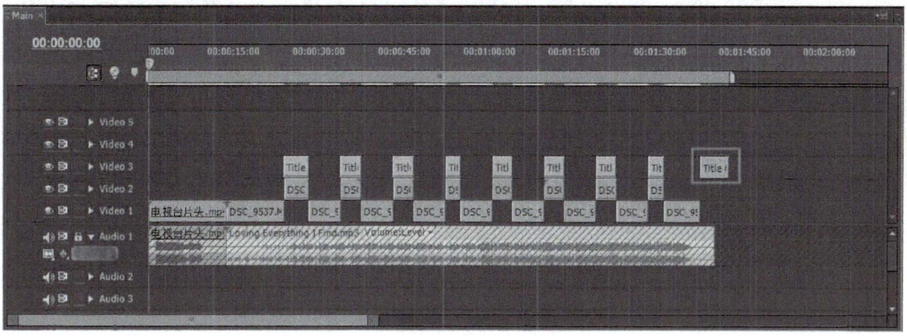

图2-2-60　放置字幕

16）使用“字幕工具”中的“矩形工具”制作黑框，形成宽屏效果，如图2-2-61所示。

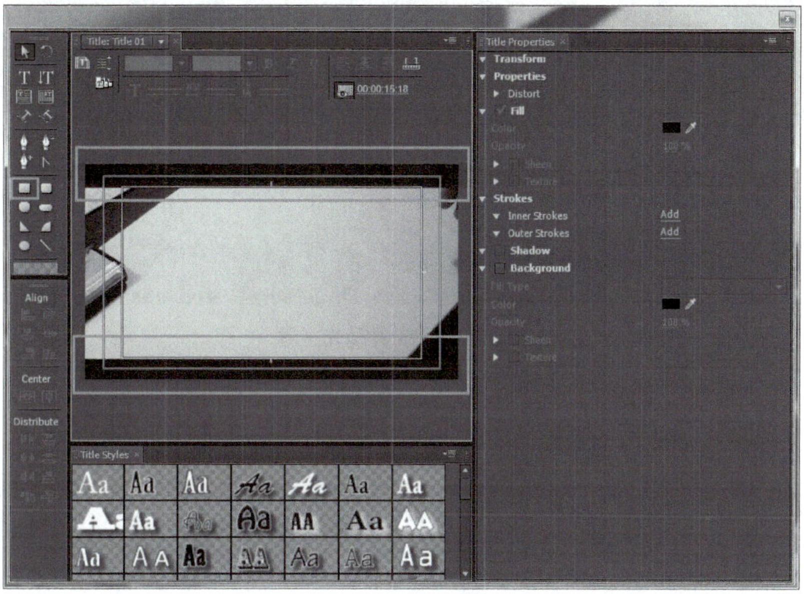

图2-2-61　制作黑框

17）将制作完毕的黑框放置到时间线视频轨道5，如图2-2-62所示。

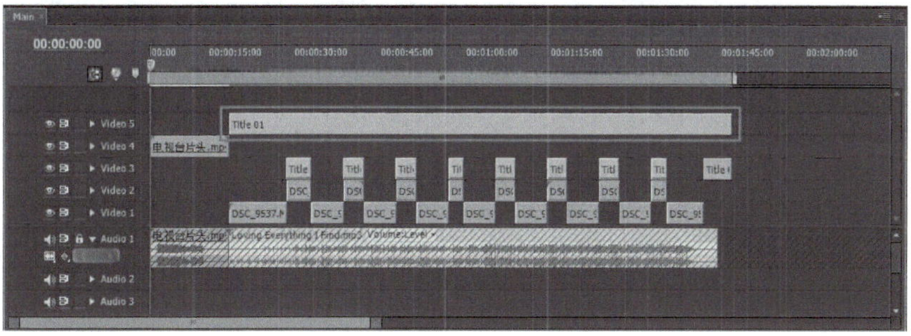

图2-2-62　放置黑框

18）选中所有视频，单击鼠标右键，在弹出的快捷菜单中，执行“Unlink”命令解锁，删除音频，如图2-2-63所示。

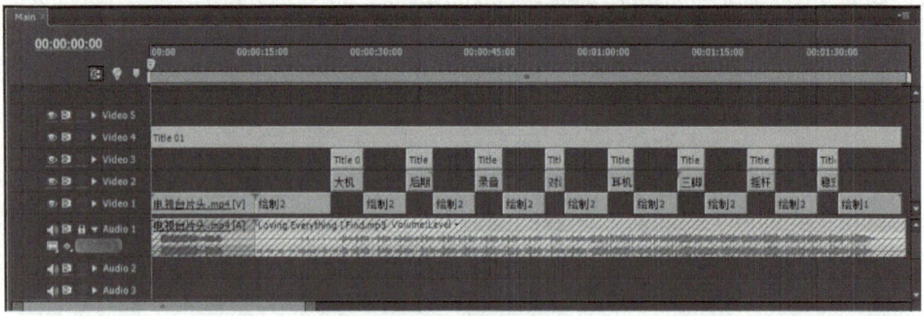

图2-2-63　删除音频

19）将“漏光”视频放置在视频轨道4紧接着“电视台片头”，如图2-2-64所示。

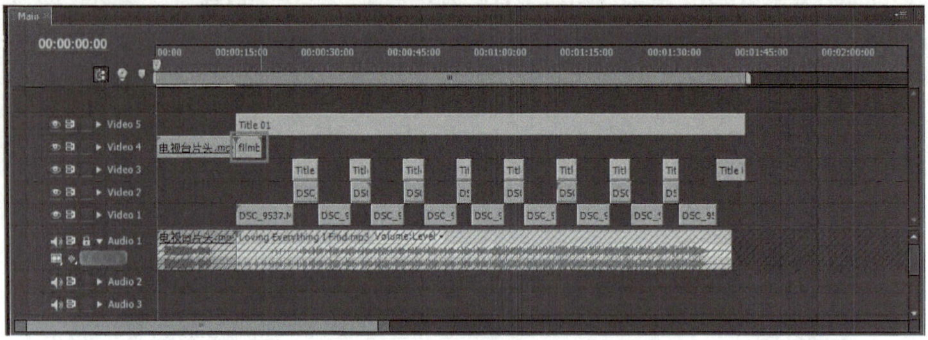

图2-2-64　放置漏光视频

20）设置“漏光”视频的“Opacity（不透明度）”为10.0%。

21）复制多个“漏光”视频，如图2-2-65所示。

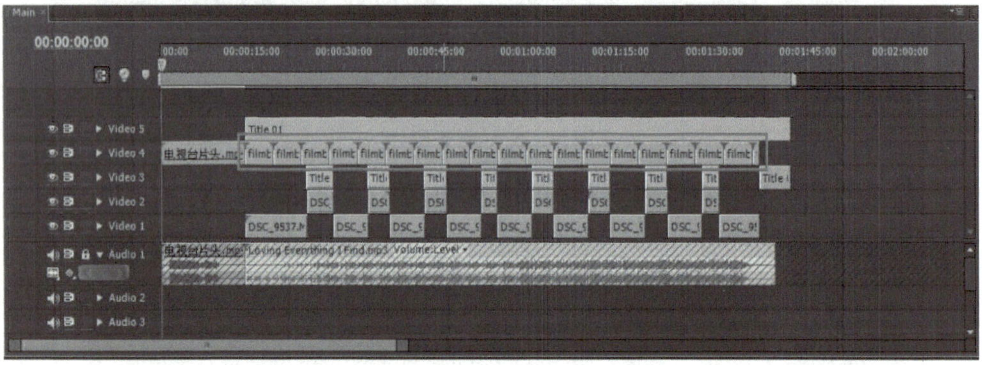

图2-2-65　复制漏光视频

22）执行“Effects”→“Video Transitions”→“Dissolve”→“Cross Dissolve”为“漏光”视频添加视频过渡效果，如图2-2-66所示。

23）执行“File”→“Export”命令打开对话框，设置参数，格式选择H.264格式，命名为“Main”，选择输出视频和输出音频，单击“Export”按钮输出。

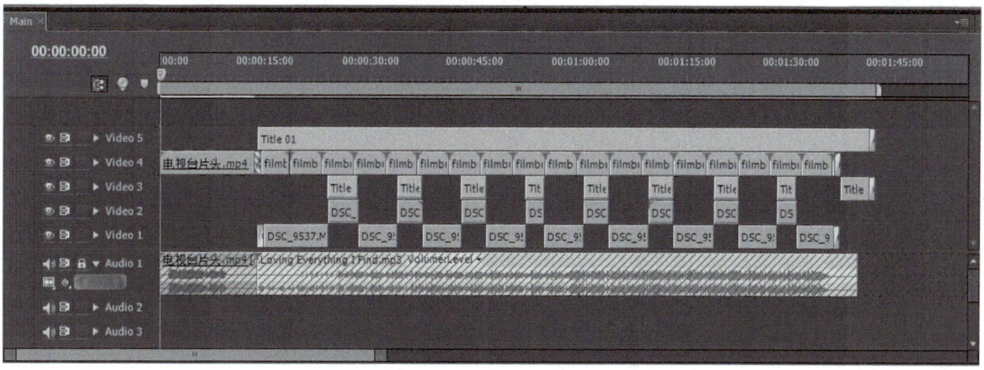

图2-2-66　添加视频过渡效果

知识归纳

通过本单元的学习，理解宣传片的制作方法，巩固非线性编辑的知识；熟悉和掌握Photoshop、Premiere、After Effects等多种影视软件的配合使用，达到更好的影视效果。

拓展练习

1．请选择至少4部卡通电影片段，完成《卡通电影周宣传片》。

制作要求

1）至少4部卡通电影片段。

2）对素材进行必要的处理，可以根据影片风格的需要自制素材。

3）宣传片文字内容自己设定。

4）选用的背景音乐要贴近影片的风格。

5）影片长度为30s。

2．请读者利用配套资源“part2”文件夹中“练习1”文件夹内的素材制作《二沙岛户外音乐会宣传片》。

制作要求

1）影片长度10s。

2）原素材至少使用5张图片。

3）音乐可以自行剪辑。

4）画面辅助元素请自行设计。

学习单元3 动画短片制作

单元概述

动画短片具有长片不可替代的艺术特性和独特魅力，追求创新和前卫。从1931年开始，产生了几十上百部奥斯卡最佳动画短片作品，风靡全球，奥斯卡最佳动画短片艺术水准高，具有较强的人文性、国际化、意蕴深度，题材内容、制作材料、表现手法、卡通形象、艺术风格、主题思想等。动漫也成为一种时尚的艺术，而且最直接简单的动画创作是就Flash。Flash是一款很好的制作动画的软件，可以制作丰富多彩的矢量动画，富有新意的界面融合在一起，制作出高品质的动画效果。

本单元通过项目1和项目2两个小故事展开分镜头设计、造型设计、场景设计、原画设计、动画设计、配音、后期处理和输出发布等一系列制作过程。动画短片经历前期、中期、后期的制作过程，可以提高软件的操作水平和艺术设计水平。运用Flash软件和Audition软件，制作出图文并貌的动画短片作品。Flash动画短片大大节约了人力、物力和财力，具有创作周期短、速度快，资源使用少等特点，宣传效果好，受到市场青睐。

学习目标

知识目标：掌握构图原理、Flash和Audition软件的高级操作及公益宣传动画的制作方法。

技能目标：能通过Flash和Audition软件的高级操作，掌握动画短片的制作流程、灵活运用动画知识完成动画作品的制作，搜索素材、提取素材、绘制原画、制作动画元件、运用镜头技术创作动画作品、运用代码技术制作重播按钮。

情感目标：培养学生的应岗能力和协调能力。

项目1 《杰克与奶牛》动画短片制作

项目描述

将文字性的故事以生动的画面展现，给观众直观、形象的感受，以达到宣传的目的。动画短片制作包括前期的准备即设计、筹划阶段；中期的绘制阶段；后期的合成输出阶段。整个创作过程涉及多方面的内容，如编写剧本、分镜头、角色造型、场景、原画的设计、动画设计、配音和背景音乐的编辑等。通过《杰克与奶牛》动画短片的制作，学生运用Flash基础知识、美术基础知识、颜色搭配、构图与透视原理知识，使用Flash和Audition软件进行制作。绘图可使用数位板进行创作，目的是学会动画短片的制作过程。

任务1 编写剧本

任务分析

编写健康、实用性强、寓意高的故事情节，将其转为制作的剧本是Flash动画短片的第一步。也可以搜索有意义的小故事，改编成剧本。动画短片的创作不但需要一个良好的团队，还需要一个好的剧本。剧本是由画面讲述出来的故事，动画剧本的基本特性就是营造具有原创性的幻想空间。

任务实施

1. 搜索大量的资料，了解剧本特点，编写剧本如下

杰克和妈妈生活在美丽的山村里，自小，杰克和奶牛一起长大，杰克经常带奶牛出去玩耍。一天早晨，杰克照常去牧场看望奶牛，正巧妈妈正在喂牛吃草。妈妈对杰克说："杰克，带奶牛出去玩吧。"杰克回答说："哈哈！奶牛我们走，妈妈再见"，就带走了奶牛。在两座山之间，杰克和奶牛赛跑，彼此非常开心。表现人类要热爱动物，保护自然生态环境平衡。

寓意：人与动物和谐共处，形成和谐的自然环境。

2. 根据故事改编为动画剧本

（1）本动画作品背景

以文字形式交待本动画的背景。

（2）杰克开门向牧场走，想找奶牛玩

时间：早晨。

角色：杰克。

地点：家外场景 。

（3）妈妈叫杰克带奶牛出去运动，锻炼身体，于是杰克带奶牛走了

时间：早晨。

角色：杰克、杰克妈妈、奶牛。
地点：在牧场一角。
(4) 杰克和奶牛在两座山之间玩耍，从远到近，形影不离，非常默契
时间：早晨。
角色：杰克、奶牛。
地点：山间。

任务2 分镜头设计

任务分析

通过图片来展现剧本内容，该如何表现呢？图片内应该包括什么元素才能表达清楚故事情节？这些主要表现剧本的图画叫分镜头，剧本由若干张分镜头组成。根据剧本设计分镜头。观众观看若干张分镜头，就能直观地看懂故事内容。本项目通过3张分镜头，表达杰克与奶牛感情非常深厚，奶牛、杰克和妈妈生活非常快乐。

任务实施

1. 划分文字分镜头

镜头一：故事背景。

“美丽的山村里，住着杰克和他的母亲。自小，杰克的玩伴是家中的一头奶牛。”文字叙述。

镜头二：场景二。

杰克开门向牧场走去。

镜头三：牧场一角。

妈妈叫杰克带奶牛出去玩，锻炼身体。

镜头四：

杰克和奶牛走过了两座山，彼此都很开心。

2. 图形分镜头

分镜头见表3-1-1。

表3-1-1 分镜头

剧 本	分 镜 头	表 现 手 法
介绍杰克一家的背景	故事背景介绍。背景为全黑色，采用文字展现	延时10s

（续）

剧　本	分 镜 头	表 现 手 法
杰克和妈妈生活在美丽的山村里	美丽的村庄景色。杰克打开家门从家里走出来 	全景，中景，特写。5s 杰克走出来5s
妈妈对杰克说：“杰克，带奶牛出去玩吧。”杰克回答说：“哈哈，奶牛我们走，妈妈再见！”	牧场场景 	母子俩对话 配音 杰克转身走，奶牛正面走
杰克和奶牛玩耍的场景		杰克和奶牛穿梭在山间，空气好，彼此形影不离，人与大自然合谐共处

任务3　角色造型设计

任务分析

造型设计是一部动画能否吸引观众的重要环节。造型设计师不但要具备敏锐的观察力和丰富的生活经验，还要对动画的特性能够完全掌握，这样才能创造出形神兼备的造型。使用Flash工具绘制的图形都是矢量图形，可以使用“库”进行管理。

任务实施

1. 杰克是一位天真可爱、聪明的小孩

在Flash中，绘制画面可用“直线工具”“钢笔工具”“铅笔工具”“圆形工

具”“矩形工具”和“刷子工具”等进行绘制。本项目角色设计为两个人物和一只动物，从外部轮廓到内部精细调整，逐步完成外形设计。然后使用油漆桶工具、刷子工具等上色。

（1）设计并绘制杰克正面

1）绘制头部轮廓并填充颜色，颜色值为#FDDCAC，如图3-1-1和图3-1-2所示。

2）绘制头发轮廓并填充黑色，用刷子工具绘制头顶波纹，如图3-1-3～图3-1-5所示。

3）绘制耳朵部分，如图3-1-6所示。

4）绘制眼睛及眉毛，如图3-1-7所示。

5）绘制嘴巴部分，如图3-1-8所示。

6）绘制鼻子部分，如图3-1-9所示。

7）绘制红晕部分，如图3-1-10所示。

8）绘制身体部分，可直接绘制上衣轮廓，如图3-1-11所示。填充颜色，颜色值为#66CCCC，如图3-1-12所示。增加色物图案，如图3-1-13所示。

9）绘制双手部分，如图3-1-14和图3-1-15所示。

10）绘制裤子部分并填充颜色，颜色值为# 663300，如图3-1-16和图3-1-17所示。

11）绘制鞋子部分并填充灰色，如图3-1-18所示。

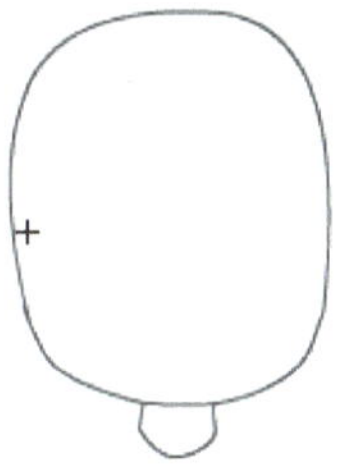

图3-1-1　头部轮廓

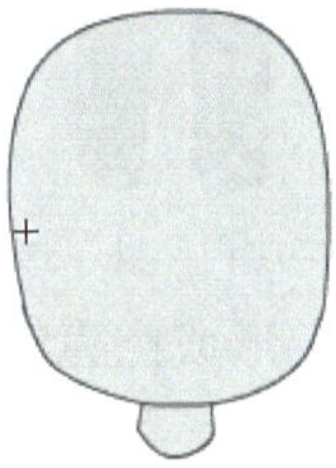

图3-1-2　头部填充

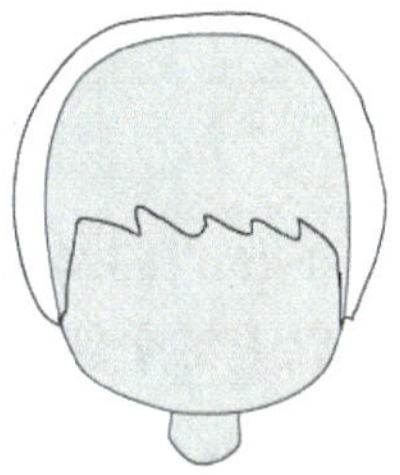

图3-1-3　头发轮廓

图3-1-4　头发填充

图3-1-5　头顶曲线

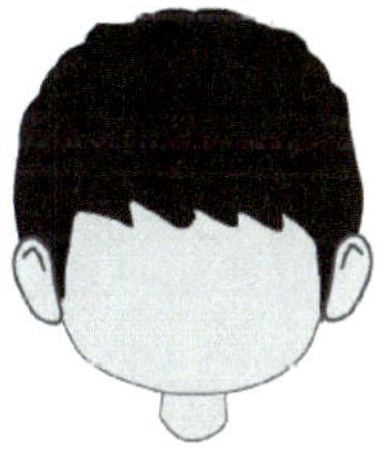

图3-1-6　耳朵

图3-1-7　眼睛与眉毛

图3-1-8　嘴巴

图3-1-9　鼻子

图3-1-10 红晕

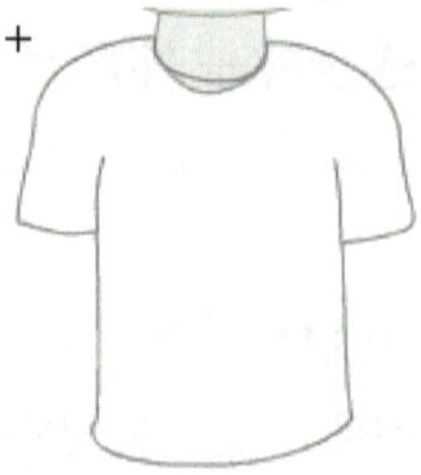

图3-1-11 上衣轮廓

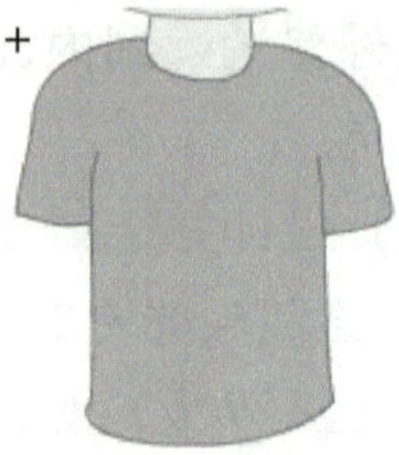

图3-1-12 上衣填充

图3-1-13 上衣图案

图3-1-14 手部轮廓

图3-1-15 手部填充

图3-1-16 裤子轮廓

图3-1-17 裤子填充

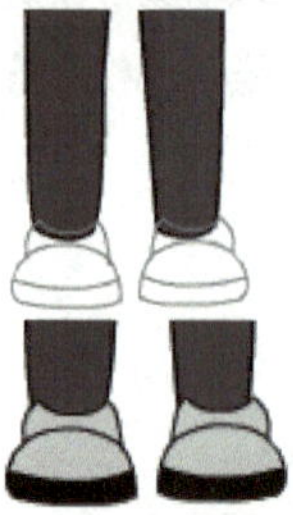

图3-1-18 鞋子轮廓及填充

建议以上每个部分放置一个图层，形成杰克的正面，如图3-1-19所示。

2. 杰克的各角度画面

同样，在正面的基础上修改或重画如头部，身体、手部和鞋等部分，形成四分之三面，如图3-1-20所示。绘制杰克的正侧面（二分之一面），如图3-1-21所示。绘制杰克的背面，如图3-1-22所示。绘制杰克的侧背面，如图3-1-23所示。选择正侧面（二分之一面），执行“修改”→“变形”→“水平翻转”命令，如图3-1-24所示。

图3-1-19 杰克的正面

图3-1-20 杰克的四分之三面

图3-1-21 杰克的侧面

图3-1-22　杰克的背面

图3-1-23　杰克的侧背面

图3-1-24　杰克的侧面水平翻转

3. 杰克的妈妈是一位善良、勤劳的妇女，是当代客家妇女的代表

按如图3-1-25～图3-1-36所示的图解方式进行绘制。

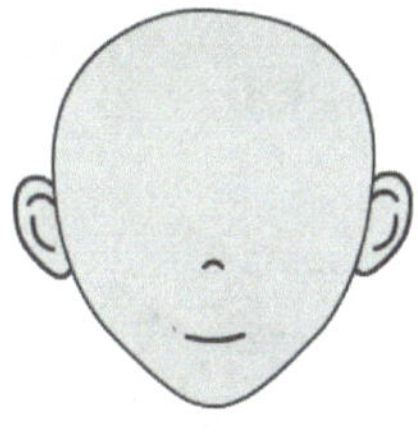
图3-1-25　妈妈头、鼻、嘴、耳

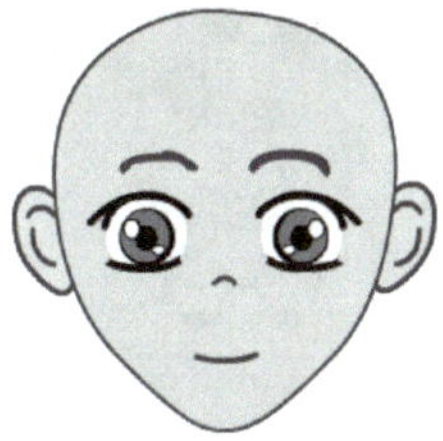
图3-1-26　眉毛、眼睛

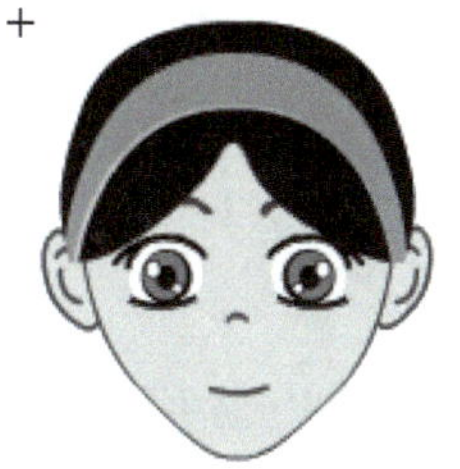
图3-1-27　前额头发

图3-1-28　后部长发

图3-1-29　红晕

图3-1-30　颈部

图3-1-31　衣服

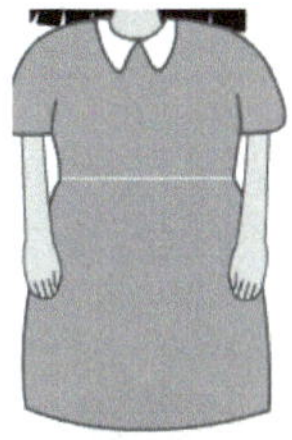
图3-1-32　手部

图3-1-33　围裙

图3-1-34　腿部

图3-1-35　鞋子

图3-1-36　杰克妈妈造型

4. 奶牛造型

奶牛是杰克的好朋友，能得到小朋友喜欢的动物应该具有可爱、善解人意的特性。Q版的设计最终效果，如图3-1-37所示。制作图解如图3-1-38～图3-1-42所示。

图3-1-37 奶牛

图3-1-38 奶牛外形

图3-1-39 斑点

图3-1-40 斑点效果

图3-1-41 鼻子

图3-1-42 眼睛

5. 角色造型

本项目角色造型如图3-1-43所示。

图3-1-43 造型设计

任务4 场景设计

任务分析

本项目需要多个场景，主要有山村、牧场、山间，突出构图原理，绘画技巧，属于场景设计员岗位工作内容。本例用到Flash中的“钢笔工具”“刷子工具”“文字工具”“矩形工具”“线条工具”“选择工具”等工具。

任务实施

场景一 最终效果图，如图3-1-44所示。

图3-1-44 山村场景

1. 绘制美丽的山村景象

1）使用“矩形工具”绘制大于舞台大小的矩形，填充左颜色指针为#25D1D0，右颜色指针为#0099FF，填充线性渐变，转换为元件，命名为蓝天，如图3-1-45所示。

2）绘制白云。使用“圆工具”，绘制大大小小的圆，如图3-1-46所示。删除内部线条，如图3-1-47所示。填充白色，添加阴影线，如图3-1-48所示。最终云的效果如图3-1-49所示。将其转换为元件，命名为云。

图3-1-45 蓝天

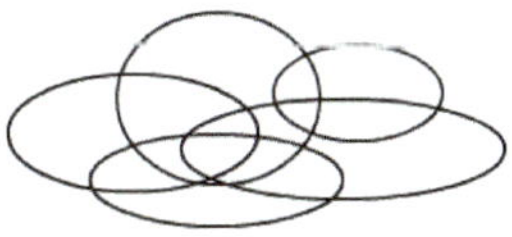

图3-1-46 画圆

图3-1-47 删除内部圆

图3-1-48 阴影线

图3-1-49 云

3）绘制草地。使用矩形工具画比舞台大的矩形，再用选择工具编辑矩形内的“线性”填充，左边颜色指针的颜色值为“#58D323”，右边颜色指针的颜色值为#1FD20B，矩形框线的颜色值为#669966，草地编辑完成后转换为元件，命名为草地，如图3-1-50所示。

图3-1-50　草地

4）绘制小草。使用“毛刷工具”绘制小草形状，如图3-1-51所示。将其转换为元件，命名为小草。

5）绘制杰克家的房子外形。使用“直线工具”绘制房子的外形，并填充颜色，如图3-1-52所示。转换为元件，命名为房子。

图3-1-51　小草

图3-1-52　房子外形

6）绘制杰克家的门、窗户和花坛。使用“直线工具”绘制家的门、窗户和花坛，并用“填充工具”填充颜色，分别转换为相应名称的图形元件，如图3-1-53所示。

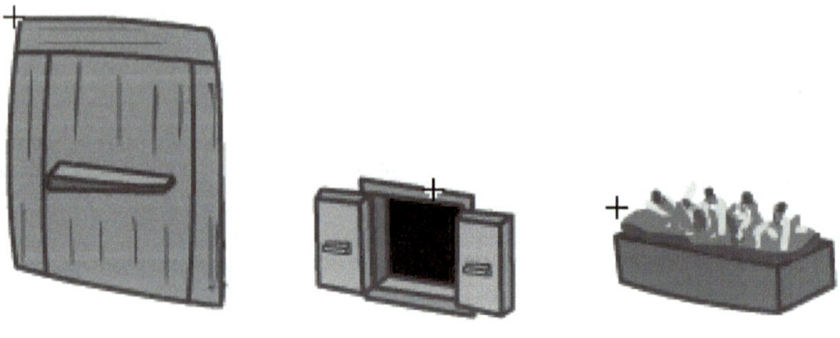

图3-1-53　杰克家的门、窗户和花坛

7）装饰杰克的家。进入房子元件，将房子的门、窗户和花坛按图3-1-54摆设。

图3-1-54　杰克的家

8）绘制家门前的小路。使用“直线工具”按图3-1-55绘制并填充黄色效果，转换为元件，命名为小路。

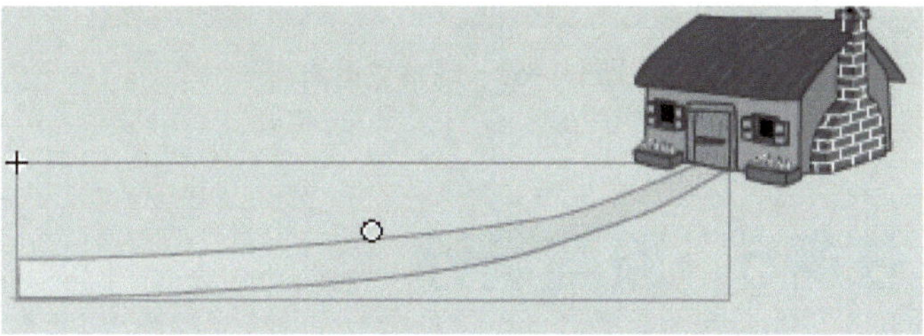

图3-1-55　小路元件

2. 牧场场景景象

场景二牧场最终效果图，如图3-1-56所示。场景一上的有些元件可以重用，不可以重用的则绘制新的图形。

1）绘制栏杆轮廓并上色，效果如图3-1-57所示。

图3-1-56　场景二效果图

图3-1-57　栏杆

2）绘制栏杆处的小草。新建图层，使用“刷子工具”绘制栅前草，如图3-1-58所示。

图3-1-58　栅前草

3. 场景三山间景象

场景三山间景象最终效果图，如图3-1-59所示。重新绘制云、绿色的山地和山间小路，利用颜色填充体现空间感，前面亮度高，后面亮度低。

图3-1-59 场景三山间

任务5 原画设计

任务分析

原画设计要按照导演的意图，根据镜头设计稿的要求，设计每个镜头的关键动作，为动画人员画出运动的要点，中间加几张动画，同时填写摄影表。掌握动作过程的形态结构、运动规律等各种技巧，用准、挺、匀、活的动画标准线条仔细画出每个动作。比如，常常用于眨眼睛、说话、走路等的动画，在Flash软件中使用逐帧动画技术，每个关键帧中的画面都不同。原画的好坏直接影响动画的效果。

任务实施

1. 杰克正面原画设计

进入杰克正面，按<F8>键将眼睛转换为元件。双击眼睛元件，进入眼睛元件的编辑状态。

1）眨眼。分解眼睛各部分，如图3-1-60所示。

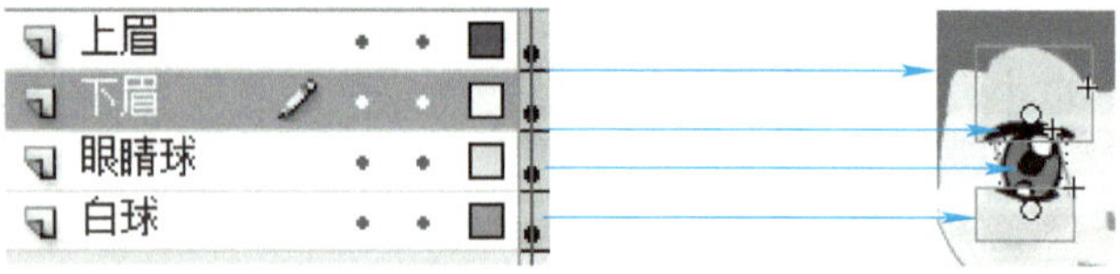

图3-1-60 眼睛图层

在20帧处插入关键帧，修改“上眉”元件，复制20帧，在24帧粘贴，26帧往上调整“上眉”，28帧再往上调整“上眉”，在30帧处插入帧，见表3-1-2。

表3-1-2 眨眼睛原画

关键帧帧号	1	20	22	24	26	28
原画		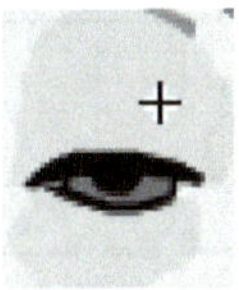	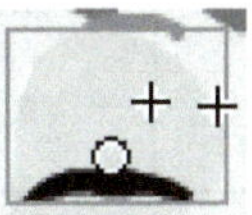	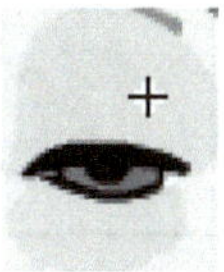	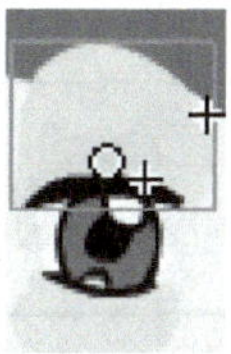	

2）说话原画设计。在第1、4、7、10、13和16帧处按表3-1-3中的原画绘制，使用Flash的“洋葱皮”（绘图纸外观）功能观察各关键帧的图形位置，大大提高了动检的效率。激活“洋葱皮”功能后，物体的运动规律清晰地在舞台上显示，便于迅速检查出问题所在。这个功能通常用来微调各原画的位置，起到定位作品的作用。

表3-1-3 说话原画

关键帧帧号	1	4	7	10	13	16
原画	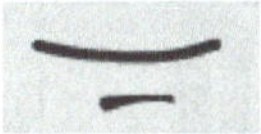		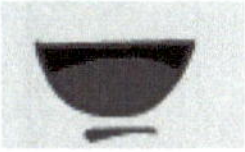			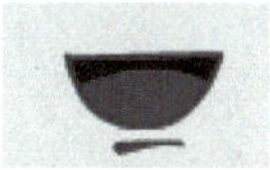

3）走路。

①摆手的原画有5个，关键帧见表3-1-4。

表3-1-4 摆手原画

关键帧帧号	1	5	10	15	20
原画	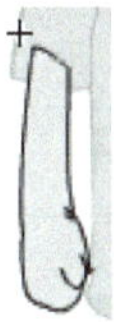				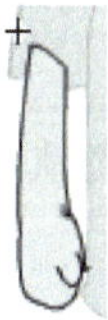

②双腿的原画。

正面走，双腿有5个关键帧，见表3-1-5。

表3-1-5 正面走腿部原画

关键帧帧号	1	5	10	15	20
原画					

③鞋子。

配合双腿走形态的鞋子5个关键帧画面见表3-1-6。

表3-1-6　鞋子关键帧画面

关键帧帧号	1	5	10	15	20
原画					

④“正面走”元件的原画。

按表3-1-7的原画形成正面走5个关键帧。

表3-1-7　正面走原画

关键帧帧号	1	4	7	10	13
原画					

2．斜侧身（四分之三面）的走路原画设计

斜侧身（四分之三面）的走路原画见表3-1-8，注意迈步姿势身高最低，站直姿势最高，其他次之。

表3-1-8　斜侧身走路原画（姿势）

关键帧帧号	1	4	7	10	13
原画					

3．侧身（二分之一面）的走路原画设计

侧身（二分之一面）的走路原画见表3-1-9，注意迈步姿势身高最低，站直姿势最高，其他次之。

表3-1-9 侧身走

关键帧号	1	4	7	10
原画				
关键帧号	13	15	19	22
原画				

4. 奶牛走

奶牛往前走的原画见表3-1-10，第1帧和第7帧相同，第4帧和第10帧相同。

表3-1-10 奶牛走路原画

帧号	1	4	7	10
原画				

做到这里，离完成已经不远了。

任务6 动画设计

任务分析

本任务主要运用补间动画技术、引导线动画技术、遮罩动画技术和Action Script语句脚本技术制作动画，属于动画员岗位工作内容。

任务实施

1. 片头制作

1）将图层1改名为“片头背景”，绘制与舞台一样大的矩形，使用径向渐变填充左颜色为#FFBBA6，右颜色为# 00FF00，作为背景。

2）新建图层，改名为“杰克与奶牛”，拖出杰克正面走元件和奶牛正面走元件，突出主角。

3）新建图层，命名为“主题”，使用“文本工具”输入文字“杰克与奶牛”，分散文字2次，使用线性渐变填充左颜色为#FF0000，中颜色为#7D09B6，右颜色为#0000FC，也可以填充自己喜欢的颜色。

4）新建图层，命名为“矩形”，使用“矩形工具”绘制矩形，第1帧矩形与“杰”大小一样，第16帧放大矩形与主题长度相等。效果如图3-1-61所示。

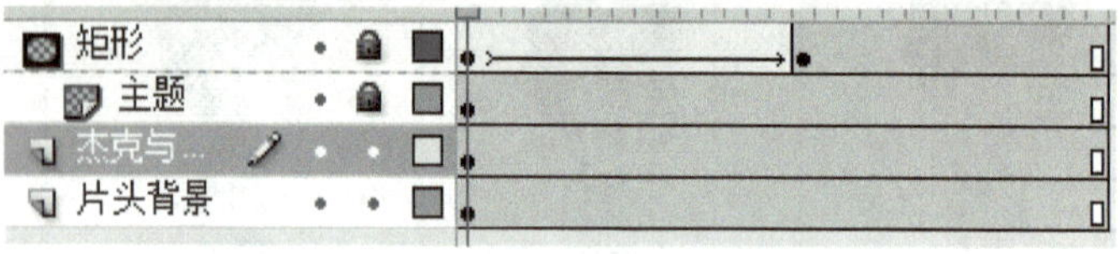

图3-1-61　片头

2. 故事背景介绍

1）执行“插入”→“场景”命令，增加一个场景。在场景1使用“文字工具”，输入“美丽的山村里，住着杰克和他的母亲。自小，杰克的玩伴是家中的一头奶牛。”文字叙述。

2）新建图层，命名为“矩形”，绘制的矩形与舞台大小一样，转换为图形元件，第1帧矩形Alpha为100%，第10帧Alpha为0%，在第1帧处创建传统补间动画，形成转场效果动画。

3. 第一场

1）制作杰克家开门动画，进入“杰克的家侧面”元件，双击“门”元件，分解为“门口”“门”和“门框”3个图层，在“门”图层，按表3-1-11绘制画面。

表3-1-11 开门/关门动画

关键帧号	1	55	58	60
原画		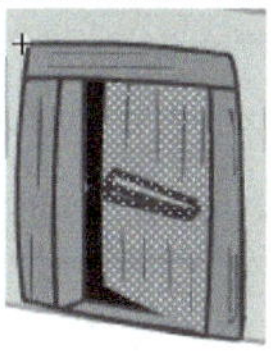	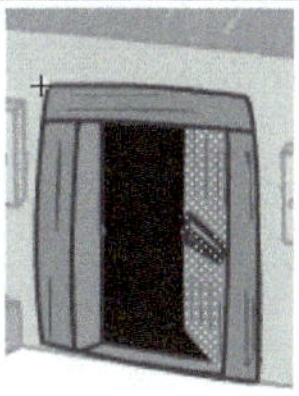	
关键帧号	62	64	66	
原画	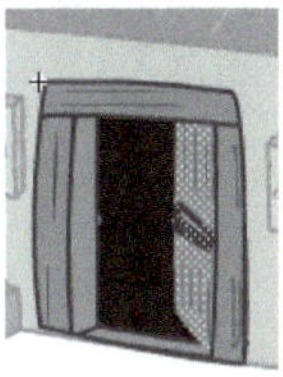	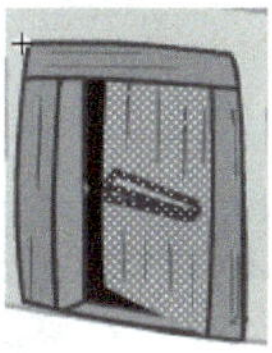		

2）回到场景3创建美丽山村景色画面。

① 将图层1改名为“蓝天”，从库中拖出“蓝天”元件。

② 新建图层，命名为“云”，从库中拖出“云”元件，复制多个，调整大小，调整透明度，尽量接近自然景象。

③ 新建图层，命名为“小草”，从库中拖出“草地”元件，调整大小，尽量接近自然景象。

④ 新建图层，命名为“小路”，从库中拖出“小路”元件，放在左下角。

⑤ 新建图层，命名为“家”，从库中拖出“杰克的家侧面”元件，调整大小，与小路连接，如图3-1-62所示。

图3-1-62 第一场布局

3）制作过场效果。

① 新建图层，命名为“过场”，将第1帧和第7帧关键帧延长到第134帧，见表3-1-12。

表3-1-12 过场制作要点

图层		
关键帧	1	7
元件及属性	矩形：无或Alpha为100%	矩形，Alpha为0%

②背景遮罩。

避免放大播放器窗口时出现舞台以外的图形，最好的解决方案是绘制背景遮罩。绘制一个大于舞台2倍以上且中间空出和舞台一样大的矩形环，填充颜色为黑色，如图3-1-63所示。

图3-1-63 遮罩框

4）制作从天空转移到大地上的摇镜效果。

在“家”“小路”“小草”“草”“云”和“蓝天”6个图层的第45帧处插入关键帧，将这6个图层中的对象向上移动，两个关键帧画面见表3-1-13，调整好后创建传统补间动画。

表3-1-13 摇镜动画制作

图层	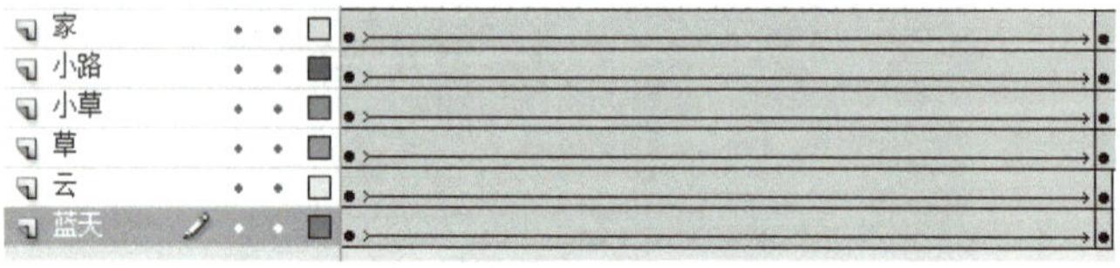	
关键帧	1	45
元件及属性		

5）门将要打开，主角杰克将要出现，为凸显人物，这里使用推镜效果，将多个图层对象放大操作，见表3-1-14。

表3-1-14 推镜动画

图层	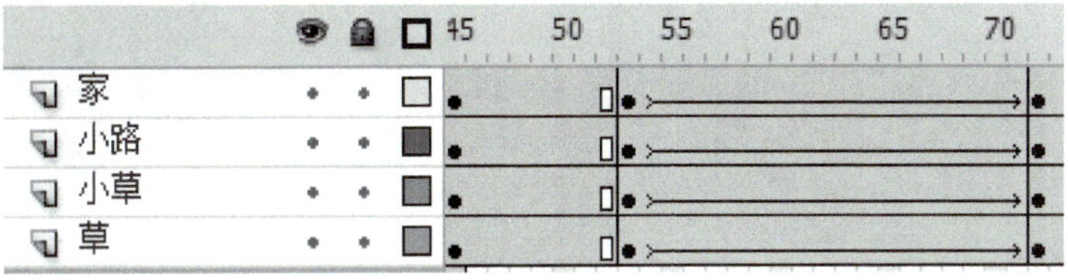	
关键帧	53	72
元件及属性		

6）门已打开，杰克四分之三面出现，然后向牧场走去。使用“杰克侧面”元件（走动动画），让杰克沿着小路走，这里使用引导线动画，在“家”图层上面新建图层，命名为“杰克”，在第81帧关键帧拖出“杰克4-3”元件，并将其透明度Alpha调整为80%，在第83帧处插入关键帧并拖出“杰克侧身”元件，做引导层动画，见表3-1-15。

表3-1-15 杰克出门动画

图层	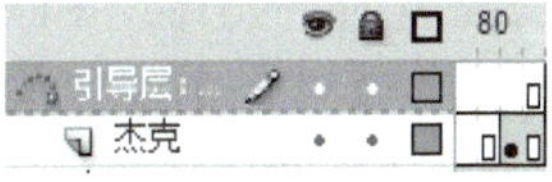
关键帧	81
元件及属性	 “杰克4-3”元件，透明度Alpha调整为80%，放于门处
图层	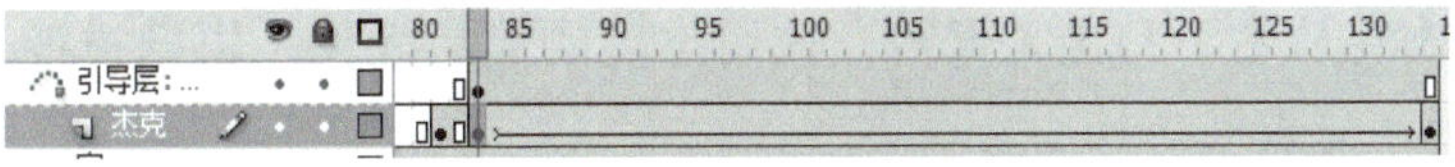

（续）

关键帧	83	134
元件及属性		

4. 第二场

1）插入场景四，将场景三中的“蓝天”“白云”“小草”“草地”4个图层中的第1帧选中，单击鼠标右键，在弹出的快捷菜单中执行“复制帧”命令，回到场景四的第1帧，选择“粘贴帧”命令，并删除补间动画。

2）新建2个图层，分别命名为“栅”和“栅前草”，分别在这两个图层中绘制场景二的效果图，如图3-1-64所示。

图3-1-64　牧场

3）新建2个图层，分别改名为“奶牛”和“奶牛阴影”，拖出奶牛和阴影元件，同样，放置妈妈和妈妈的阴影，效果如图3-1-65所示。

图3-1-65　妈妈喂奶牛吃草

4）杰克从右下角走入舞台，使用杰克的侧后元件，根据透视原理，应该为由大变小的动画，见表3-1-16。

表3-1-16 杰克走入牧场

图层	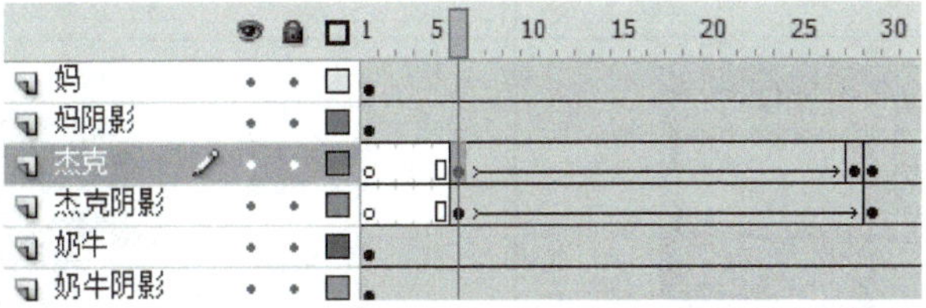	
关键帧	6	28
元件及属性		
关键帧	29	45
元件及属性		

5）制作弹出对话框动画效果和母子俩对话效果。

新建图层，命名为“对话框”，绘制图对话框、小框和大框，并加文字，见表3-1-17。

表3-1-17 母子俩对话制作过程

图层		
关键帧	32	34
元件及属性		
图层	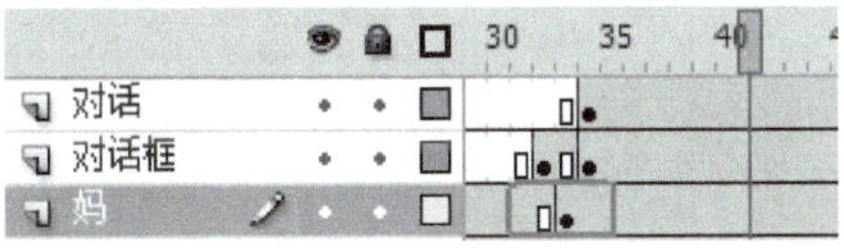	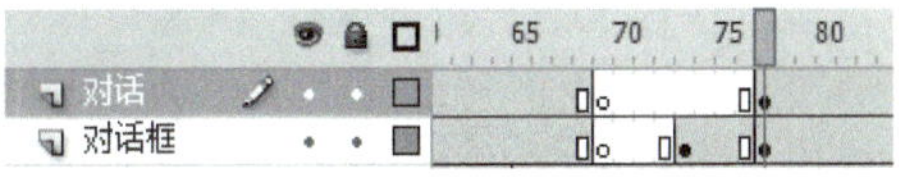

（续）

<table>
<tr><td>关键帧</td><td>34</td><td>77</td></tr>
<tr><td>元件及属性</td><td>

杰克的妈妈说话</td><td>
</td></tr>
<tr><td>图层</td><td>
</td><td></td></tr>
<tr><td>关键帧</td><td>65</td><td></td></tr>
<tr><td>元件及属性</td><td>
不说话的状态</td><td></td></tr>
</table>

6）制作杰克转身带奶牛出去玩的动画效果，详细制作过程见表3-1-18。

表3-1-18　杰克转身走动画制作过程

<table>
<tr><td>图层与元件属性</td><td>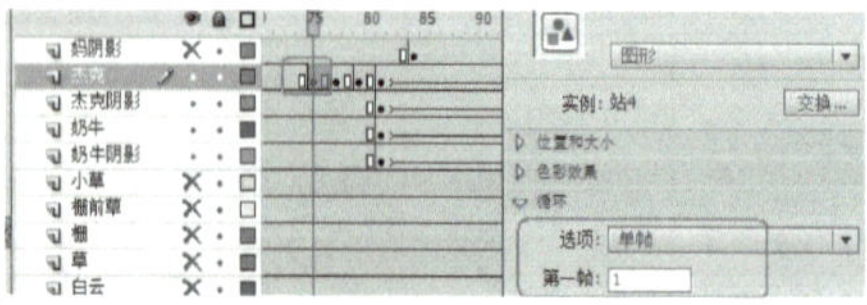</td><td>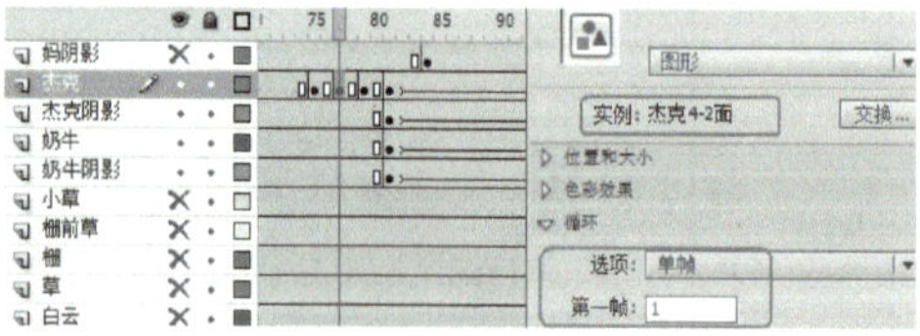</td></tr>
</table>

（续）

关键帧	75	77
元件及属性		
图层与元件属性	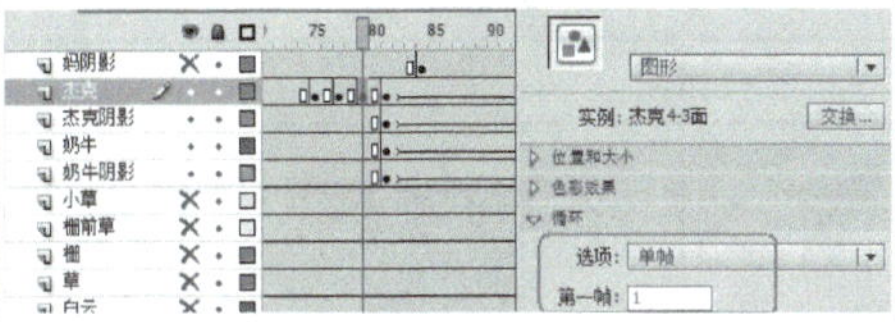 	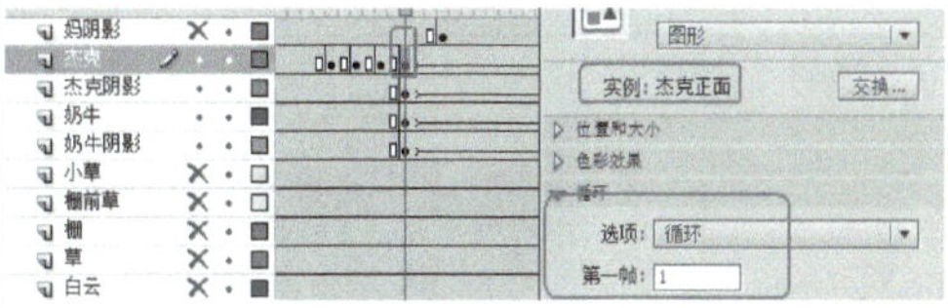
关键帧	79	81
元件及属性		1）交换杰克  2）奶牛图层上第81帧由奶牛前面吃草交换为奶牛前面元件
图层	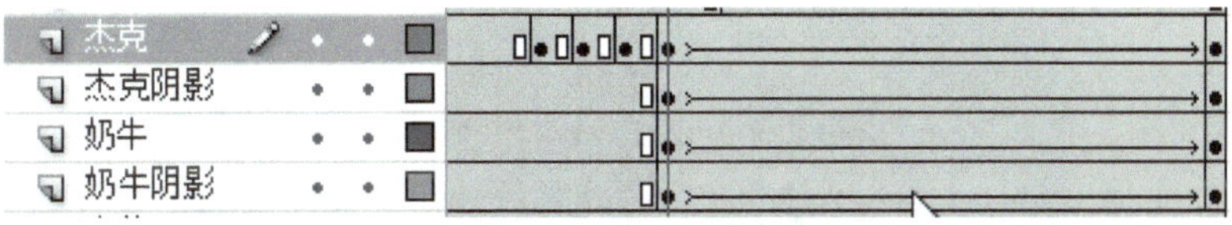 	

（续）

关键帧	81	107
元件及属性		

5．第三场，杰克和奶牛玩耍动画

1）插入场景，形成场景五，将场景三的场景拖入到场景五内。杰克和奶牛玩耍动画，分为远景处、中景（山遮挡处）、近处，近处的山分为三段，注意大小变化，可自由创作，见表3-1-19。

表3-1-19 第三场动画制作过程

帧号	1	13
元件位置		
帧号	14	72
元件位置		
帧号	84	111
元件位置		

（续）

帧号	112	131
元件位置		

2）新建图层，命名为“文字”，文字内容为“第8帧：杰克和奶牛赛跑”“第131帧：杰克和奶牛，形影不离，快乐成长。”

6. 制作片尾动画

1）插入场景，形成场景六。为与片头响应，使用片头的背景色、杰克和奶牛，并在“奶牛”元件的上面添加一个隐形按钮。

2）制作隐形按钮，并加入代码，如图3-1-66所示。

```
on (release) {
gotoAndPlay("场景 1",1);
}
```

3）显示本作品寓意内容：“人与动物和谐共处”。人类要爱护动物，和平共处，保护生态环境。效果如图3-1-67所示。

图3-1-66　重播按钮代码

图3-1-67　片尾

任务7　配音

任务分析

对于动画中的声音合成可采用MP3格式的音频文件，因为MP3文件格式拥有音质好、文件小的特点，受到配音员和动画员的欢迎。

任务实施

1. 搜索声音素材网，找清晨大自然鸟声、牛声

下载鸟声和牛声文件保存在声音文件夹中。在声音素材网下载的声音文件（鸟叫-wav、母牛叫-wav）是WAV格式，这种格式文件比MP3文件大，需要使用声音编辑软件进行格式转换。在Adobe家族中，用于声音编辑的软件是Adobe Audition，用它可以转换格式、录音、编辑声音、加入音效等。

2. 安装并认识Adobe Audition CS6软件

安装Adobe Audition CS6软件，认识Adobe Audition CS6工作界面，如图3-1-68所示。

图3-1-68　Adobe Audition CS6软件工作界面

3. 编辑声音

（1）调大音量

打开从声音素材网中下载的鸟声文件，选择菜单“效果”选项下的

，弹出如图3-1-69所示的对话框，向右拖动滑块，增大声音，合适后单击“应用”按钮。

（2）将WAV格式转换成Flash能接受的MP3格式

Flash可以导入WAV、MP3格式的声音文件，其中MP3格式只能导入“采样类型”

为44 100Hz，“格式设置”为128kbps的MP3格式的声音，否则就导入出错，如果从网上下载的声音文件不是采样类型为44 100Hz、128kbps，必须使用声音编辑软件进行转换。

在Adobe Audition CS6软件界面中，执行“文件”→“导出”命令，弹出如图3-1-70所示的对话框，单击右边的“更改”按钮，修改参数后，左边显示的“采样类型”为44 100Hz，“格式设置”为“MP3 128 kbps CBR”，否则导入Flash时提示错误。

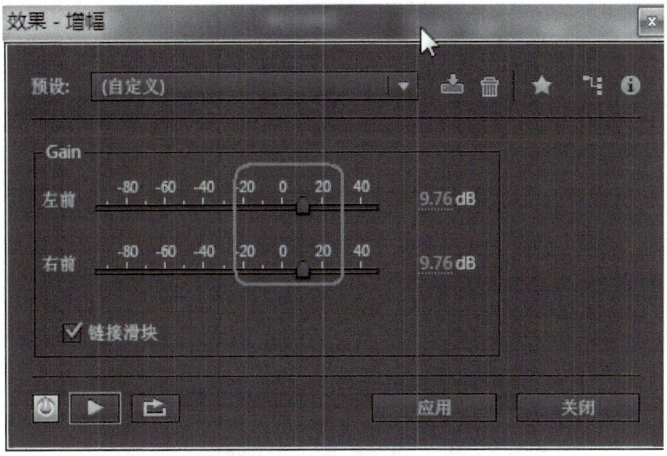

图3-1-69 调大音量

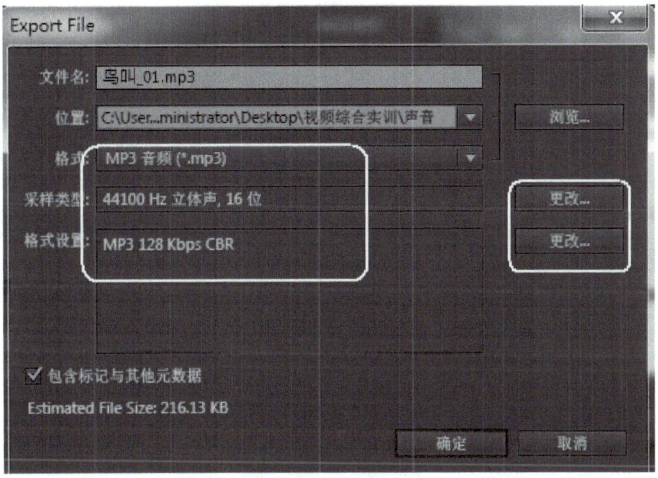

图3-1-70 导出为MP3格式

4. 在Flash源文件中加入声音

打开Flash CS6软件，打开“杰克与奶牛-fla”源文件，执行“文件”→“导入”→“导入到库”命令，选择“鸟”文件导入库。在“场景三”即第一场中新建图层，命名为“声音”，在属性面板中，选择“鸟叫”文件。同样，在Audition中将WAV文件导出为MP3，44 100Hz和128kbit/s的格式，导入母牛叫的声音，并在属性面板中设置为如图3-1-71和图3-1-72所示的参数。鸟叫声音一直到动画结束，所以“同步”选择“事件”“循环”，牛声只用在场景三，“同步”选择“数据流”。

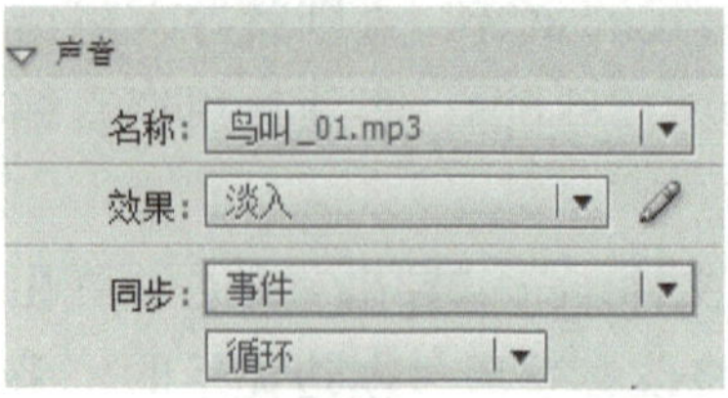

图3-1-71　导入鸟叫声音文件

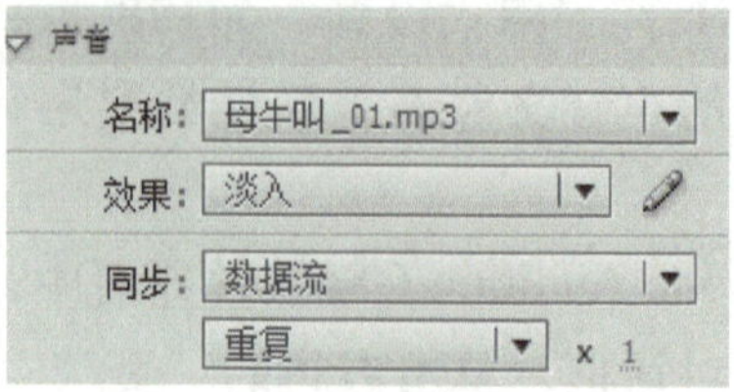

图3-1-72　导入母牛叫声音文件

5．在Audition中录制对话

单击Adobe Audition CS6软件界面中如图3-1-73所示的录音按钮，按如图3-1-74所示的要求选择声音参数后，单击“确定”按钮开始录制，录制妈妈对杰克说的话：“杰克，带奶牛出去玩吧。”单击“终止”按钮就停止录制了，使用效果中的降噪处理噪声，删除停顿，按照如图3-1-75所示的参数设置导出为“妈妈说.mp3”声音文件。

同样，录制杰克回答说：“哈哈！奶牛我们走，妈妈再见！”，保存为“杰克说”文件。

图3-1-73　录音

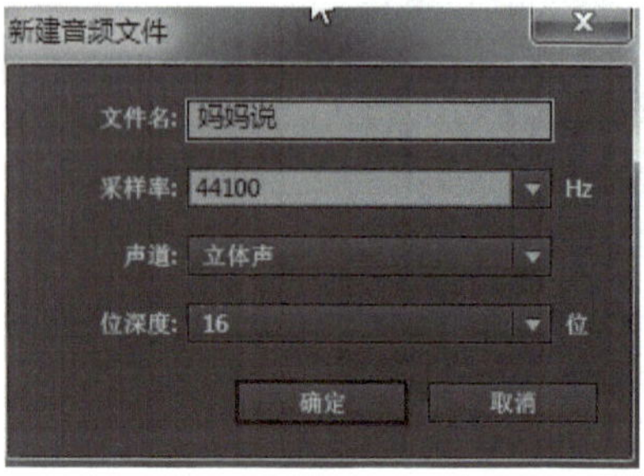

图3-1-74　录音文件格式选择

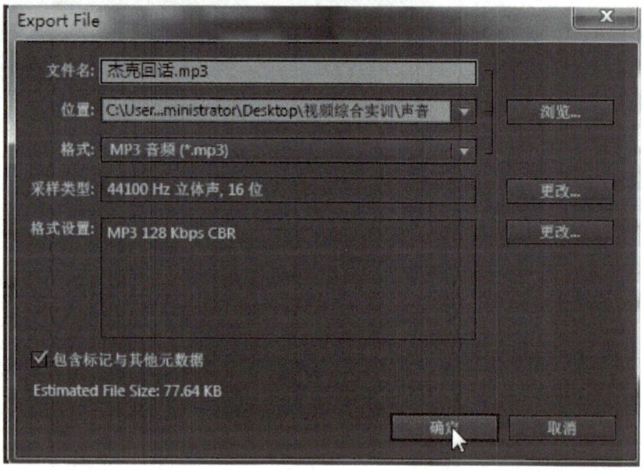

图3-1-75　录音文件格式选择

回到Flash源文件，在“场景四”的对话图层上新建图层，在第30帧插入关键帧，插入录制的“妈妈说”声音。

同样，选择录制按钮，录制以下旁白，并导入到Flash场景五中。

旁白1：“杰克和奶牛赛跑。”保存文件名为“旁白1”。

旁白2：“杰克和奶牛形影不离，快乐成长。”保存文件名为“旁白2”。

旁白3：“人与动物和谐共处。”保存文件名为“旁白3”。

任务8　输出发布

任务分析

将动画作品输出为SWF格式，该格式可用IE浏览器加载到网页中，也可封装FlashPlayer播放器在内，双击即可运行。输出发布能检查动画作品播放的动作、节奏等是否合理。

任务实施

整个动画制作完成后，可以执行“文件”→“导出”命令打开如图3-1-76所示的对话框输出为扩展名为SWF的文件。也可执行“文件”→“发布”命令打开如图3-1-77所示的对话框，选择“Windows放映文件”复选框，单击“发布”或“确定”按钮，系统将生成包含FlashPlayer播放器在内的EXE文件，单击“确定”按钮后，生成 杰克与奶牛.exe 文件，“杰克与奶牛-swf”“杰克与奶牛-html”文件，双击上述任意一个文件即可运行，这个 杰克与奶牛.exe 文件可在没安装FlashPlayer软件的环境下运行。

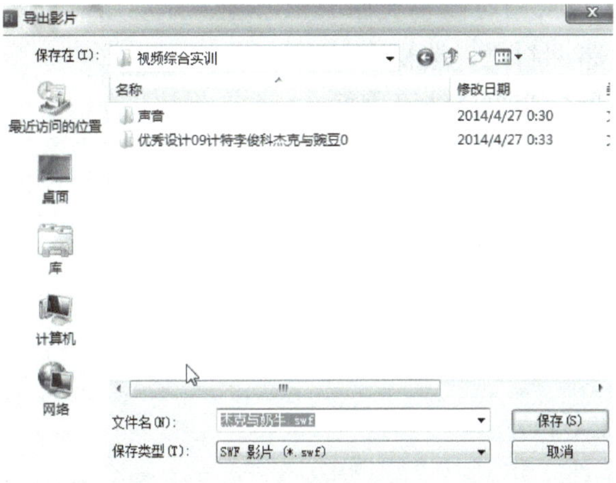

图3-1-76　导出影片

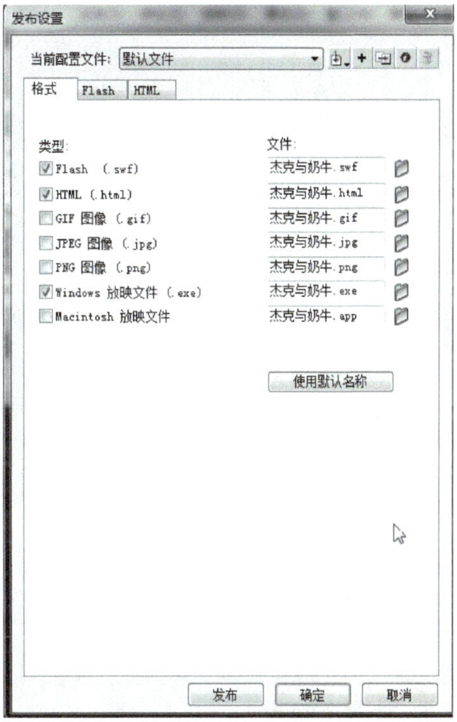

图3-1-77　导出设置

项目2 《兔子的寻梦之旅》动画短片制作

项目描述

儿童酷爱看动画，无论在电视还是在幼儿园网站上，面向幼儿年龄、小学阶段的儿童教育类动画短片数量很多。本项目通过小朋友最喜爱的“小兔”为主角展开故事叙述，教育孩子在追求梦想的过程中，必定会遇到困难，在困难面前不屈服，只要勇于面对，一定会取得胜利，迎来美好的生活。儿童动画起到教育和规范行为的作用，深受家长和小朋友的欢迎，具有良好的市场价值，用于公益宣传，可以传递正能量。

任务1　编写剧本

任务分析

随着社会的不断发展，上网的人数不断增多，对物质的需求更高，越来越多的商业客户开始重视网络这个宣传展示平台。人们在考察了众多广告形式之后，发现Flash广告结合了传统广告的制作、创意等情况，将成为未来网络的主流广告。本项目制作的动画告诉小朋友勇于追求理想，不畏惧风雨，只要努力一定会成功的道理。这类动画具有表达的意义直观、语言直白、易于理解，画面简单的特点。

任务实施

1．搜索剧本网上大量的资料，观看中、外著名的动画，编写小故事（文字剧本）

一只在温室中长大的小兔子，为追寻自己的梦想，勇敢地踏出人生的第一步，奔往那遥远的地方采集自己所心爱的大萝卜种子。在旅途中小兔子能礼貌地对待形形色色的事情，并且当遇到温室中所没有的大风大雨时能够克服恐惧心理、乐观面对、勇往直前。最终小兔子找到了大萝卜种子，带回村里，造福全村。

寓意：只要面对阳光努力向上，生活就会变得单纯而美好。

2．根据故事改编为动画剧本

1）小兔子在大口大口地啃着自己最心爱的大萝卜。

时间：白天。

角色：小兔子。

地点：山里。

2）原来是小兔子梦里，嘴巴嚼动还流下口水。

时间：晚上。

角色：小兔子。

地点：床上。

3）小兔子起床后找妈妈问：村子里怎么没有大萝卜？

时间：早晨。

角色：小兔子、兔子妈妈。

地点：厅。

4）小兔子决定去遥远的地方寻找自己钟爱的大萝卜，临出发前向妈妈告别，妈妈叮嘱小兔子要遇事小心。

时间：早晨。

角色：小兔子、兔子妈妈。

地点：屋外。

5）小兔子开始踏上寻找大萝卜的旅途。

时间：白天。

角色：小兔子。

地点：地球。

6）小兔子遇到雷雨交加的天气，被吓到了，大哭了起来！

时间：暴雨天。

角色：小兔子。

地点：向日葵田里。

7）风雨过后，阳光普照！小兔子得到向日葵的鼓励，鼓起勇气继续前进！

时间：晴天。

角色：小兔子。

地点：山里。

8）小兔子在溪边遇到乌龟爷爷，向他打听大萝卜的消息。

时间：晴天。

角色：小兔子、乌龟。

地点：田里。

9）小兔子把大萝卜的种子带回了村里，造福了全村。

时间：晴天。

角色：小兔子、兔子妈妈。

地点：屋外。

任务2　分镜头设计

任务分析

按照任务1的动画剧本，绘制分镜头，分镜头是动画剧本的直观、形象化表现，由场景、角色、道具等元素组成。本项目主要角色有小兔子、兔子妈妈、乌龟爷爷、向日葵；场景有房间、大厅、地球、山景、田景、山水景，道具有铲子、包、杆、柜子、床等。

任务实施

1．文字分镜头

分镜头一：小兔子在大口大口地啃着自己最心爱的大萝卜。

分镜头二：原来是小兔子梦里，嘴巴嚼动还流下口水。

分镜头三：小兔子起床后找妈妈问：村子里怎么没有大萝卜？

分镜头四：小兔子决定去遥远的地方寻找自己钟爱的大萝卜，临出发前向妈妈告别，妈妈叮嘱小兔子遇事要小心。

分镜头五：小兔子开始踏向寻找大萝卜的路程。

分镜头六：小兔子遇到雷雨交加的天气，被吓到了，大哭了起来！

分镜头七：风雨过后，阳光普照！小兔子得到向日葵的鼓励，鼓起勇气继续前进！

分镜头八：小兔子在溪边遇到乌龟爷爷，向他打听大萝卜的消息。

分镜头九：小兔子把大萝卜的种子带回了村里，造福了全村。

2. 绘制分镜头

使用Flash中的“钢笔工具”“刷子工具”“文字工具”“矩形工具”“线条工具”“选择工具”等工具绘制分镜头，见表3-2-1。

表3-2-1 分镜头

文字剧本序号	分镜头	表现手法
1		镜头平移 缩小，平稳到左上角
2		镜头平移 两个场景叠加到一个画面。缩小，放大，一个场景平稳到左上角，另一个从右下角移入舞台
3	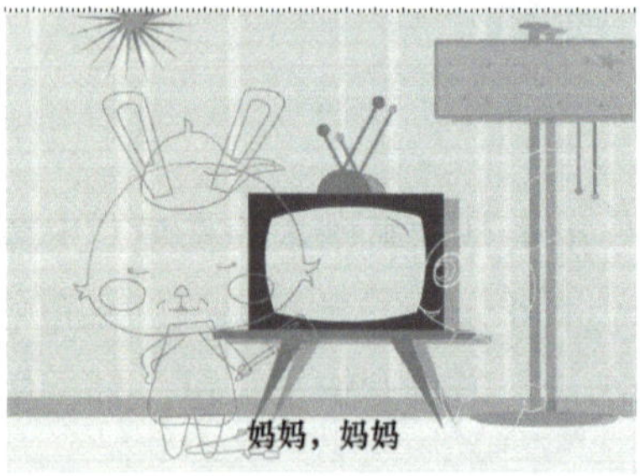	渐入，对话时左右移动，丰富画面
4		对话

（续）

文字剧本序号	分镜头	表现手法
5		地球转动，白云飘动，角色在走动
6		在向日葵地里碰到雷电，闪电过后下大雨，小兔子只能躲在向日葵地里在猛哭
7		大雨过后，阳光普照
8		继续前进，找到乌龟，对话，切换不同角度的画面
9		在家门前有大萝卜，表示已找到大萝卜种子，可以吃到大萝卜，实现了梦想

3．上色后的主要分镜头，见表3-2-2

表3-3-2　分镜头

 分镜头一	 分镜头二	 分镜头三	 分镜头四
 分镜头五	 分镜头六	 分镜头七	 分镜头八
 分镜头九	 分镜头十	 分镜头十一	 分镜头十二

任务3　角色造型设计

任务分析

小兔子造型网上有很多图片，还有兔妈妈和乌龟。本项目以卡通造型为主，卡通造型设计是一个卡通故事的点睛之笔。

任务实施

造型设计中主要分为角色形象造型设定和镜头角度设定。根据角色性格特点来设计。小兔的形象在网上有图片，在现有图片的基础上，修改本项目的造型。

本项目动画中的角色主要有乐观向上的小兔子（小兔子是单纯、可爱形象的代表，使用白色更显可爱），关心孩子的兔妈妈，鼓励小兔子的热心向日葵姐姐和知识渊博的乌龟爷爷，如图3-2-1所示。

a)　b)　c)　d)

图3-2-1　角色的绘制

a）小兔子　b）小兔妈妈　c）乌龟　d）向日葵

任务4　场景设计

任务分析

本项目需要多个场景，主要有山涧、房间、客厅各个面、向日葵田地、屋外、小河边等场景，突出构图原理，绘画技巧，属于场景设计员岗位工作内容。本项目用到Flash中的“钢笔工具”“刷子工具”“文字工具”“矩形工具”“线条工具”“选择工具”等绘图工具进行绘图。

任务实施

请注意光线表现手段，它在Flash中有着举足轻重的地位，场景的设置通过运用光线再现对象的立体形态、轮廓形式、明暗层次和色彩对比，并通过对这些造型因素的处理，可以深刻刻画角色性格，创造环境气氛，渲染特定的情绪。动画背景是指除动画角色以外的所有事物，是一部动画作品不可或缺的关键因素，合理准确的动画场景，可以烘托动画主题，增强动画气氛的作用。在绘制场景中如果只绘制单一的一个角度的形态，始终是缺乏表现力的。场景的绘制见表3-2-3。

表3-2-3　场景的绘制

 室外	 客厅正面	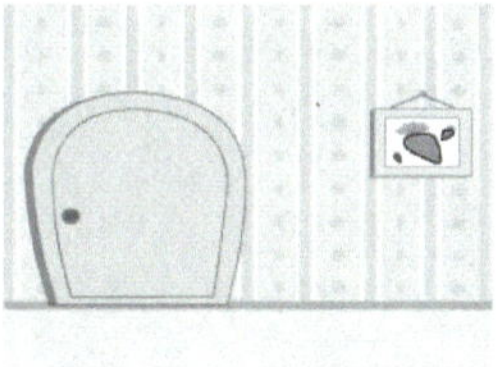 场景2客厅门的那一面	 场景4
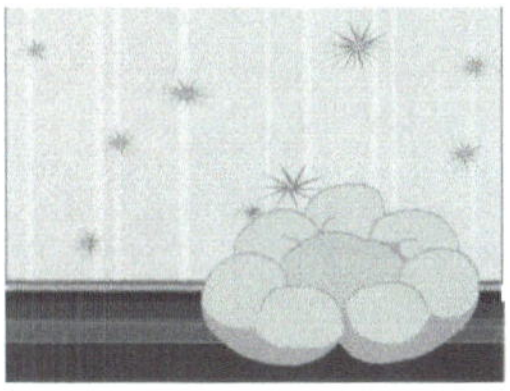 房间 场景1	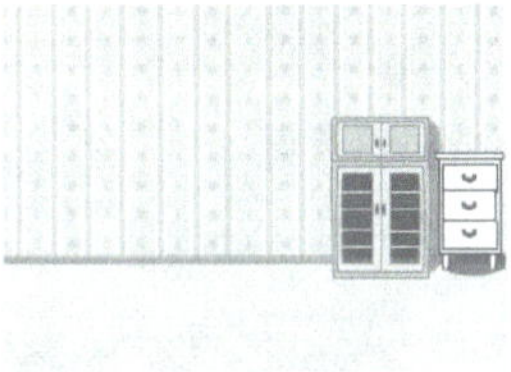 客厅反面 场景2-1	 场景3	 场景5
 场景6-1	 场景6-2	 场景7-1	 场景8

任务5 原画设计

任务分析

本项目原画主要有每个角色的正面、侧面、后面和逐帧动画中的原画，还有眨眼睛、说话、走路、笑、猛哭、闪电。

任务实施

1. 绘制小兔侧面、后面和睡觉原画，如图3-2-2所示

a)　　b)　　c)

图3-2-2　小兔的原画面

a）侧面　b）背面　c）睡觉

2. 绘制小兔妈妈背面原画面，如图3-2-3所示

图3-2-3　小兔妈妈背面

3. 绘制乌龟侧面、后面原画，如图3-2-4所示

a)　　b)

图3-2-4　乌龟

a）乌龟侧面　b）乌龟后面

4. 绘制逐帧动画中的原画

眨眼睛、说话、走路请参考本单元项目1的制作方法，这里不再重复介绍。

1）制作笑的原画，如图3-2-5所示。注意眼睛、脸部肌肉和嘴巴的变化。

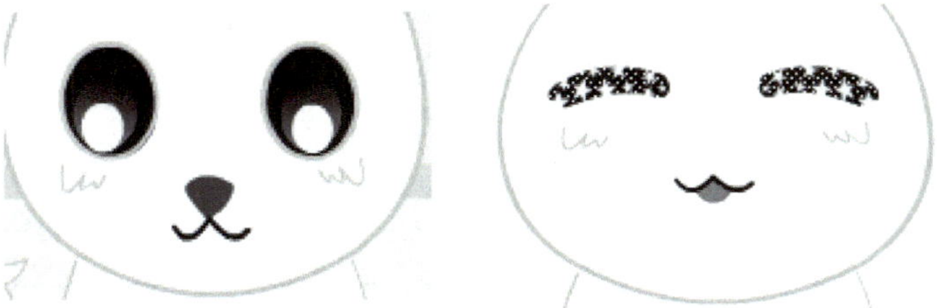

图3-2-5 小兔笑原画

2）制作猛哭原画，见表3-2-4。

表3-2-4 猛哭原画

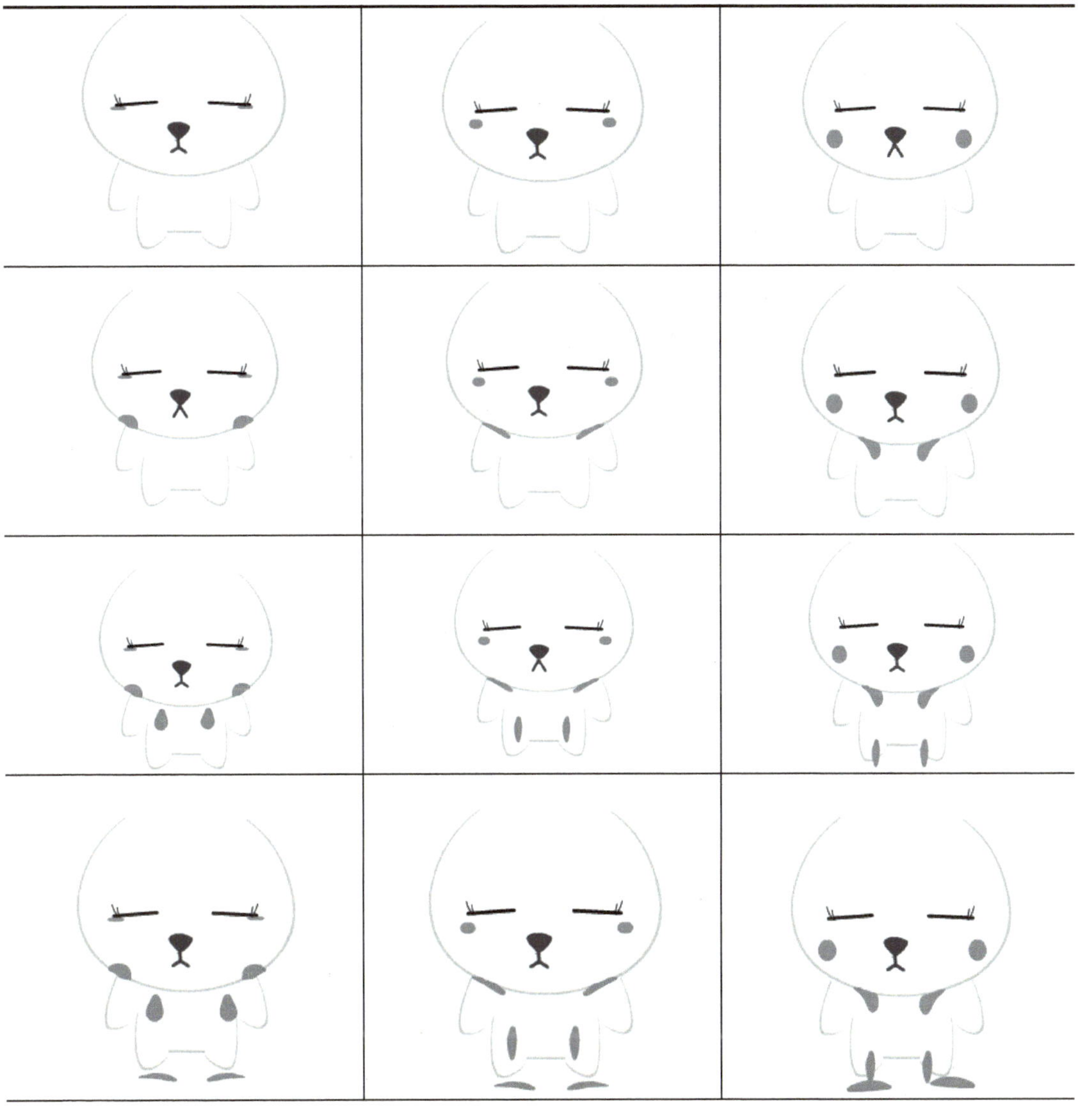

（续）

任务6　动画设计

任务分析

本项目主要运用补间动画技术、引导线动画技术、遮罩动画技术制作动画，属于动画员岗位工作内容。

任务实施

1．场景1做梦

1）舞台大小为1100px×800px，显示标尺，拖出与舞台大小的辅助线。将图层1改名为“背景”，从库中拖入“场景1背景”；新建图层，改名为“近草”，拖出“近草”元件，选中“背景”“近草”图层在第1帧将其放大到舞台只显示三分之二左右；新建图层，拖出“抱萝卜的兔子”元件，在舞台外的右下角处，在第15帧和第50帧处插入关键帧，制作平移镜头效果，见表3-2-5。

表3-2-5　做梦动画

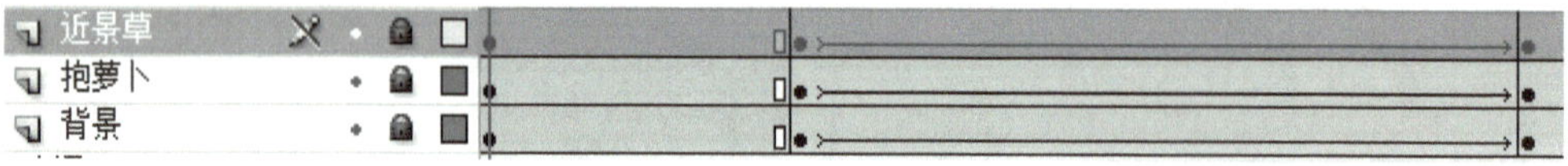

（续）

关键帧号	1、15	50
原画		

2）在第65～87帧做小兔的特写镜头，使用放大并平稳画面的操作。

3）在第110～150帧之间做遮罩并向左上角做平移镜头动画，见表3-2-6。

表3-2-6　梦景缩放动画

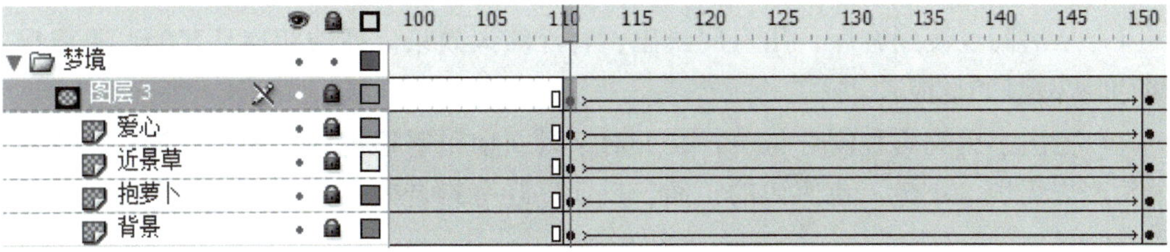

关键帧号	110	150
原画		

4）新建几个图层，将房间、睡觉的兔子拖到舞台合适的位置，使用缩小并平稳画面的操作，实现镜头平移效果，见表3-2-7。

表3-2-7　从梦景回到现实动画片段

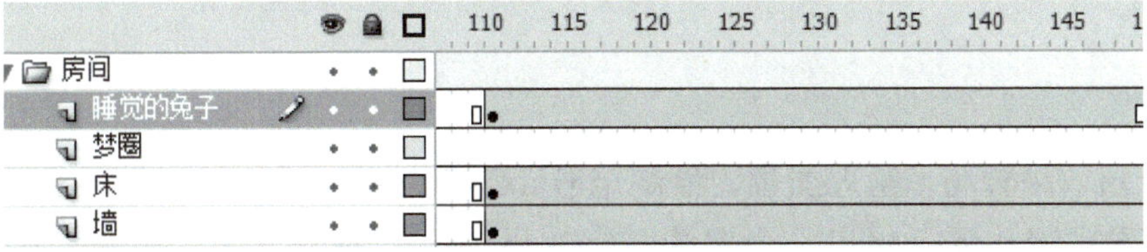

（续）

关键帧号	110	叠加后110
原画		

5）插入图层改名为“字幕”，输入说话的文字：“呼～呼～呼～（呼噜声），嘿嘿，大萝卜！大萝卜！”。

2. 场景2问妈妈

说明：与场景1的制作方法类似，可以看SWF文件效果制作。

1）从房间过渡到客厅，用房间淡出、客厅淡入效果，即透明度从100到0是淡出，透明度从0到100是淡入。

2）拖出小兔妈妈和侧身兔子，展开对话时，使用平移镜头；为丰富镜头，分别转3个角度去表现，小兔、兔妈妈的正面、反面，还有声音效果道具，可参考效果文件进行制作。

3）图形元件循环属性的运用。

本作品所有元件都是图形元件，小兔图形元件中包括小兔各个表情和说话动画，如何根据场景变化播放相应帧号的动画片段呢？

以侧身小兔为例，在舞台上选择侧身小兔元件，选择属性面板，打开循环项，如图3-2-6所示，可以选择“循环”“播放一次”和“单帧”设置，方便控制。

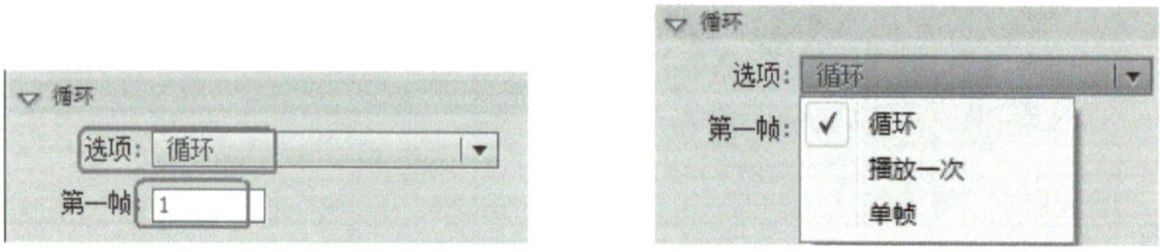

a)　　　b)

图3-2-6　属性面板中循环项

4）添加字幕：“妈妈，妈妈”“什么事呀孩子？”“为什么村子里的萝卜总是那么小个？”，兔妈妈：“孩子，我们村子里没有大萝卜的种子，大萝卜的种子在很远的地方才有”。

3. 场景3送别

1）淡出效果转场，插入图层，绘制矩形元件并命名为“黑幕”，覆盖整个舞台。使用逐帧方式制作隔一帧出一个字的打字效果动画，输入“过了几天，从未出远门的兔子决定去寻找大萝卜的种子。”，如图3-2-7所示。制作元件字向外飞散开去的效果，如图3-2-8所示。黑幕Alpha为0，淡出，出现家门前送别的情景，如图3-2-9所示。

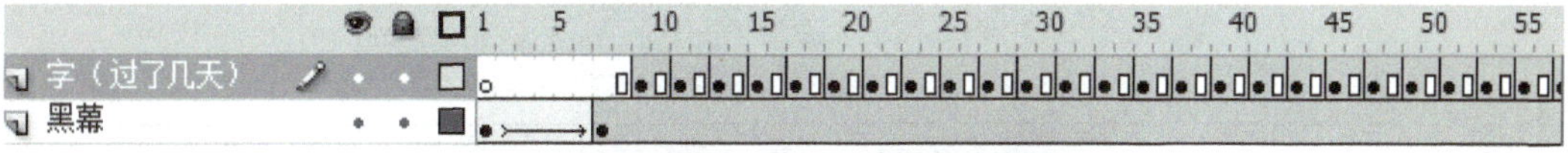

图3-2-7　打字效果逐帧

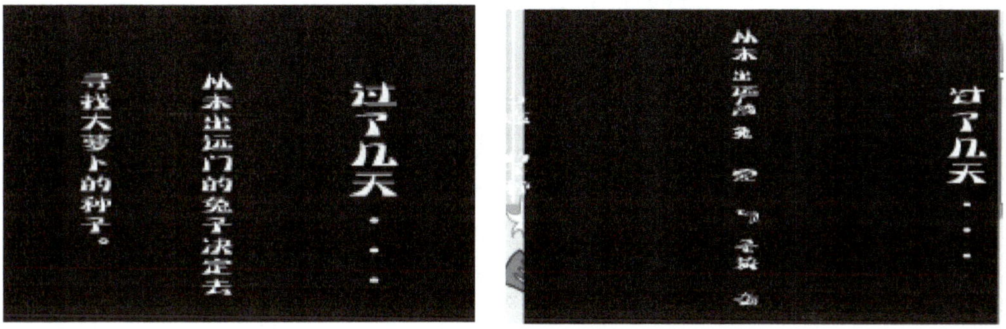

图3-2-8　文字飞散效果

图3-2-9　送别

2）添加字幕：“孩子，出门遇事要小心！”

4．场景4旅途

1）制作咔嚓牌元件，实现从中间向对角拉开的转场效果，见表3-2-8。

表3-2-8 制作咔嚓牌元件

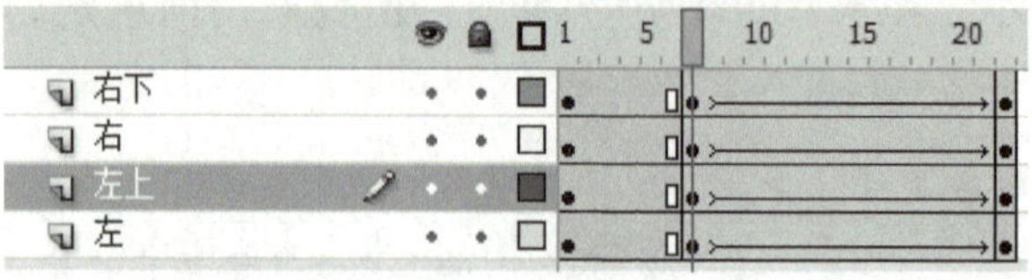

关键帧号	1，5	2
原画	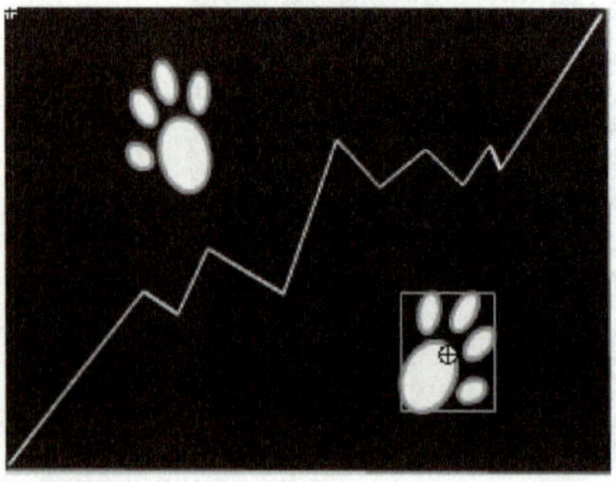	

2）制作地球旋转动画，见表3-2-9。

表3-2-9 制作地球旋转动画

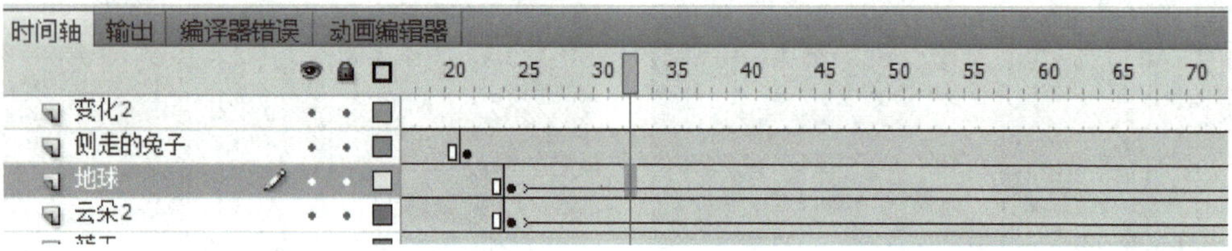

关键帧号	24	99
原画	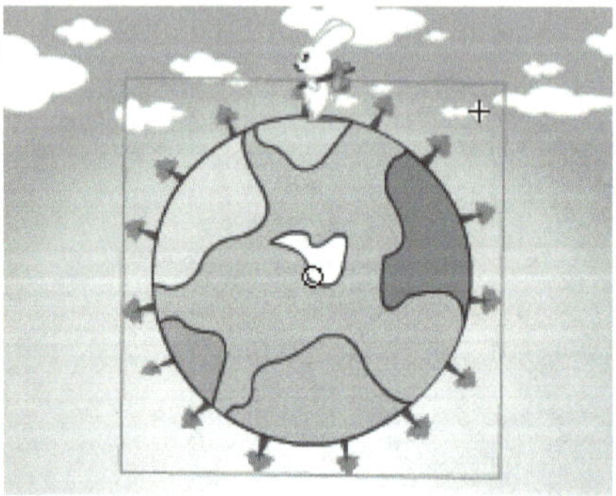	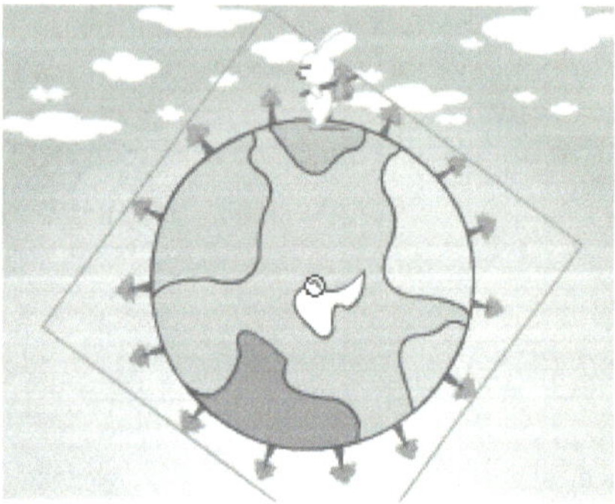

5. 场景5遇风雨

1）制作淡入转场效果和多个乌云元件，乌云元件大小不一，有的平移有的上飘，见表3-2-10。

表3-2-10 乌云密布

图层	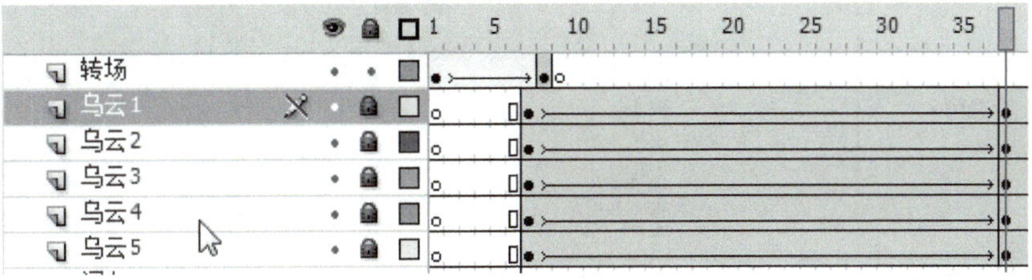	
关键帧号	7	38
原画		

2）运用逐帧手法制作闪电由小放大、变化快的效果，如图3-2-10所示。

3）制作下雨元件并插入到舞台中，形成在闪电后下大雨的效果，如图3-2-11所示。

图3-2-10 制作闪电

图3-2-11 下雨

4）拖出“哭的兔子”元件，制作小兔子哭的动画效果，调整原画画帧顺序，逐帧动画放到下大雨后段，使用循环属性控制以形成良好效果。

5）添加字幕：“妈妈，我好怕！呜……”

6. 场景6风雨后见阳光

1）制作太阳升起效果。云朵微微飘动，天空颜色从金色变为浅蓝色，运用拉镜原理，制作拉镜效果，可参考表3-2-11中的原画。

2）制作特定镜头，突出兔子与向日葵。

表3-2-11 制作雨后场景

<table>
<tr><td>图层</td><td colspan="2">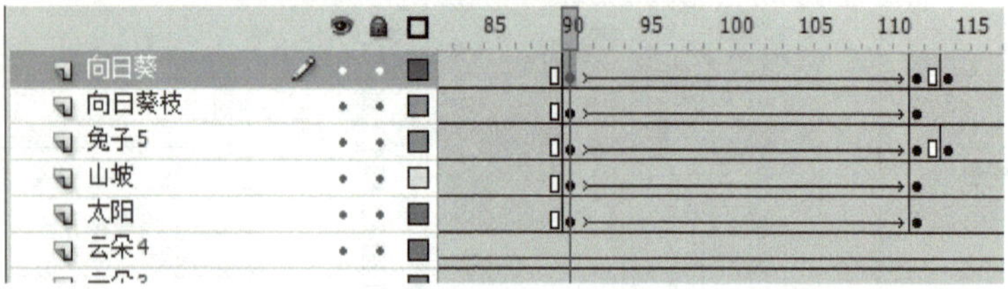
</td></tr>
<tr><td>关键帧号</td><td>87</td><td>121</td></tr>
<tr><td>原画</td><td></td><td></td></tr>
</table>

3）添加字幕："孩子，别怕！只要面对阳光努力向上，日子就会变得单纯而美好"。

7．场景7遇到乌龟爷爷

1）制作与场景3一样的打字效果，输入"向日葵告诉兔子，想找大萝卜的种子，可以去问已有五百多岁的乌龟爷爷，它知晓世间的事物。在向日葵的鼓励下兔子继续它的寻梦之旅。"

2）制作淡入淡出效果，小兔子翻山越岭地走，运用了引导层动画制作方法，见表3-2-12。

表3-2-12 制作小兔子翻山越岭动画

<table>
<tr><td>图层</td><td colspan="2">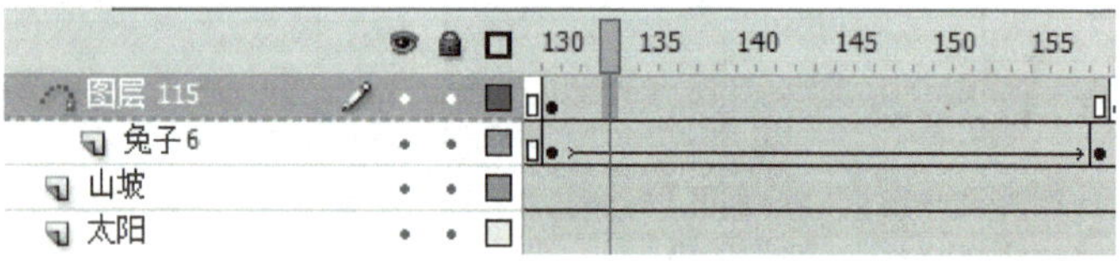
</td></tr>
<tr><td>关键帧号</td><td>130</td><td>158</td></tr>
<tr><td>原画</td><td></td><td></td></tr>
</table>

3）制作圆形遮罩转场，见表3-2-13。

表3-2-13　制作转场到河边场景片段

<table>
<tr><td>图层</td><td colspan="2">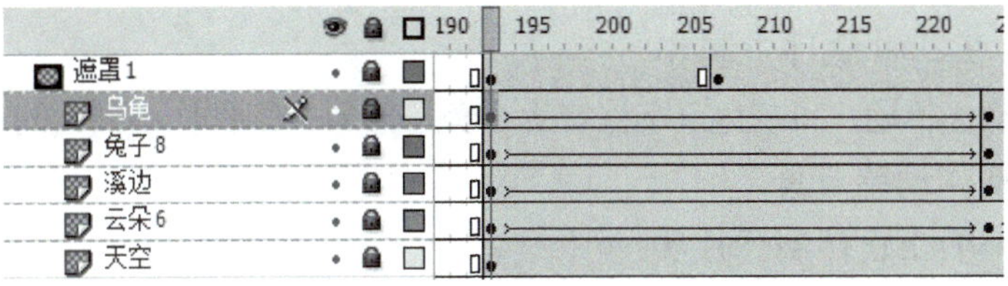</td></tr>
<tr><td>关键帧号</td><td>193</td><td>224</td></tr>
<tr><td>原画</td><td></td><td></td></tr>
</table>

4）制作切换镜头1和镜头2的转场，见表3-2-14。

表3-2-14　制作切换镜头关键帧

<table>
<tr><td>图层</td><td>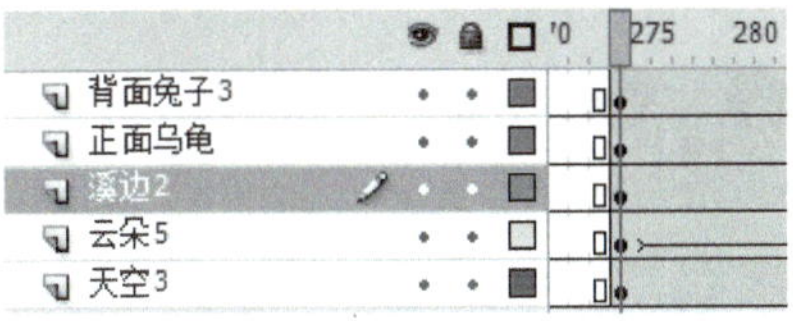</td><td>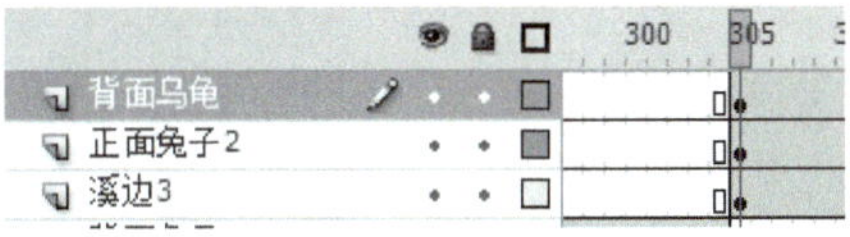</td></tr>
<tr><td>关键帧号</td><td>274</td><td>305</td></tr>
<tr><td>原画</td><td></td><td></td></tr>
</table>

5）添加字幕：“乌龟爷爷，怎么样才能找到大萝卜种子？”“大萝卜的种子在……”“谢谢乌龟爷爷！”

8. 场景8回家

1）制作转场。

2）复制云朵动画或把云朵动画转换为元件，放置到场景8中。

3）添加字幕："好多大萝卜。"

9. 片头制作

（1）在Flash软件中制作

1）制作标题。将"兔"字修饰为小兔子形象，制作从小到大的动画效果，纵向变化。

2）制作动感背景。

（2）用AE软件制作片头

1）使用Photoshop软件绘制图片，导入AE作为背景。

2）在AE中制作文字特效的片头。

10. 制作片尾动画

1）小兔子感言，突出本作品的主题。交待制作人信息。

2）添加字幕："只要面对阳光努力向上，日子就会变得单纯而美好。"，如图3-2-12所示。

图3-2-12　片尾

任务7　配音

任务分析

对于动画中的声音合成可采用MP3格式音频文件，因为MP3文件格式拥有音质好、文件小的特点，受到配音员和动画员的欢迎。

任务实施

使用Adobe Audition CS6软件录制对白。本项目有4个角色，小兔子、兔妈妈、向日葵、乌龟爷爷，可以一个人录制全部配音后，使用Adobe Audition CS6的变调功能将声音变为4种角色的声音，使其具有小孩子天真的声音特点、妈妈和蔼可亲的声音特点、乌龟爷爷沉稳厚重的声音特点。

新建声音文件，设置好参数，如图3-2-13所示。使用录音工具，如图3-2-14所示，充满感情地录制所用对白，保存相应的文件名。

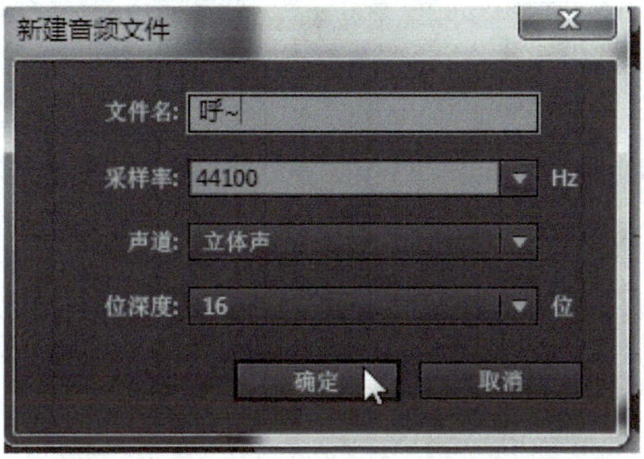

图3-2-13　设置参数

图3-2-14　录音工具

分别录制以下动画对白

片头：无。

场景1：小兔子：“呼~呼~呼~（呼噜声），嘿嘿，大萝卜！大萝卜！”

场景2：小兔子：“妈妈，妈妈。”

兔妈妈：“什么事呀孩子？”

小兔子：“为什么村子里的萝卜总是那么小个？”

兔妈妈：“孩子，我们村子里没有大萝卜的种子，大萝卜的种子在很远的地方才有。”

场景3：兔妈妈：“孩子，出门遇事要小心。”

场景4：无。

场景5：小兔子：“妈妈，我好怕！呜……”

场景6：向日葵：“孩子，别怕！只要面对阳光努力向上，日子就会变得单纯而美好。”

场景7：小兔子：“乌龟爷爷，怎么样才能找到大萝卜种子？”

乌龟爷爷：“大萝卜的种子在……”

小兔子：“谢谢乌龟爷爷！”

场景7：小兔子：“好多大萝卜。”

片尾：小兔子：“只要面对阳光努力向上，日子就会变得单纯而美好。耶！”

调整音频

使用合适的效果调整声音，“伸缩与变调”效果对话框如图3-2-15所示。

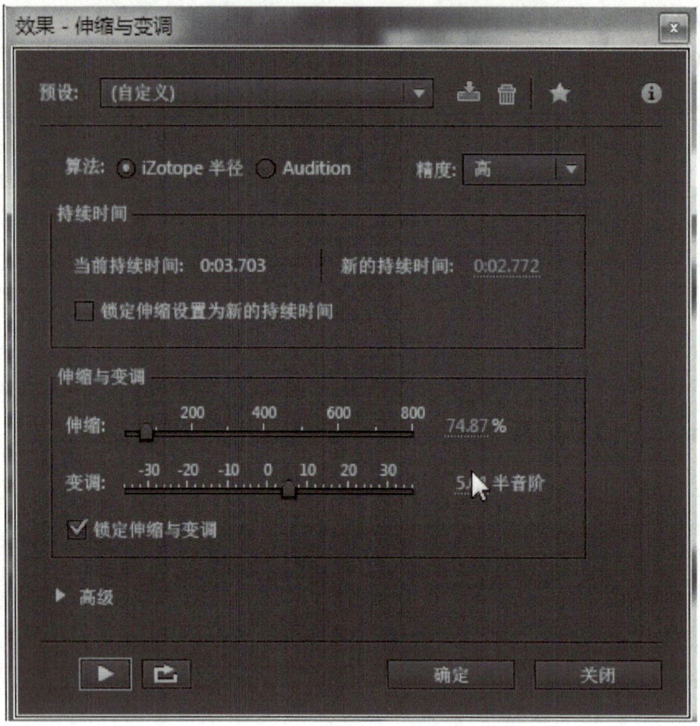

图3-2-15　伸缩与变调对话框

在Flash源文件中加入声音

打开Flash CS6软件，打开“兔子的寻梦之旅.fla”源文件，执行“文件”→“导入”→“导入到库”命令，选择“背.mp3”等所有音频文件，选择导入库。在每个场景中新建图层，命名为“声音”，在属性面板中，选择“背.mp3”文件。在属性面板中调整“同步”参数为“开始”，声音参数1设置如图3-2-16所示。所有对话对白设置“同步”参数为“数据流”，声音参数2设置如图3-2-17所示。

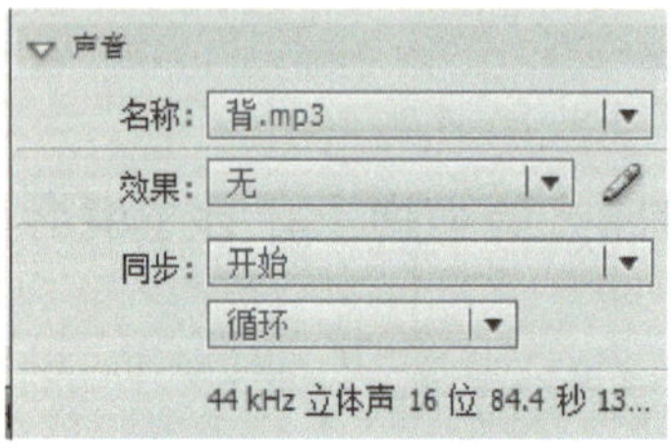

图3-2-16　声音参数1

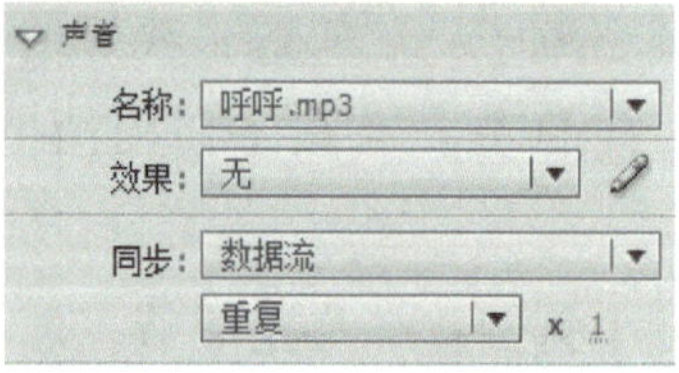

图3-2-17　声音参数2

任务8　后期处理和输出发布

任务分析

整理作品，从节奏、画面、声音的同步、播放的流畅度等进一步修改，经审核后优化输出。

任务实施

从开始到结束反复看和听，发现节奏快，需要非常注意才能跟得上节奏。调整帧频从24改为12，发现声音提前严重，文字、动画画面滞后严重；反复听、看，标出问题的地方，以声音为准，将帧频设为每秒21帧。在每个场景中增加或删除帧为主进一步修改。进一步优化作品后，可以执行“文件”→“导出”→“导出影片”命令进行输出扩展名为SWF的文件，单击“保存”按钮，如图3-2-18所示。

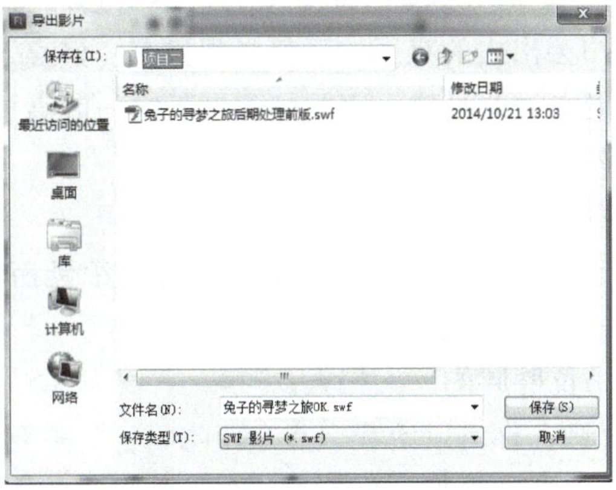

图3-2-18 导出影片对话框

知识归纳

本单元通过杰克和奶牛的一个小故事展开分镜头设计、造型设计、场景设计、原画设计、动画设计、配音、后期处理和输出发布等一系列制作过程。

通过本单元两个项目的学习，理解Flash短片的制作过程，巩固Flash动画技术、绘画技术、引导层技术、遮罩技术、脚本技术；利用Audition软件编辑声音，增加音效等，制作宣传短片达到宣传和教育的作用。

拓展练习

请读者根据剧本，制作短片《杰克与豌豆》，最终动画作品可参考配套资源“part3”下“练习”文件夹中的相关文件。

剧本：

杰克与豌豆

从前，有一个叫做杰克的男孩，他和母亲生活在一起；杰克的家里十分贫穷，只有一头母牛。

但是，有一天母牛终于再也挤不出奶来了。于是，母亲就说：“杰克！你把母牛牵到镇上卖了吧！”“是的，妈妈！”

于是，杰克便出发了。

在通往镇上的途中，杰克被一位奇怪的老人叫住了：“年轻人！我用这些豆子来换你那头牛，好吗？这是一些神奇的豆子，可以一晚上，长到天空那般高哪！”

“神奇的豆子？那太好了！”

于是杰克便将母牛换成了豆子。

杰克高兴地带着豆子回家。可是，却被母亲骂了一顿：“一头大母牛，才换一些小豆子！”母亲一气之下，就把豆子抛向窗外。

第二天早上，杰克一醒来，发现窗外好像有些不对劲，就赶快与母亲来到屋外一看：啊！昨天晚上从窗户丢出去的豆子，已经长得好高、好高了……

杰克心想：“那个老人说的没错，真的长到像天空一般高了，真是奇妙的豆子。

“好吧！到底长了多高，我倒要看看！”

杰克一跃就跳到了豆子树上去了，他顺着树干往上爬。

终于，杰克爬到了云的上面；在那里，有一条道路绵延而下，杰克顺着道路一直走了一会儿，他发现了一座巨大的城堡。

城堡的门口，站着一位胖胖的巨大妇人。

“老婆婆，我肚子好饿，你可以给我一点东西吃吗？”杰克问。

“啊！真可怜呀！这些食物给你，你赶快吃吧！如果吃的太慢，我先生回来了，那么他会吃掉你的！”

妇人一面告诉杰克，一面拿了面包、起酥和牛奶来。

但是，就在这时候，传来“咚咚”的巨大脚步声。

“是我先生回来了！我先生是个坏蛋，最喜欢吃像你这样的小孩！你赶快躲起来吧。”妇人很快将杰克藏入锅里，坏蛋巨人一进入屋里便说：“好香呀！好像有很好吃的小孩味呢！”巨人还到处嗅着，希望能找到小孩。

但是，巨人没发现杰克。

巨人吃完了两头小牛以后，就从袋子里拿出许多金币来，放在桌子上数啊数就睡着了……

这个时候，杰克才赶紧从锅中爬了出来，抱了一个巨人的金币袋，顺着豆子的树干滑下去了。

杰克与母亲二人，有了金币以后过上了好日子。

制作要求

1）设计分镜头。

2）继续设计老人、巨人、巨大妇人造型。

3）设计老人、妇人说话原画，巨人走路原画。

4）设计场景，道具。

5）设计动画和重播按钮。

6）配音和添加音效。

7）整体调试和输出动作。

学习单元4
广告制作

单元概述

宣传片是用制作电视、电影的表现手法对所宣传的对象内部的各个层面有重点、有针对性、有秩序地进行策划、拍摄、录音、剪辑、配音、配乐、合成输出制作成片，目的是为了声色并茂地突显宣传对象独特的风格面貌、彰显其实力，让社会不同层面的人士对宣传对象产生正面、良好的印象，从而建立对该宣传对象的好感和信任度。宣传片从其目的和宣传方式的角度来分可以分为企业宣传片、产品宣传片、公益宣传片、电视宣传片和招商宣传片。

学习目标

知识目标：掌握After Effects和Premiere的高级操作及商业剪辑。

技能目标：能通过After Effects和Premiere高级操作掌握宣传影片的制作流程，结合项目特点进行素材加工、影片剪辑和包装。

情感目标：培养学生的应岗能力和协调能力。

项目1 《浪漫海滩》旅游广告片制作

项目描述

好的旅游宣传片会带给企业较高的商业价值，所以旅游宣传片要突出所介绍的旅游景点的特色，让游客在旅游前能从宣传片中得到关于旅游景点的一些特色信息，比如，特色景点和景点背景等。

本项目用一个实例展示旅游宣传片的制作手法。针对景点特色完成节目宣传片的制作，从设计分镜头开始，然后挑选景区的特色内容完成宣传片制作，这里对素材的加工可以利用Photoshop和Premiere软件进行。后期的剪辑与特效可以利用Premiere或者After Effects完成。

任务1　分镜头设计

任务分析

本宣传片是以介绍马尔代夫的优美景色（所以名为“浪漫海滩”）为主题的旅游宣传片，所以镜头应该包含马尔代夫的优美景色，并且以轻快的节奏转换画面为宜，效果如图4-1-1所示。

图4-1-1　效果图

任务实施

该任务实施较为简单，只需要将基本的分镜头设计用白纸画出来，设定素材的景别，方便后期的拍摄和制作。

任务2　素材采集

任务分析

马尔代夫的景区以浪漫的海滩闻名，可以运用海边的素材，比如，沙滩、贝壳、海浪、沙砾等。

任务实施

通过拍摄或者网络寻找马尔代夫的优美景区（图片或者视频）作为该片的素材，而并不限于本书所提供的素材。

小提示

该任务适合各类旅游性的专题制作，读者可以将其内容拓展到更广的领域，比如，沙漠、城市之类的风景主题介绍片中。如果条件允许则尽量拍摄高清的视频素材，如果条件有限，那么拍摄照片也是一个不错的选择，制作方法完全类似。

任务3 剪辑影片、添加文字和视频特效

任务分析

本项目内容分为片头、片中、片尾3部分，片头突出宣传片明快的节奏风格，片中主要介绍马尔代夫的特色景区。这样才能达到节目宣传的效果。本例用到的软件包括Premiere（剪辑影片）、After Effects（制作片头片尾）。

任务实施

1. 新建项目和序列

1）启动Premiere软件，单击“新建项目”按钮，打开新建项目对话框，如图4-1-2所示。

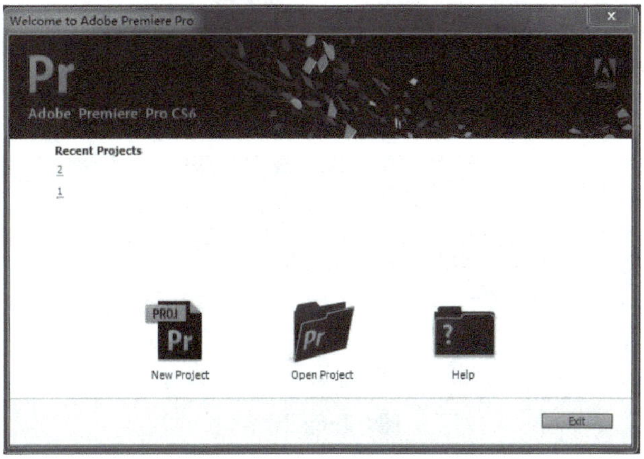

图4-1-2　界面参考

2）在新建项目对话框中，单击“Browse（浏览）”按钮，设置项目存储位置。修改项目名称为“浪漫海滩”，单击“OK（确定）”按钮，如图4-1-3所示。

图4-1-3　路径

3）单击“确定”按钮后，系统自动跳转到新建序列对话框，在对话框中展开“DV-PAL”项，选择其下的“Standard 48kHz（标准银幕 48kHz）”，修改序列名称为“浪漫海滩”，单击“OK（确定）”按钮后进入Premiere工作界面，如图4-1-4所示。

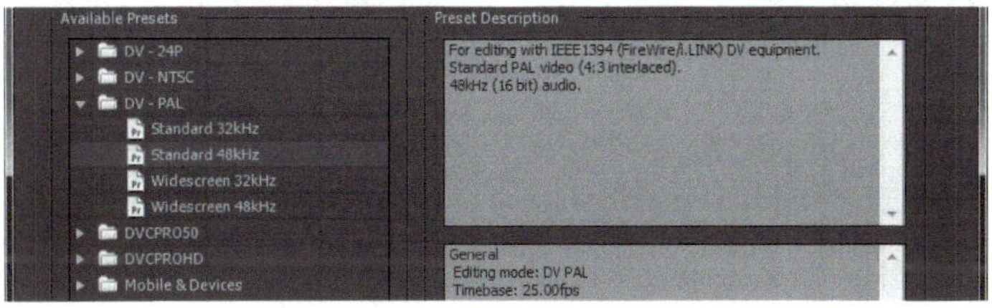

图4-1-4　格式设置

2. 导入素材及素材管理

在项目管理器中新建几种类别文件夹，比如，视频、图片、文字，将制作影片所需要的素材导入项目管理器中，并分门别类地放到相关的素材文件夹中，整理后的素材目录清晰，浏览和查找起来都一目了然，如图4-1-5所示。

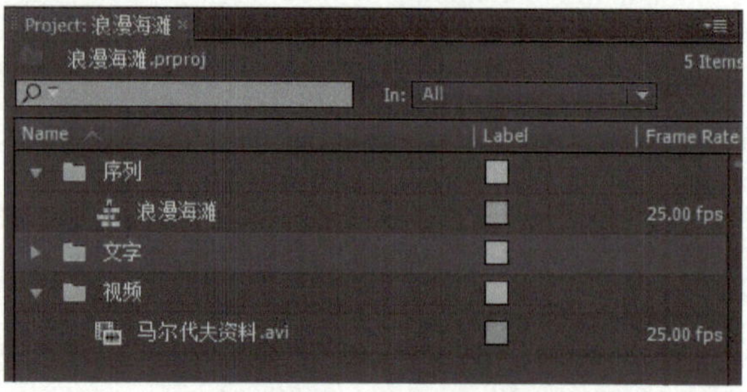

图4-1-5　素材分类

3. 片中与片尾制作

1）将“马尔代夫资料”视频导入到Premiere中，如图4-1-6所示。

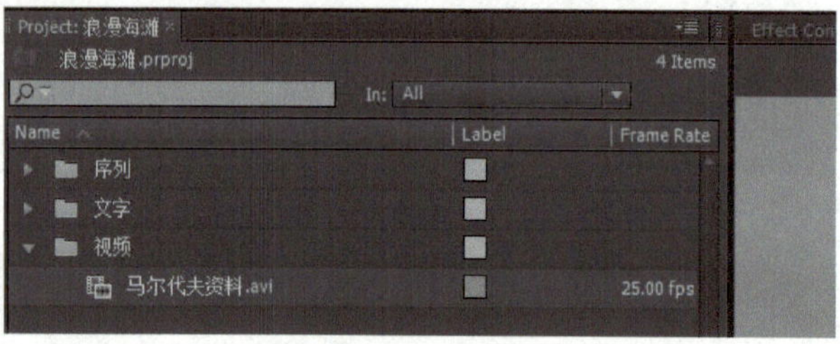

图4-1-6　图示

2）由于“马尔代夫资料”视频播放时间略长，而本次做的宣传片只需2min，所以要在“马尔代夫资料”中挑选比较具有代表性的景区画面，将视频放到Video1的轨道上，如图4-1-7所示。

图4-1-7　出点入点

3）将认为好的画面放入Video1轨道上，共剪切15s，如图4-1-8所示。

图4-1-8　截取视频参考

4）执行“Effects”→“Video Transitions”→“Dissolve”→“Cross Dissolve（淡入淡出）”命令，将特效添加到每两个视频的中间，时长为2s，如图4-1-9所示。

图4-1-9　过场选取

5）添加转场后的合成序列，如图4-1-10所示。

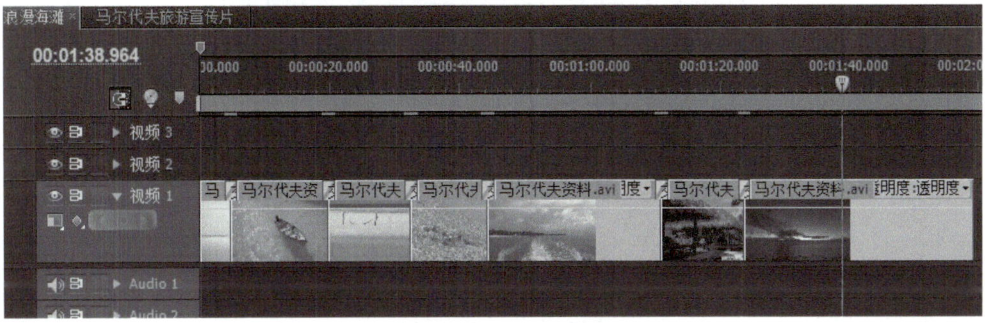

图4-1-10　效果图示

6）添加滚动字幕马尔代夫介绍，执行“File”→“New”→“Title”命令或按<Ctrl+T>组合键，如图4-1-11所示。

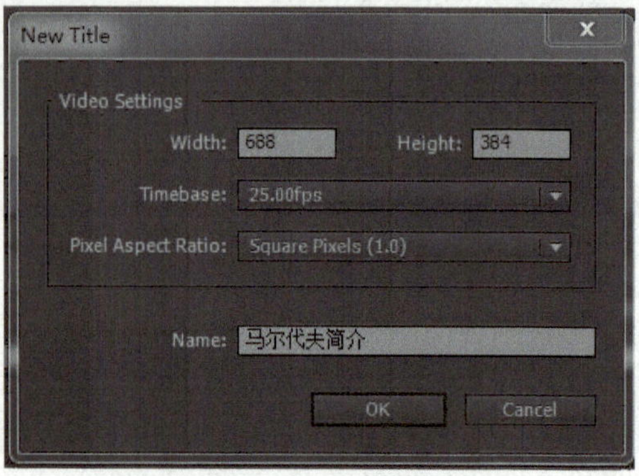

图4-1-11　参数设置

7）将文本中马尔代夫的简介粘贴到选框中，设置文字，如图4-1-12所示。

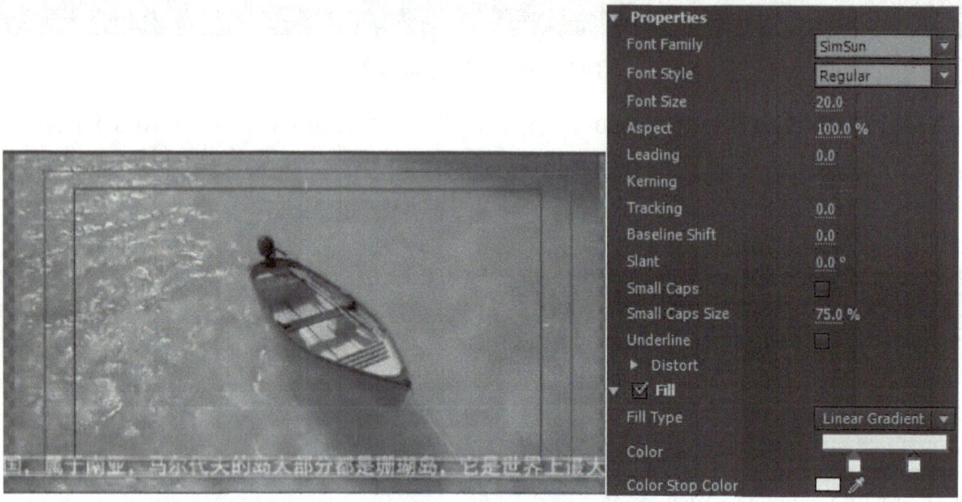

图4-1-12　字幕设置

8）单击文字面板中的按钮滚动字幕面板，并设置字幕向左滚动，如图4-1-13所示。

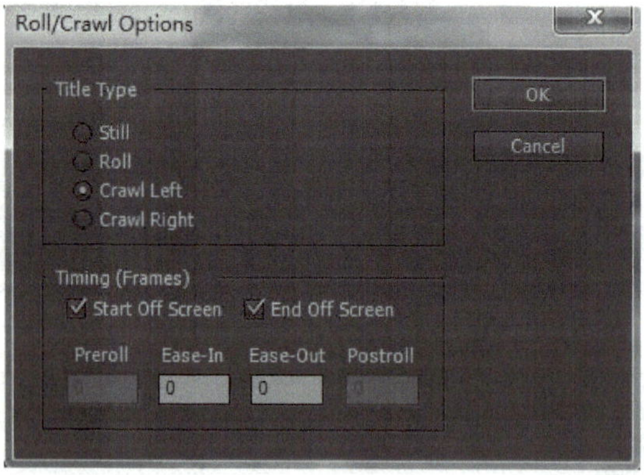

图4-1-13　滚动设置

9）将设置好的字幕放入Video2的时间线上，两段字幕分别设置为1min，如图4-1-14所示。

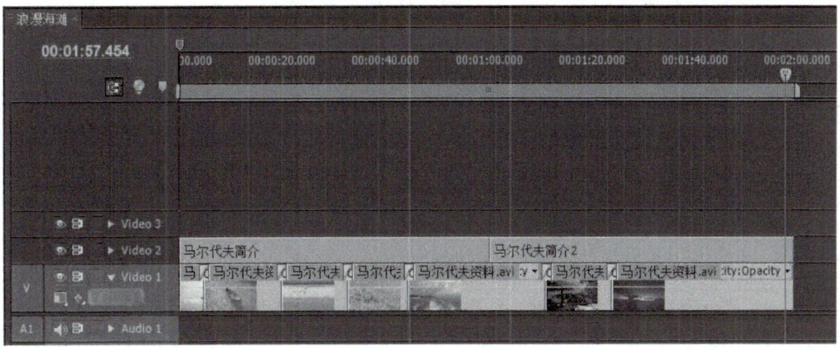

图4-1-14　轨道

10）制作片尾文字，执行“File”→“New”→“Title”命令建立文字面板，输入“马尔代夫 欢迎您的光临”，文字设置参数如图4-1-15所示。

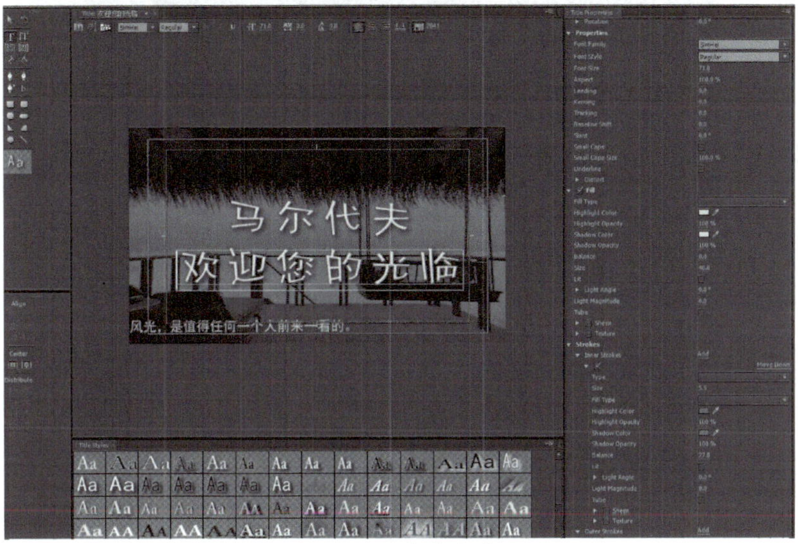

图4-1-15　字体及效果

11）将制作好的片尾文字放入时间线上，并设置“Opacity（不透明度）”1:56s时为0%，1:58s时为100%，如图4-1-16所示。

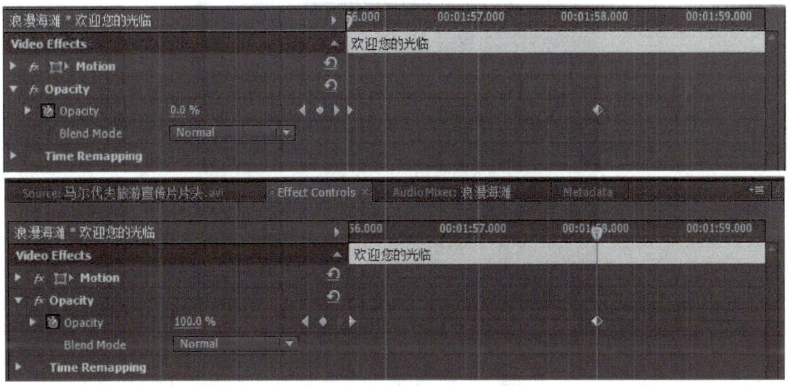

图4-1-16　参数设置

12）通过以上步骤就将片中与片尾制作完成了，现在保存Premiere，打开After Effects，开始制作片头。

↘小提示

一般的影视片、广告都是先制作主题部分，最后才制作版头和版尾，这和一般的逻辑顺序有些区别。又比如所有的专题片都是先有解说词配音，后有画面的，一般人想象的“根据画面来配音”的制作顺序是完全无法实现的。谨记：先有声，再有画。

4. 片头制作

1）启动After Effects软件，新建一个项目，并命名为“马尔代夫旅游宣传片片头”如图4-1-17所示。

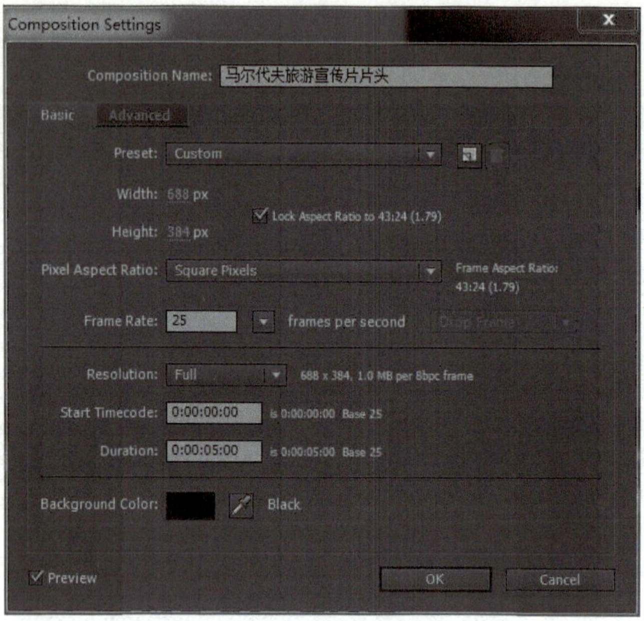

图4-1-17　参数设置

2）将素材导入After Effects中，如图4-1-18所示。

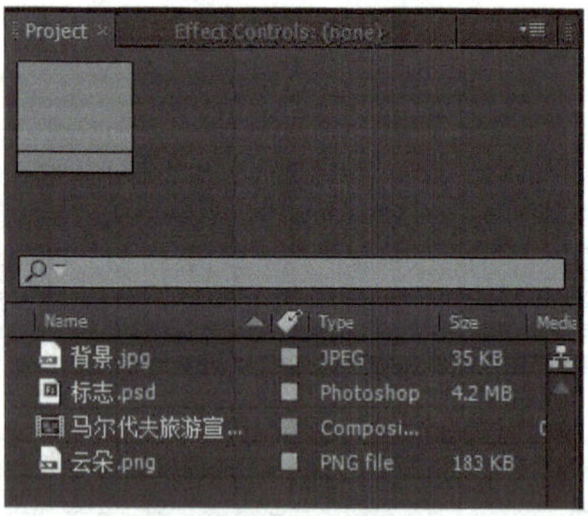

图4-1-18　导入素材

3）将“标志”“云朵”“背景”放入时间线上，如图4-1-19所示。

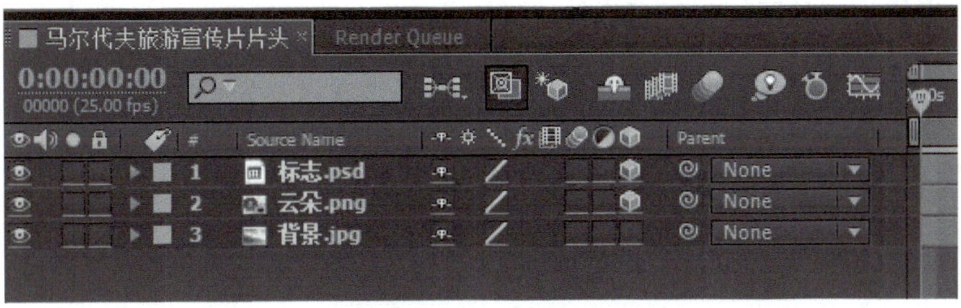

图4-1-19　轨道位置

4）将“背景”图层的Position（位置）和Scale（大小）的关键帧打开，设置如图4-1-20所示。

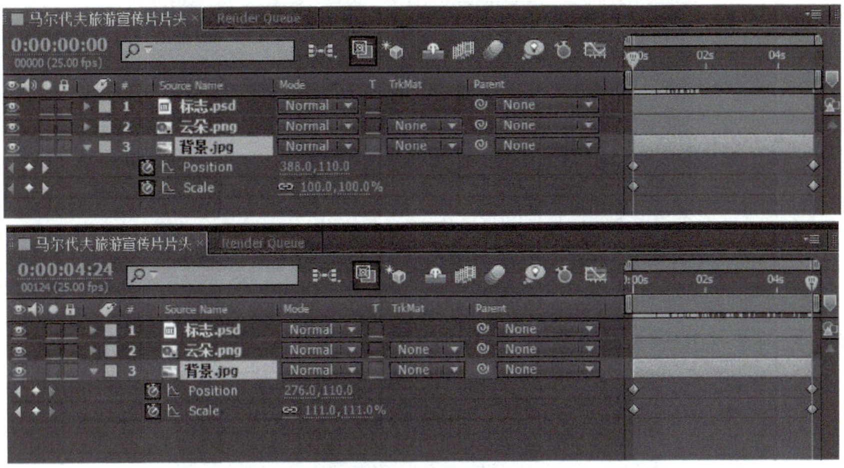

图4-1-20　位置和大小

5）将“标志”“云朵”的3D图层打开，并将其Position（位置）的关键帧打开并设置，如图4-1-21所示。

图4-1-21　位置及时间参数

6）导出片头，如图4-1-22所示。

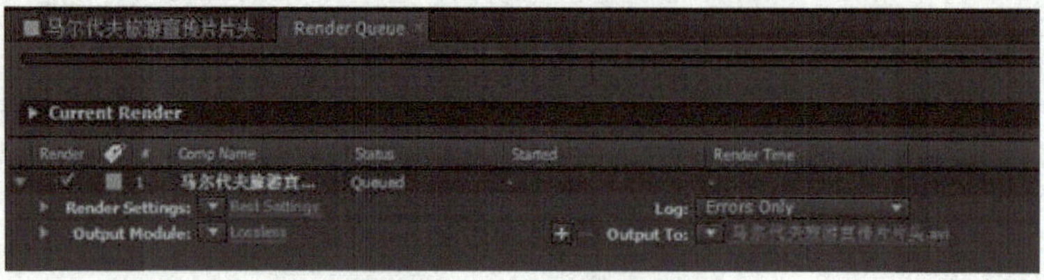

图4-1-22　格式设置

5．输出影片

1）将导出的片头放入PR合成，如图4-1-23所示。

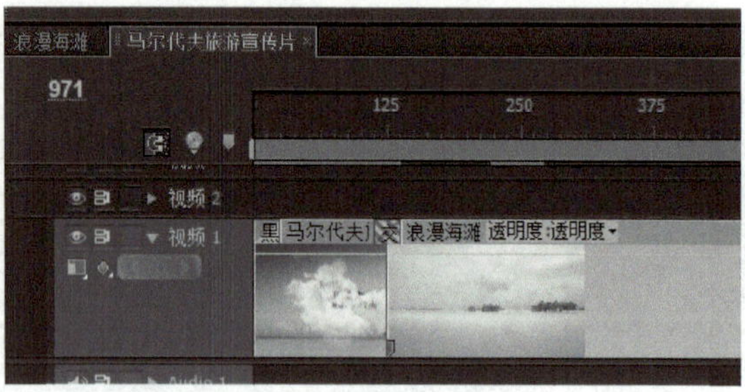

图4-1-23　合成

2）导出影片，如图4-1-24所示。

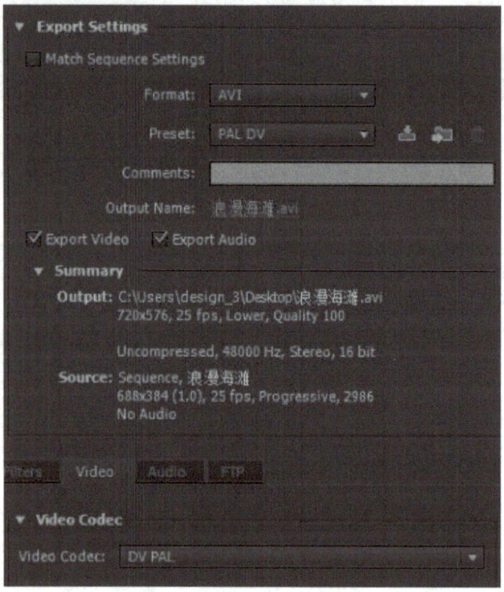

图4-1-24　输出设置

项目2　《浪漫海滩》细化制作

项目描述

旅游宣传片一般在做完以后，都会按照客户的要求定期进行改动。改动包括版头、版尾及内容上的删减。一般情况下，版头和版尾的细化改动更能体现宣传片的变化，在影视作品中是比较常见的方法。

本项目是针对上一个项目的加强细化，增加的部分并不在主体内容上，而是针对版头和版尾的细化，即是在原来的基础上做出更绚丽多彩的效果。

任务1　版头细化制作

利用配套资源中“拓展训练素材”文件夹中提供的素材，制作“拓展训练版头参考”旅游宣传片片头，使得版头更加丰富多彩。

任务分析

读者必须懂得使用AE中的三维场景及摄像机。在Premiere软件中无法建立三维模型，因此，涉及三维物体方面的版头效果，都必须使用AE来完成。本任务主要涉及摄像机的旋转关键帧操作，因此，在制作之前最好熟悉一下AE中摄像机的使用方法。

任务实施

1. 片头制作加强

1）导入片头制作所准备好的素材。这里共有6组图片素材和1个音乐素材，这6组图片分别以文件名进行区分。素材的缩略图如图4-2-1所示。

图4-2-1　素材的缩略图

小提示

对于AE来说，素材的前期整理是至关重要的，各位读者绝对不可以养成边做边找素材、素材名称杂乱的坏习惯，这会大大降低后期制作的工作效率。

2）执行“Composition”→“New Composition”命令，打开“Composition Settings”对话框，设置“Composition Name”为“片头与配乐”，“Preset”为PAL D1/DV Widescreen，“Duration”为10s，如图4-2-2所示。

3）从“Project”面板中将Music.mp3拖至“Timeline”中，展开显示其波形图，按小键盘的<0>键监听音频效果，并根据音乐节奏按小键盘上的<*>键在“Timeline”中添加标记点，分配为6个片段，标记点的位置分别为第1s15帧、第3s05帧、第4s20帧、第6s10帧和第8s处，如图4-2-3所示。

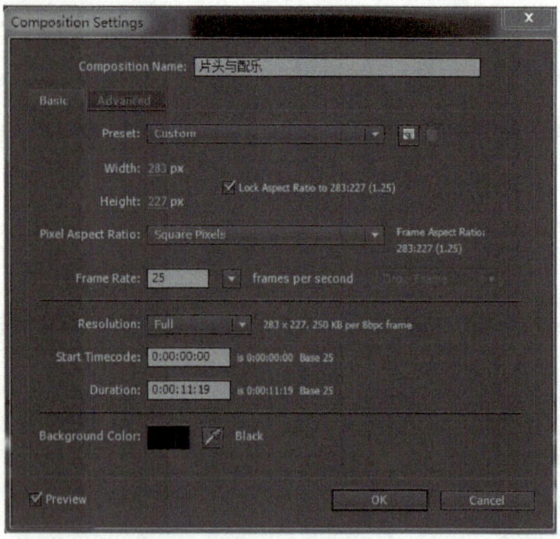

图4-2-2　参数设置

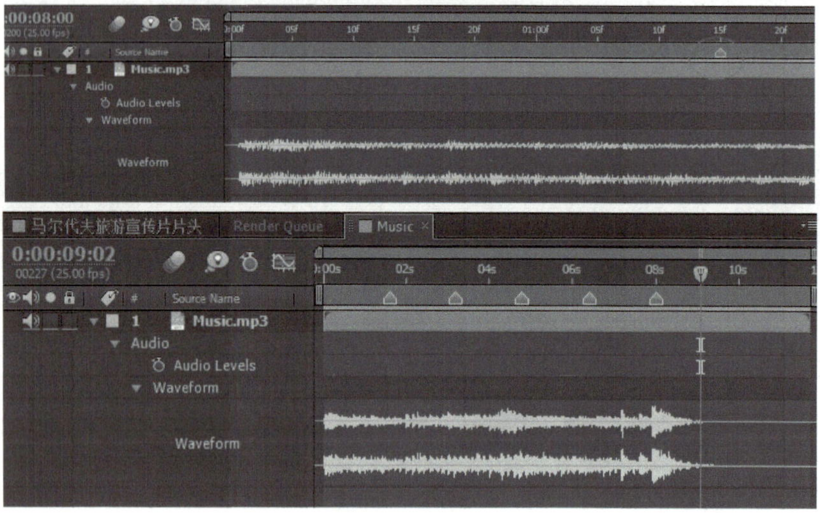

图4-2-3　图层

4）在“Project”面板中选中“片头与配乐”，按<Ctrl+D>组合键6次，然后分别重命名为“片段1”～“片段6”。打开“片段1”时间线，将工作区设为第1个片段的范围，执行“Composition”→“Trim Comp to Work Area”命令。同样为几个片段的时间线设置相应的合成长度，如图4-2-4所示。

图4-2-4　合成

5）执行“Composition”→“New Composition”命令，打开“Composition Settings”对话框，设置“Composition Name”为“背景”，“Preset”为“PAL D1/DV Widescreen”，“Duration”为10秒，然后单击“OK”按钮。

6）执行“Layer”→“New”→“Solid”命令，建立一个名为“底色”的实体层。选中该实体层，双击工具栏中的工具在固态层中建立椭圆Mask，设置“Mask Feather”为（500，200），“Mask Expansion”为-70，如图4-2-5所示。

7）打开“片段1”时间线，从“Project”面板中将“背景”以及Pic1-01.jpg～Pic1-09.jpg图片拖至“Timeline”中，按从下至上的顺序放置。图片如图4-2-6所示。

图4-2-5 遮罩

图4-2-6 素材组图

8）为Pic1-01.jpg添加一个圆角矩形Mask，调整图像的大小比例，执行“Effect”→“Generate”→“Stroke”命令，设置“Brush Size”为8，如图4-2-7所示。

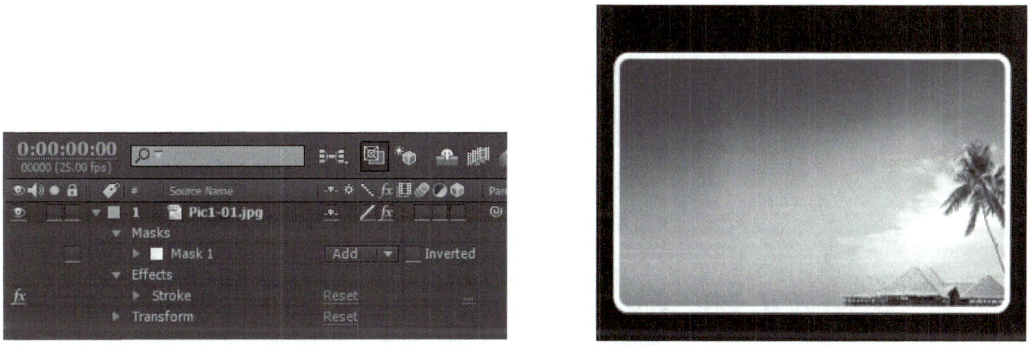

图4-2-7 效果及遮罩

9）为Pic1-06.jpg作同样的设置，可以将Pic1-01.jpg的“Mask”“Scale”设置和“Stroke”特效复制到Pic1-06.jpg之上。

10）打开全部图层的三维开关，执行“Layer”→“New”→“Null Object”命令，建立一个“Null 旋转1”图层，将其三维开关打开，设置“Position”的Z轴数值为500。

11）将Pic1-01.jpg～Pic1-09.jpg图层的“Parent”栏设为“Null 旋转1”图层，然后设置“Null 旋转1”层的“Y Rotation”为-90°，将Pic1-05.jpg～Pic1-09.jpg的图像旋转到视图的左侧，与Pic1-01.jpg～Pic1-05.jpg的图像形成垂直夹角，如图4-2-8所示。

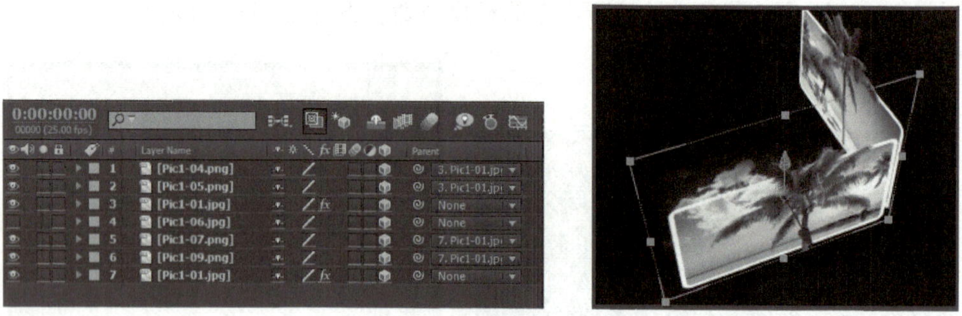

图4-2-8 图层及摄像机

12）接下来将Pic1-01.jpg～Pic1-05.jpg图层的“Parent”栏设为“Null 旋转1”层，然后设置“Null 旋转1”层的“Y Rotation”第20帧时为-90°，第1s时为0°，将Pic1-01.jpg～Pic1-05.jpg图层在第24帧处剪切出点，将Pic1-05.jpg～Pic1-09.jpg的入点移至第21帧处。这样两组图像产生一个旋转切换的效果，如图4-2-9所示。

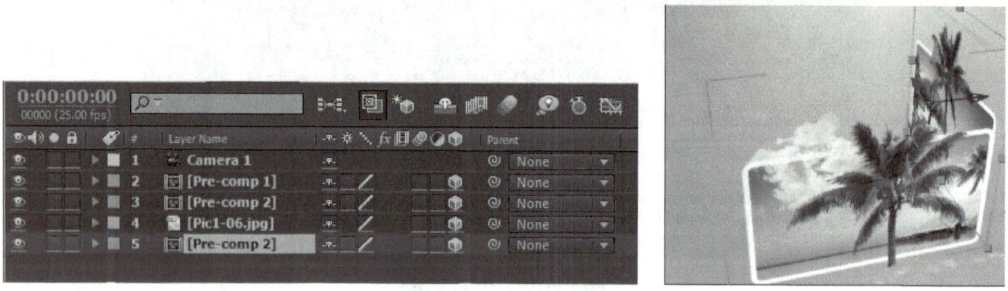

图4-2-9 摄像机位置

13）结合自定义透视图查看，调整各图层的位置，使其各个图像元素在立体的空间中分布放置，并适当设置其中可以运动的帆船和云朵元素略带位移的动画。Pic1-01.jpg～Pic1-05.jpg图层的空间放置和效果如图4-2-10所示。

图4-2-10 摄像机和前视图

14）Pic1-06.jpg～Pic1-09.jpg图层的空间放置和效果如图4-2-11所示。

15）查看此时的动画效果，如图4-2-12所示的动画截图。

16）打开“片段2”时间线，从“Project”面板中将“背景”以及Pic2-01.jpg～Pic1-09.jpg图片拖至“Timeline”中，按从下至上的顺序放置，图片如图4-2-13所示。

图4-2-11　图层空间放置效果

图4-2-12　动画截图

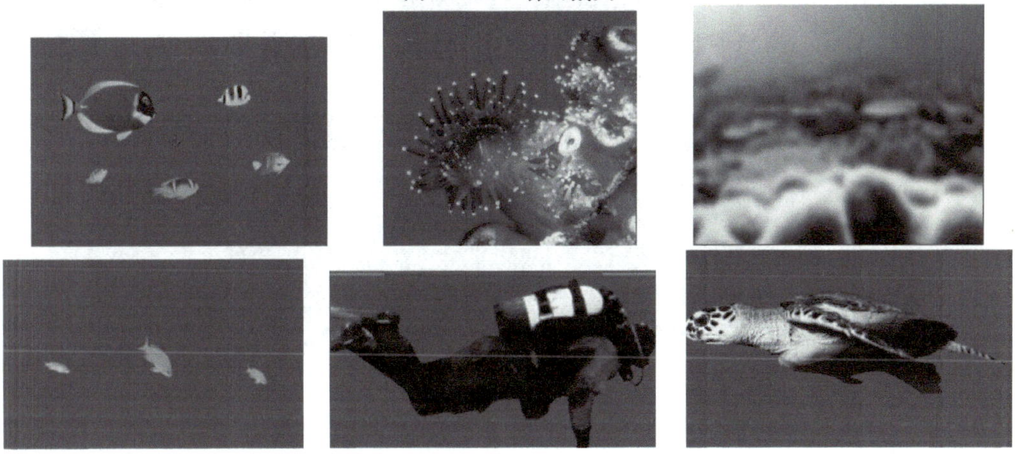

图4-2-13　素材组图

17）与“片段1”的制作方法相同，制作“片段2”中的两个场景的转换动画方式，其中Pic2-01.jpg～Pic2-05.jpg为第一个场景，Pic2-06.jpg～Pic2-08.jpg为第二个场景，并设置其中动态元素的动画效果，如图4-2-14所示。

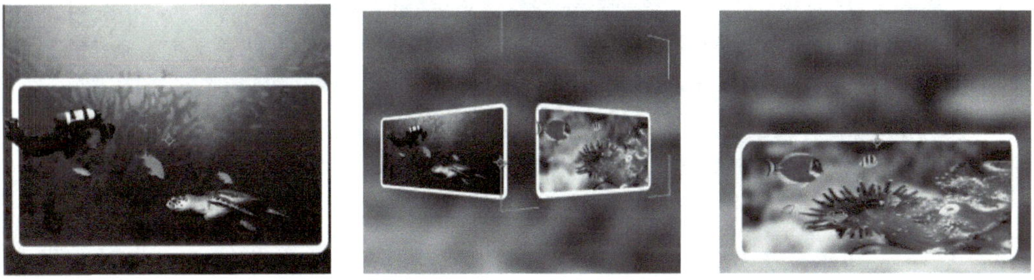

图4-2-14　最终效果参考

小提示

素材的使用是灵活的，任务拓展所给的样片仅仅提供参考，希望各位读者能举一反三，创作出具有自己风格的效果。

任务2 版尾制作

任务分析

修改原有的片尾，加入三维透视效果，加强版尾的视觉冲击力。

做这种效果必须对Premiere中的序列嵌套有一定的认识。虽然Premiere并不具备三维空间的坐标系统，但是使用合理的方法也可以做出“假三维”的类似立体效果，在本任务中便使用“边角固定”特效。

任务实施

1. 片尾效果制作

1）建立版尾合成（与之前的合成建立过程完全一样，在这里就不再赘述了），双击“马尔代夫资料.avi”在视频监控器里调整视频出入点，将时间调整到00:02:00:03处单击调整其入点，再将时间调整到00:02:05:03处单击调整其出点，单击插入到（立体图形）序列中，如图4-2-15所示。

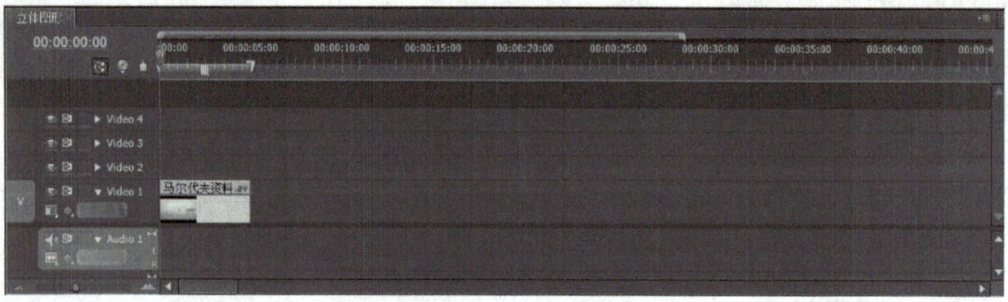

图4-2-15 视频截取

2）双击“马尔代夫资料.avi”在视频监控器里调整视频出入点，将时间调整到00:07:10:01处单击调整其入点，再将时间调整到00:07:15:01处单击调整其出点，选中轨道二单击插入到（立体图形）序列中，如图4-2-16所示。

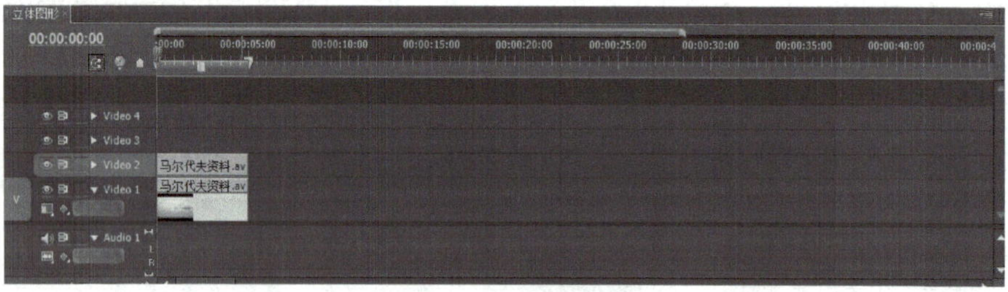

图4-2-16 视频截取

3）双击“马尔代夫资料.avi”在视频监控器里调整视频出入点，将时间调整到00:07:50:00处单击调整其入点，再将时间调整到00:07:55:00处单击调整其出点，选中轨道三单击插入到（立体图形）序列中，如图4-2-17所示。

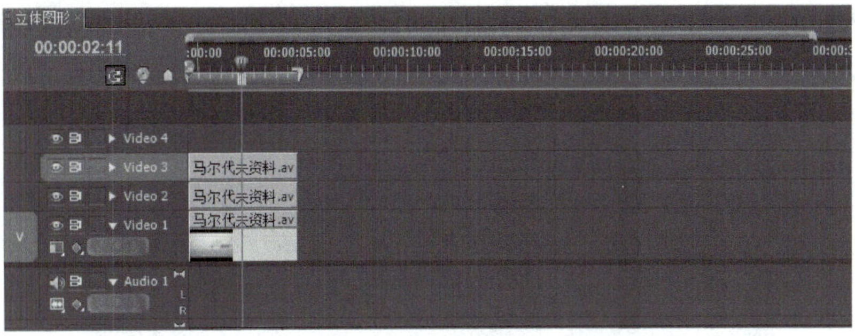

图4-2-17　素材位置

4）在特效栏里执行“Video Effects（视频特效）”→“Distort（扭曲）”→“Corner Pin（边角固定）”命令，将此特效拖动到视频轨道中的3个视频素材，如图4-2-18所示。

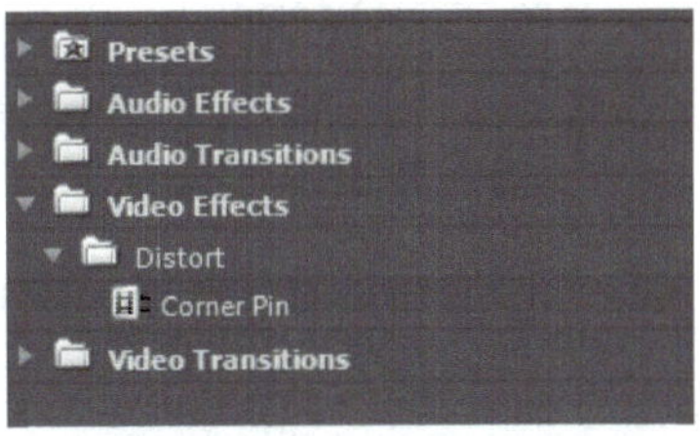

图4-2-18　特效选取

5）调整轨道中视频素材的边角固定特效里的数值，如图4-2-19所示。

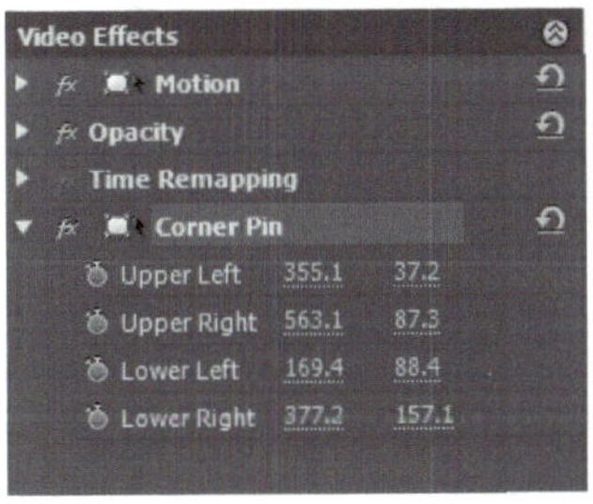

a）

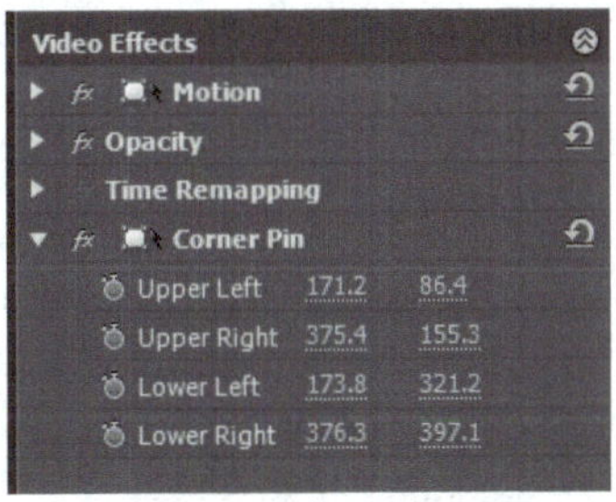

b）

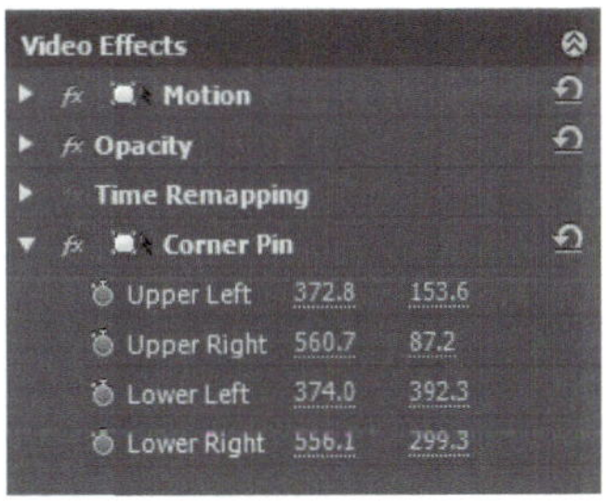

c）

d）

图4-2-19　参数设置及三图拼合效果

a）视频轨道一　b）视频轨道二　c）视频轨道三　d）效果

6）双击“马尔代夫资料.avi”在视频监控器里调整视频出入点，将时间调整到00:11:23:00处单击调整其入点，再将时间调整到00:11:31:00处单击调整其出点，选中视频轨道一单击插入到（马尔代夫）序列中，如图4-2-20所示。

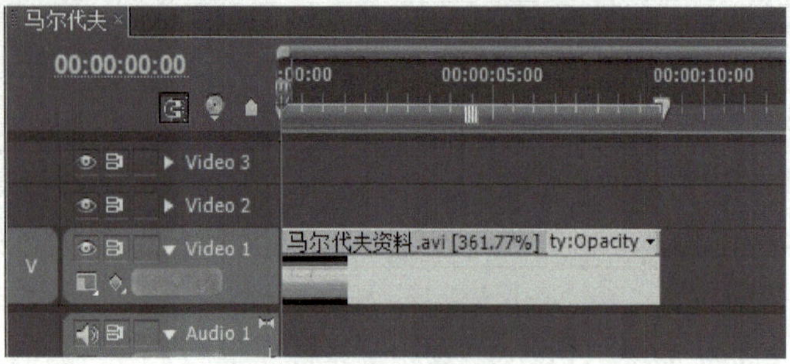

图4-2-20　视频截取

7）在特效栏里执行“Video Effects（视频特效）”→“Blur&Sharpen（模糊与锐化）”→“Gaussian Blur（高斯模糊）”命令，将此特效拖动到视频轨道一“马尔代夫资料.avi”中，调整特效数值，并将大小调整为130，如图4-2-21所示。

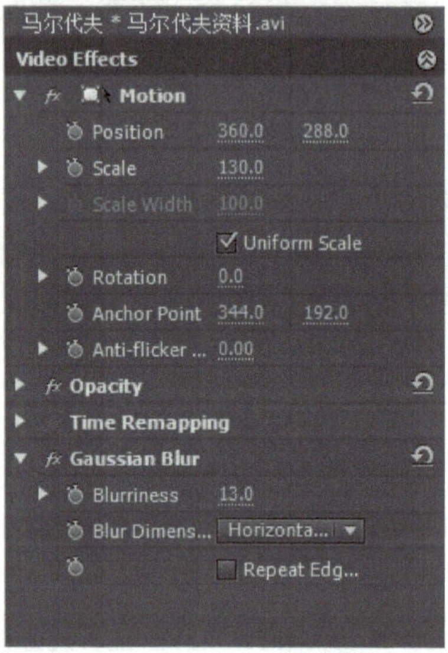

图4-2-21　缩放大小及模糊参数

8）将“立体图形”序列拖入到视频轨道二中，将时间线调整到00:00:00:00，选中特效台中的“Position（位置）”，将数值调整为（-226，261），并单击打上关键帧，再将时间线调整到00:00:05:00，调整“Position（位置）”数值，改为（900，261），如图4-2-22所示。

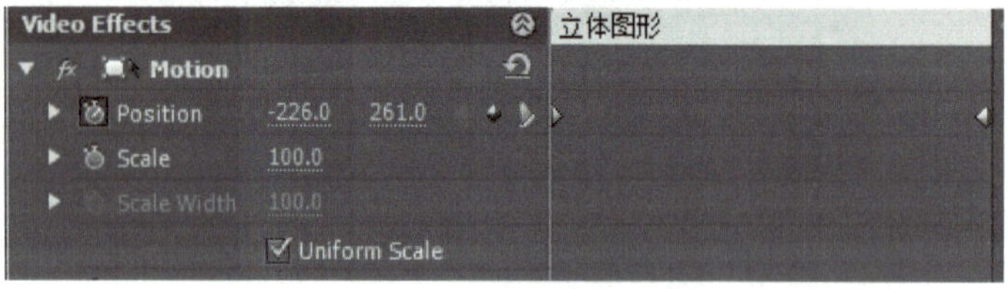

图4-2-22　位置参数

9）将时间线调整到00:00:00:00，选中特效台中的“Opacity（透明度）”并修改其数值为0，单击打上关键帧，再将时间线调整到00:00:01:03处修改数值为100。在00:00:04:00处调整其透明度数值为100，在00:00:05:00处调整为0，如图4-2-23所示。

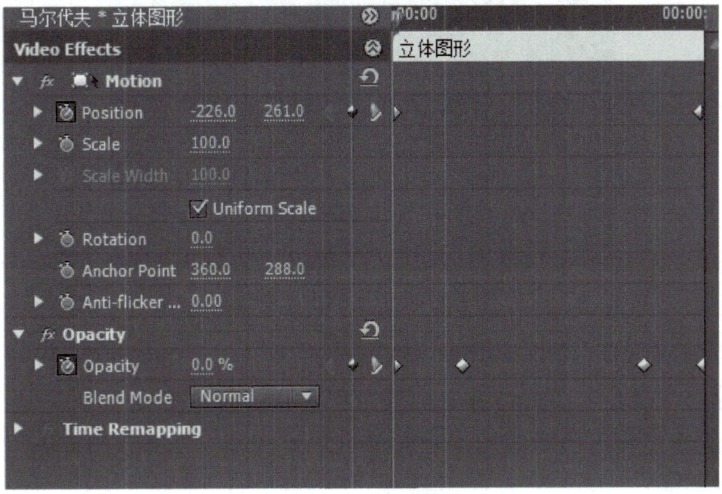

图4-2-23　位置和透明度

2. 新建字幕

1）新建“字幕01”（快捷键为<Ctrl+T>），并输入“马尔代夫欢迎您的光临”调整其字体为“Adobe Kaiti Std”，字体大小为88，行距为18，添加内阴影并修改其数值，如图4-2-24和图4-2-25所示。

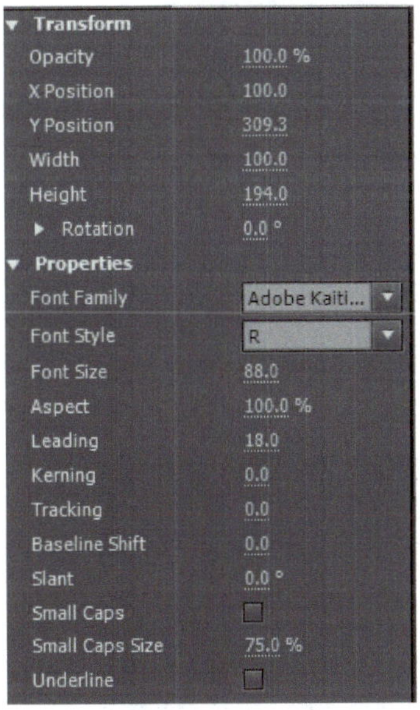

图4-2-24　字体

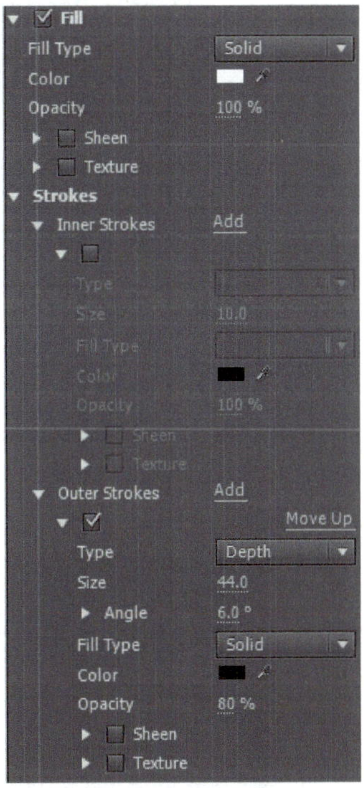

图4-2-25　字体属性

2）拖动时间线到00:00:04:09，将“字幕01”拖动到视频轨道三中，并将其出点拖动到00:00:09:00处，调整大小为63，如图4-2-26所示。

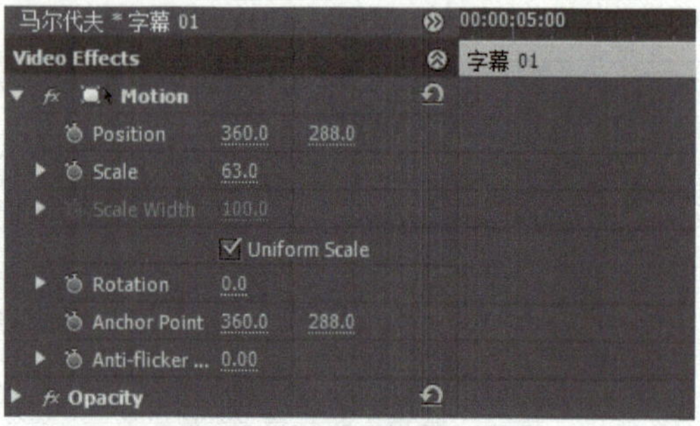

图4-2-26　比例大小数值

3）在特效栏里执行“Video Effects（视频特效）”→“Transition（过渡）”→“Linear Wipe（线性擦除）”命令，将此特效添加到“字幕01”中，在00:00:04:09处调整“Transition Completion（过渡完成）”的数值为100单击打上关键帧，在00:00:06:19处调整“Transition Completion（过渡完成）”的数值为0，并修改“Feather”羽化的数值为31，如图4-2-27所示。

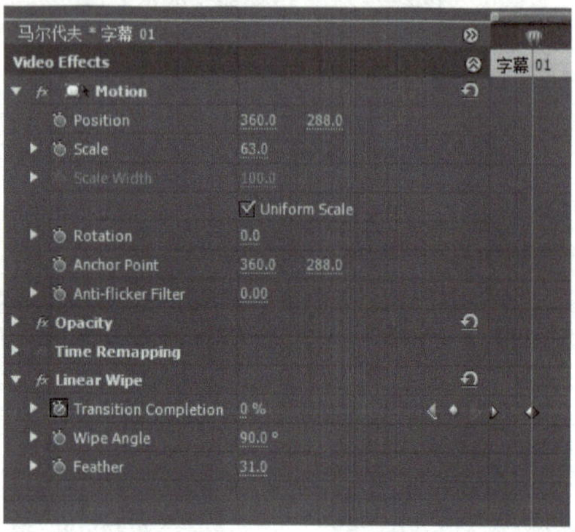

图4-2-27　关键帧图示

3．添加音频合成

1）单击“Music.mp3”视频监控器，在00:00:02:18处单击调整其入点，再将时间调整到00:00:11:18处单击调整其出点，将“Music.mp3”音频素材拖动到音频一轨道中，如图4-2-28所示。

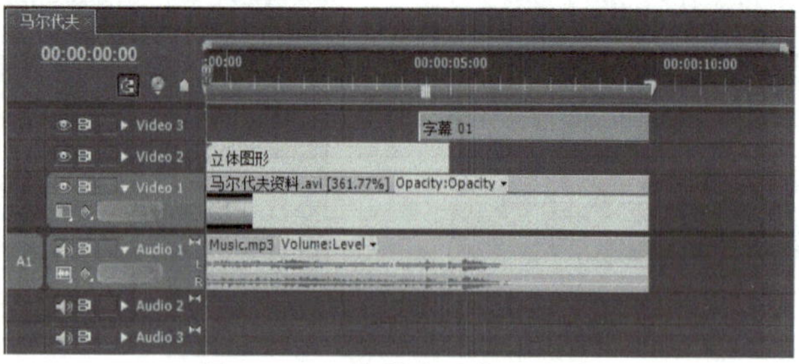

图4-2-28　素材合成位置参考

2）执行“File（文件）”→“Export（导出）”→“Media（视频）”（快捷键为<Ctrl+M>），渲染输出。

商业规范

对于商业片来说，版头和版尾会经常改动，这要求各位读者在制作的时候养成将版头和版尾单独拿出来制作的习惯。另外商业片的广播级标准制式是MPG格式，如果不是在电视上播出，则没有此类要求。在网络上播放建议格式为FLV或WMV。

知识归纳

通过本单元的学习，理解旅游宣传片的制作方法，巩固非线性编辑的知识；熟悉和掌握多种影视软件配合使用的方法，达到更好的影视效果。学生所必备的知识包括对分镜头的理解、影片节奏的控制、多种软件的操作能力等。

项目2是版头的细化制作，主要知识有摄像机的操作及Premiere各类特效的综合运用，需要掌握摄像机的位置、角度、镜头范围等相关概念知识，学习中请注意类似的漫游动画版头都是摄像机在运动，而不是素材本身运动。

本单元为广告制作学习单元，使用了比较常见的旅游广告宣传范例，并在版头和版尾上分了几个不同的层次循序渐进地讲解，对学员以后剪辑旅游类的广告及制作版头有较大的参考价值，希望通过本案例的学习能让读者快速了解风景类广告片的制作流程。

拓展练习

1）使用原有的素材，在每个画面中加入不特定的特效（例如，染色、扭曲等），加入时间延长和缩短、拖尾等效果，使得影片更加生动。

2）将版头更加细化，使用“任务1拓展训练”文件夹里面的素材，将版头做得更生动（增加三个镜头），效果样片请参考“马尔代夫拓展版头”制作。

学习单元5

微电影制作

单元概述

本单元为微电影制作流程应用篇，微电影系列之《疍家渔歌》，是为了协助沙田民歌协会申请国家级非物质文化遗产，提升教学质量，组成了由企业、教师和学生组成的工作团队。桂花学校美工部与水晶文化传播有限公司合作成立水晶影视校企工作室，根据微电影的制作流程及工作任务分配。通过完成这些任务，本单元将对After Effects和Premiere在项目制作中的实际运用进行详细讲解，为专业岗位的学习打下坚实的基础。

学习目标

知识目标：掌握After Effects和Premiere的基本操作。

技能目标：能通过After Effects和Premiere制作微电影视频。

情感目标：培养学生团队协作能力和与客户沟通的能力。

项目1　微电影拍摄花絮宣传册

项目描述

微电影《疍家渔歌》剧情介绍：来自音乐学院的一对青年男女历游斗门沙田地区，无意中听到郭伯在江边清唱疍家渔歌，引起了他们的极大兴趣，经过路人指点，两位青年参观了船头对歌、水上婚嫁等斗门疍家人的传统对歌习俗，并有幸结识了郭伯、黄校长等人，两位前辈多年来一直致力于疍家渔歌这种非物质文化遗产的宣传和传承工作……

微电影《疍家渔歌》前期拍摄已经完成，摄制组将所有拍摄的视频、图片素材送至工作室，由后期组负责微电影的剪辑合成。在成片出品前，需要对微电影制作进行前期宣传，工作室梁导指派了两位工作室成员负责这个项目，负责收集现场花絮拍摄和电子宣传册的制作。本项目用一个电子宣传册的方式展示宣传微电影拍摄花絮的制作手法。本项目需要先用Photoshop完成照片的处理，后期的剪辑使用After Effects或Premiere完成。

任务1　分镜头设计

任务分析

本视频素材背景为微电影拍摄现场花絮照片，镜头中出现由导演、教师和学生组成的工作团队以及一些演员现场排演。要求对提供的照片素材进行归类排序，添加文字特效、动画特效和灯光特效等，把握整体视频节奏。通过本项目的学习，熟练掌握素材的采集、分析和浏览；能够对素材进行加工处理，使其满足项目制作的需要；熟练掌握字体的输入。熟练掌握音频特效的设置；熟练掌握渲染输出影片、实时输出影片的基本方法。分镜头见表5-1-1。

表5-1-1　分镜头

镜头1		镜头2	
镜头3		镜头4	
镜头5		镜头6	

任务2　制作照片框

任务分析

本图片素材背景为微电影拍摄现场花絮照片，镜头中出现由导演、教师和学生组成的工作团队以及一些演员现场排练。要使用Photoshop软件进行编辑制作。

任务实施

1．制作电子照片框素材

1）启动Photoshop软件，在软件空白处双击，打开对话框，选择素材文件“照片框.psd”。

2）在软件空白处双击，打开对话框，选择素材文件“6147.jpg”，如图5-1-1所示。

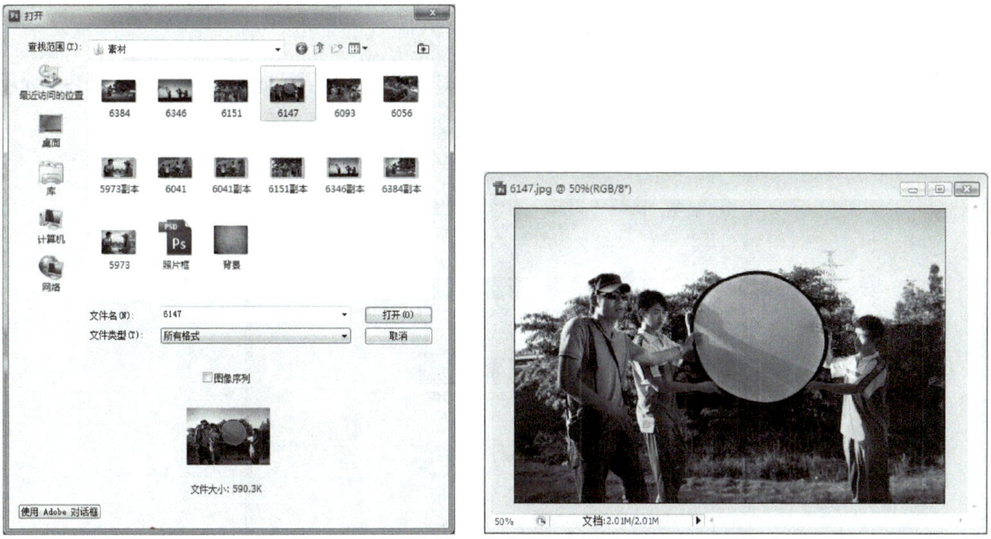

图5-1-1　打开图片素材

3）选择“移动工具”，将“6147.jpg”拖至“照片框.psd”，“6147.jpg”图层名称系统自动更改为“图层1”，如图5-1-2所示。

图5-1-2　移动图层

4）将“图层1”拖至“照片框”图层下方，并调整“图层1”的位置，如图5-1-3所示。

图5-1-3　调整图层

5）执行“文件”→“存储为”命令，保存该文件为“6147副本.jpg”，如图5-1-4所示。

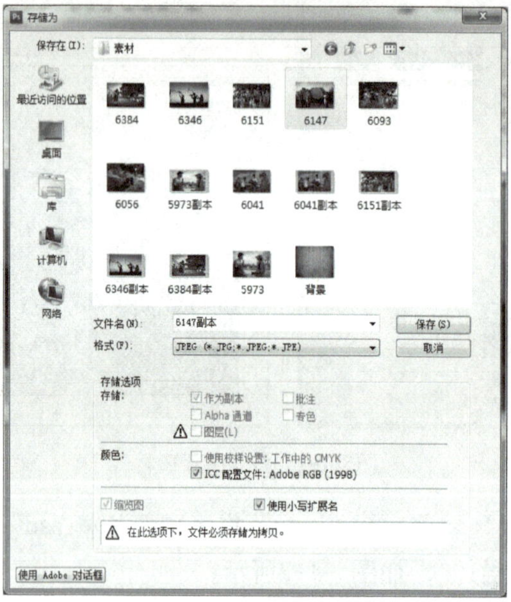

图5-1-4　存储为副本

注意：文件保存过程中，会自动跳转出“JPEG选项”对话框，此时务必将“品质”文本框的值调整到最高“12”，再单击“确定”按钮，如图5-1-5所示。此步骤是为了防止图片分辨率下降。

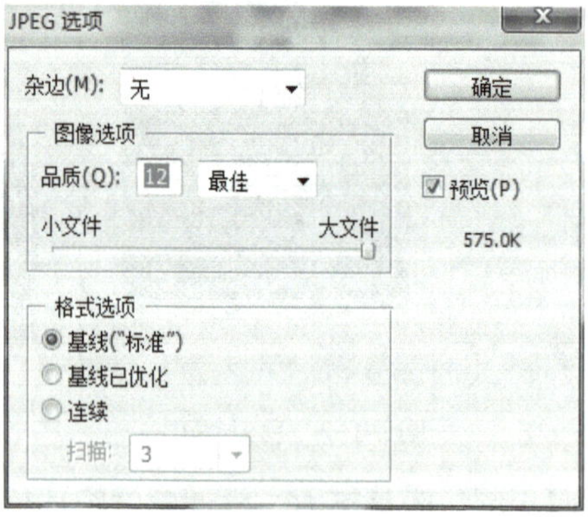

图5-1-5　JPG选项

6）对素材文件夹内的其他7张照片素材做同样的照片框处理。

任务3　制作电子宣传册

任务分析

要求对提供的照片素材进行归类排序，添加文字特效、动画特效。

任务实施

1. 设置项目文件

执行“Composition”→“Composition Settings（项目设置）”命令，跳转出“Composition Settings”对话框，修改“Composition Name（项目名称）”为“微电影拍摄花絮宣传”，修改“Durations（序列）”时间为0:00:11:00，其他选项保持默认，单击“OK”按钮，如图5-1-6所示。

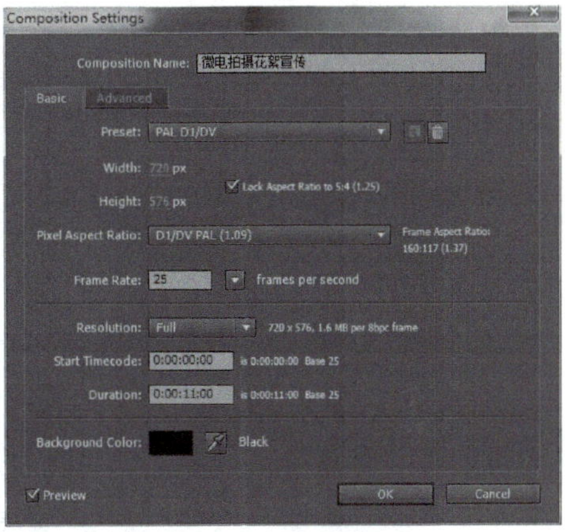

图5-1-6　项目设置

2. 导入素材文件

1）启动After Effects软件，在“Project（项目面板）”空白处单击鼠标右键，打开“Importfile（导入文件）”对话框，导入素材图片“背景.jpg”，如图5-1-7所示。

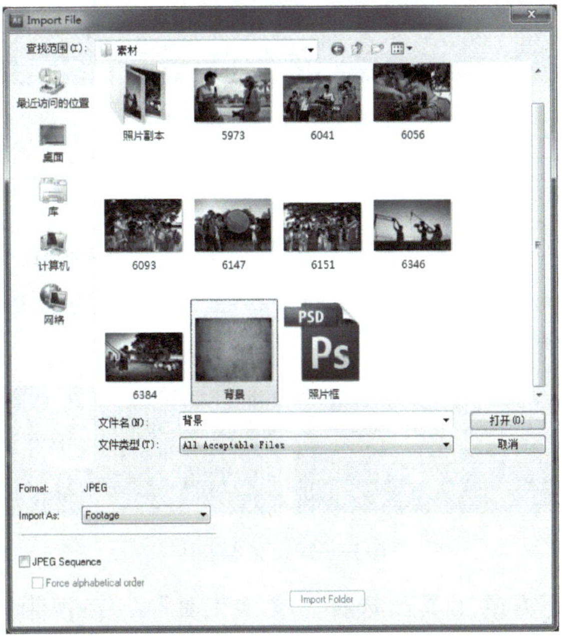

图5-1-7　导入背景图片

2）继续导入8张已经在Photoshop中处理好的照片副本，如图5-1-8所示。

图5-1-8　导入照片副本

3）将“背景.jpg”拖曳至“微电影拍摄花絮宣传”时间轴中，如图5-1-9所示。

图5-1-9　时间轴显示

3. 设计片头文字

1）单击菜单栏下方的工具，选择“文字工具”，在视频窗口单击输入“《疍家渔歌》拍摄花絮”，系统自动在图层“背景.jpg”上方生成文字图层“《疍家渔歌》拍摄花絮”，如图5-1-10所示。

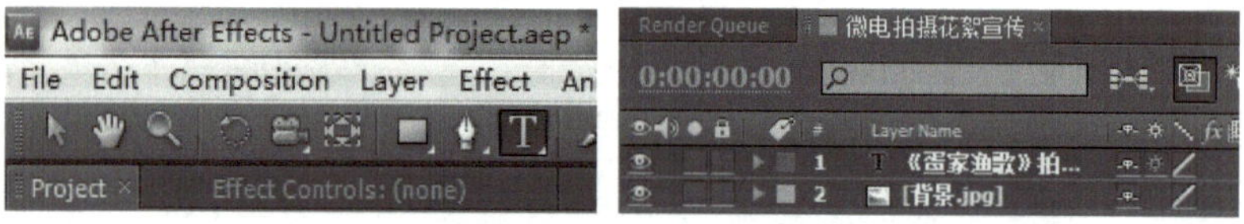

图5-1-10　文本工具

2）单击菜单栏下方的工具，选择“文字工具”，在视频窗口单击输入“《疍家渔歌》拍摄花絮”，并设置文字的字体为楷体，颜色为白色，字号为30px，如图5-1-11所示。

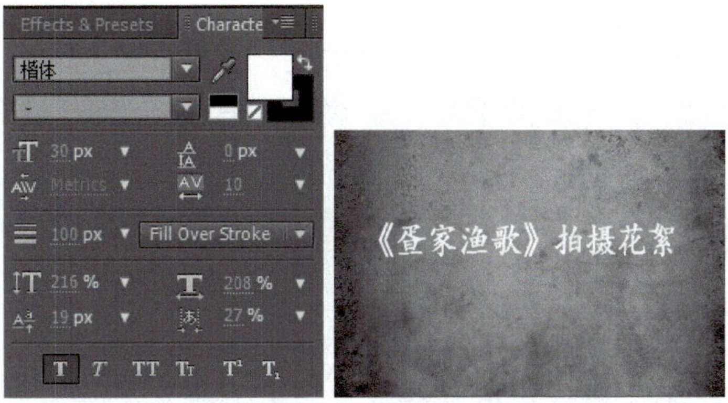

图5-1-11　文字设置

3）复制文字并修改文字属性。将复制出来的《疍家渔歌》拍摄花絮2设置文字的字体为楷体，颜色为黑色，字号为50px，如图5-1-12和5-1-13所示。

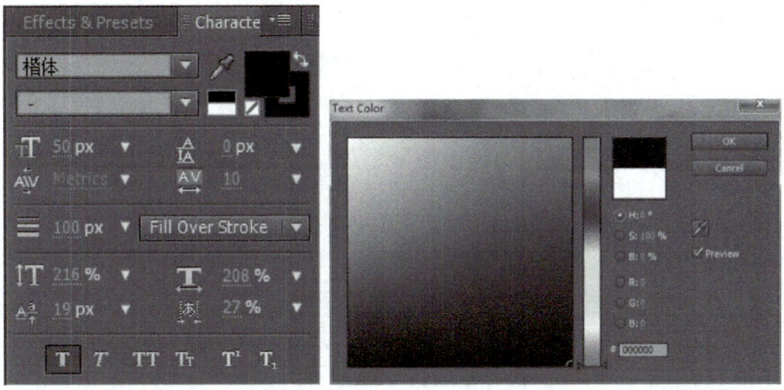

图5-1-12　文字属性

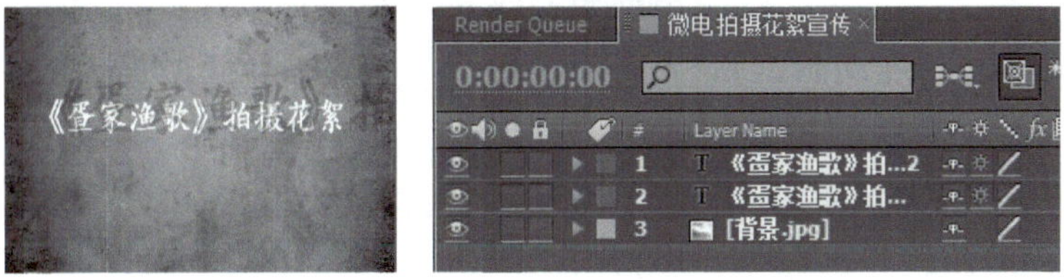

图5-1-13　复制文字

4）使用同样的方式复制《疍家渔歌》拍摄花絮3，设置文字的字体为楷体，颜色为黑色，字号为50px，如图5-1-14所示。

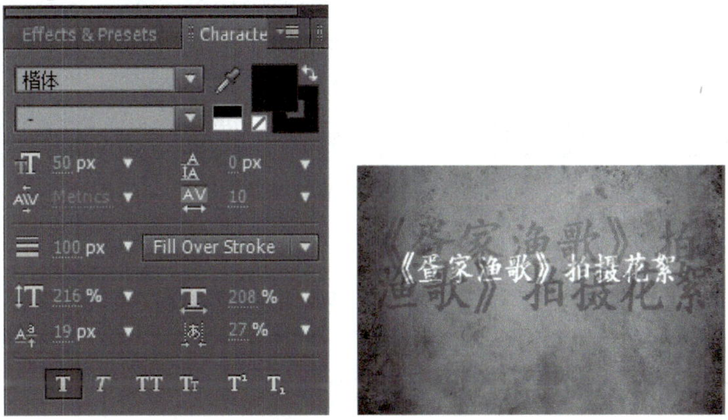

图5-1-14　复制文字

5）制作文字动画，在0帧处设置“Transformposition（变换位置）”，“《疍家渔歌》拍摄花絮2”为-100，“《疍家渔歌》拍摄花絮3”为-150，如图5-1-15所示。

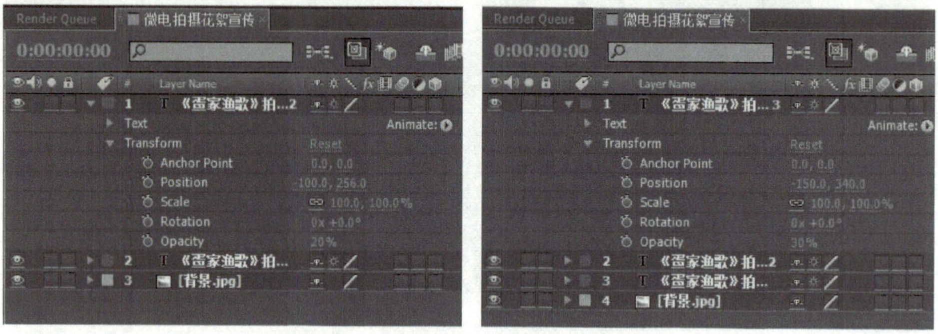

图5-1-15　文字时间轴显示

6）修改文字位置动画，在08s处设置“Position（位置）”，“《疍家渔歌》拍摄花絮2”为0，“《疍家渔歌》拍摄花絮3”为-230，如图5-1-16所示。

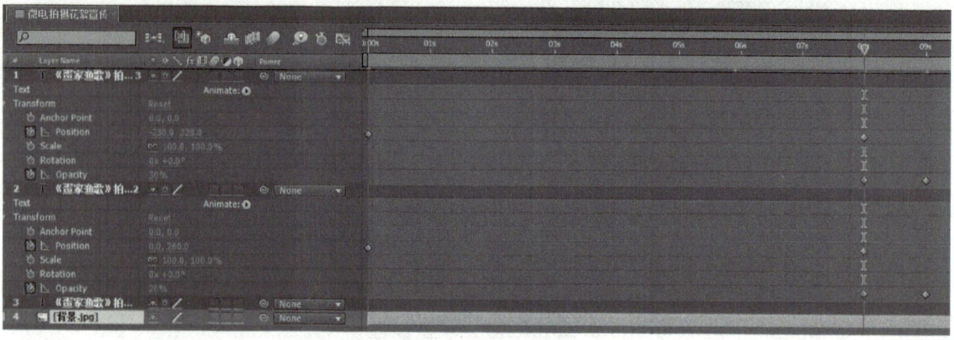

图5-1-16　文字动画

7）修改文字透明度动画，执行“Transform”→“Opacity（透明度）”命令，在08s处设置“《疍家渔歌》拍摄花絮2”为30，“《疍家渔歌》拍摄花絮3”为20，在09s处设置“《疍家渔歌》拍摄花絮2”为0，“《疍家渔歌》拍摄花絮3”为0，关键帧设置如图5-1-16所示，效果如图5-1-17所示。

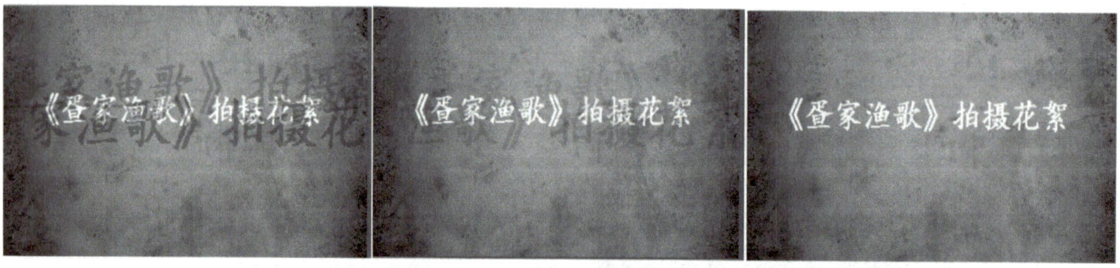

图5-1-17　动画效果图

8）修改“《疍家渔歌》拍摄花絮”文字动画，执行“Transform”→“Position（位置）”命令，在0s处设置X轴为61，在1s处设置X轴为25；执行“Transform”→“Scale（缩放）”命令，在0s处为100，在1s处为0；执行“Transform”→“Opacity（透明度）”命令，在00:20s处为100，在01:10s处为0，如图5-1-18所示，效果如图5-1-19所示。

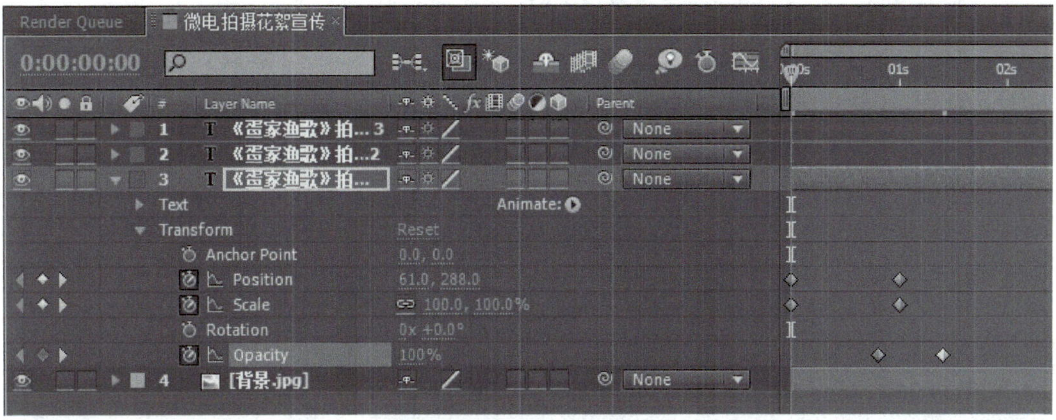

图5-1-18　文字动画

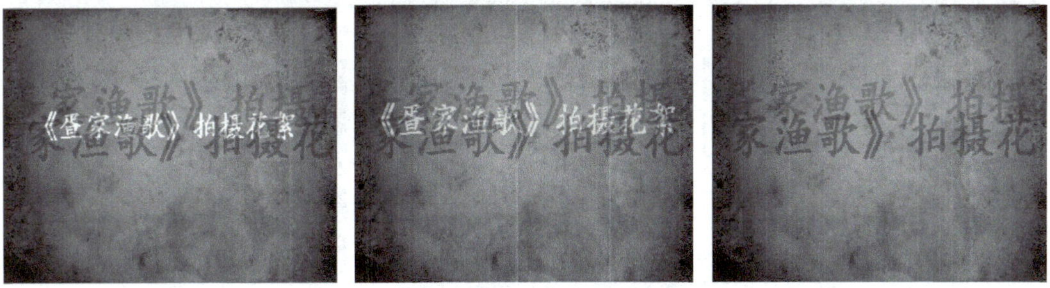

图5-1-19　动画效果图

4. 制作照片框动画

1）导入图片“5973副本”，修改名字为“1.jpg”，方便制作和辨认，如图5-1-20所示。

图5-1-20　导入照片

2）修改图片出点位置。将指针移动到1s位置，将图片“1.jpg”移动到该位置，如图5-1-21所示。

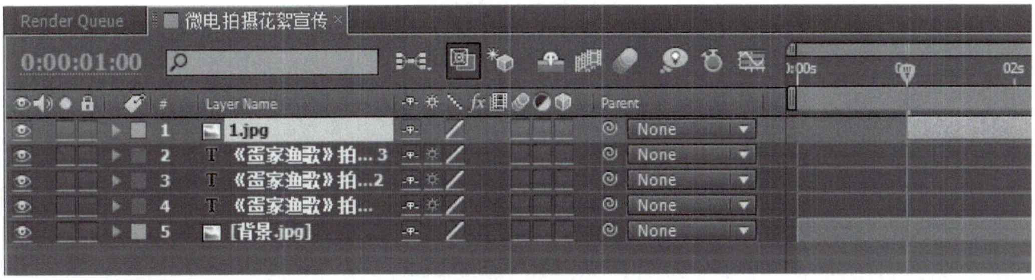

图5-1-21　修改名称

3）制作图片“1.jpg”动画。选择“Position（位置）”，在1s处设置XY轴为（360，288），在01:10处设置为（250，288）；选择“Scale（缩放）”，在1s处设置为200，在01:10处设置为40；选择“Rotation（旋转）”，设置为-5.0°，如图5-1-22所示。效果如图5-1-23所示。

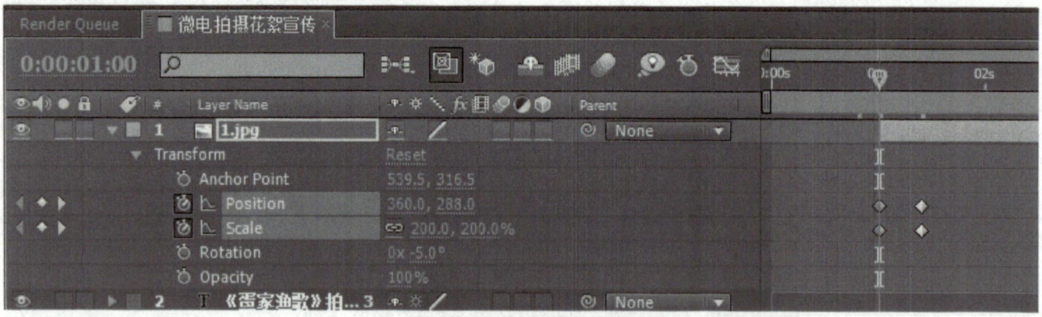

图5-1-22 制作动画

图5-1-23 效果图

4）制作图片“2.jpg”动画。导入图片“6041副本”，修改名称为“2.jpg”。选择Position（位置），在01:10处设置XY轴为（360，288），在01:20处设置为（250，288）；选择“Scale（缩放）”，在01:10处设置为200，在01:20处设置为40；选择“Rotation（旋转）”，设置为0°，如图5-1-24所示。效果如图5-1-25所示。

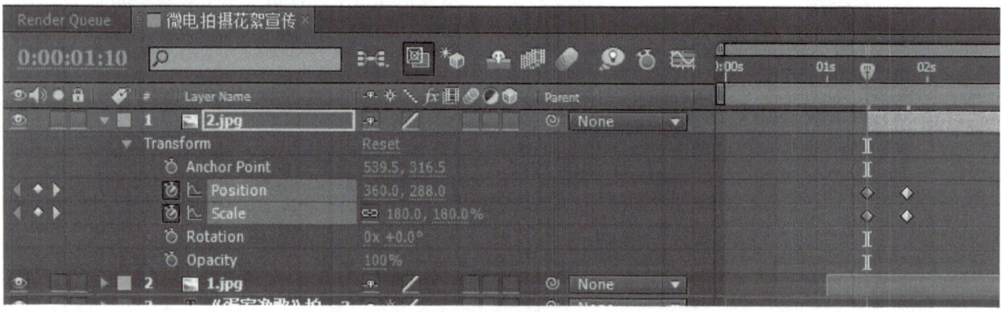

图5-1-24 制作动画

图5-1-25 效果图

5）添加文字“学生 参与 拍摄”。在视频窗口输入“学生 参与 拍摄”文字。设置文字的字体为微软雅黑，颜色为黑色，字号为25px，如图5-1-26所示。

图5-1-26 文字设置

6）制作文字“学生 参与 拍摄”动画。选择“Position（位置）”，在01:10处设置XY轴为（66，480），在01:20处设置为（473，230）；选择“Scale（缩放）”，在01:10处设置为300，在01:20处设置为100，在02:03处设置为110；选择“Rotation（旋转）”，设置为0°；选择“Opacity（透明度）”，在02:03秒处设置为100，在02:15处设置为0，关键帧设置如图5-1-27所示。效果如图5-1-28所示。

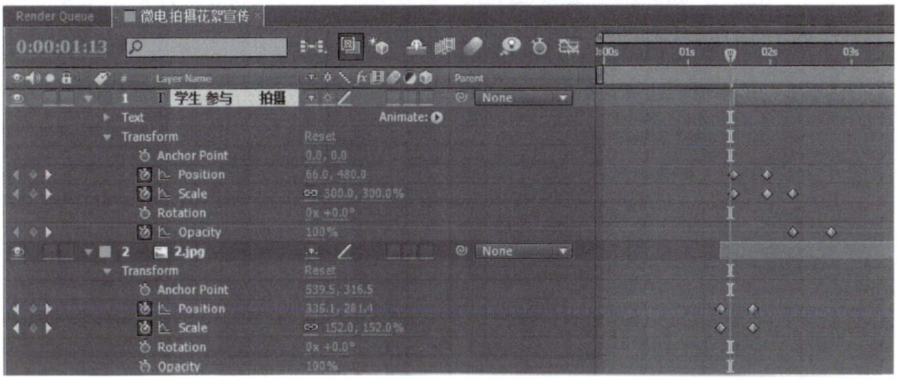

图5-1-27 文字动画

图5-1-28 效果图

5. 制作其他照片框动画

1）按照图片“2.jpg”动画的步骤以此类推，制作其他照片框动画。

2）导入图片“6056副本”，修改名字为“3.jpg”，方便制作和辨认，如图5-1-30所示。

3）制作图片“3.jpg”动画。将指针移动到2s位置，将图片“3.jpg”移动到该位置。选择“Position（位置）”，在02:00s处设置XY轴为（360，288），在02:10s处设置为

(306，300)；选择“Scale（缩放）”，在02:00s处设置为200，在02:10s处设置为40；选择“Rotation（旋转）”，设置为5.0°，如图5-1-29和图5-1-30所示。效果如图5-1-31所示。

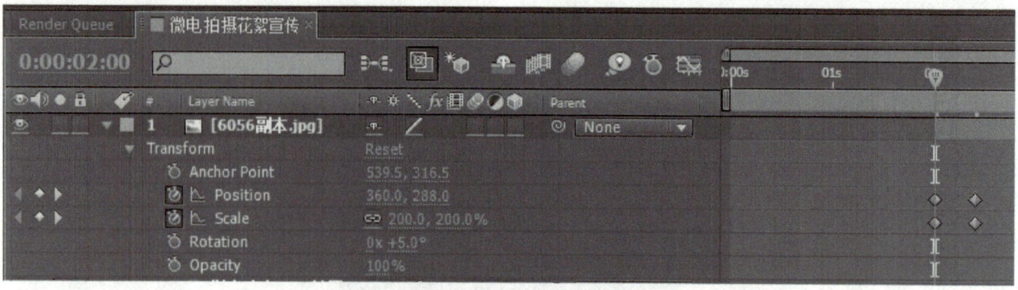

图5-1-29　导入素材

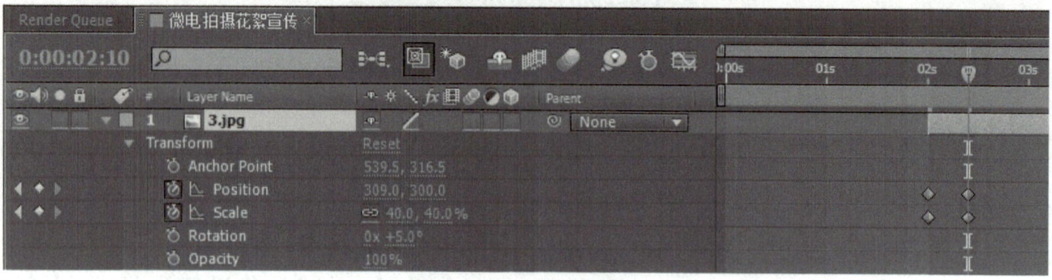

图5-1-30　修改名称

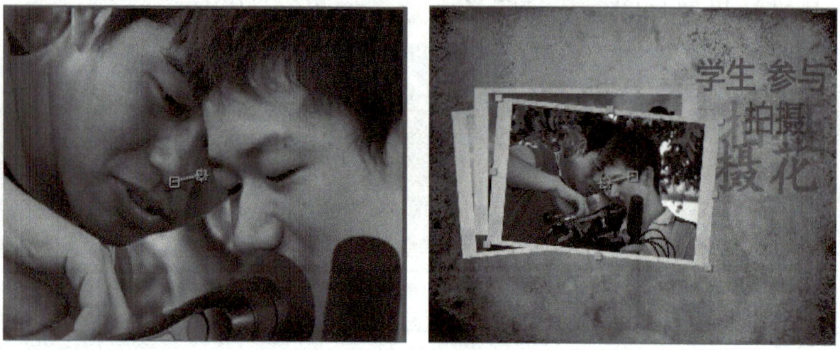

图5-1-31　效果图

4）导入图片“6093副本”，修改名字为“4.jpg”，方便制作和辨认，如图5-1-32所示。

5）制作图片“4.jpg”动画。将指针移动到2s位置，将图片“3.jpg”移动到该位置，如图5-1-33所示。选择“Position（位置）”，在02:10s处设置XY轴为（360，288），在02:20s处设置为（267，330）；选择“Scale（缩放）”，在02:10s处设置为200，在02:20s处设置为40；选择“Rotation（旋转）”，设置为0°，如图5-1-32和图5-1-33所示。效果如图5-1-34所示。

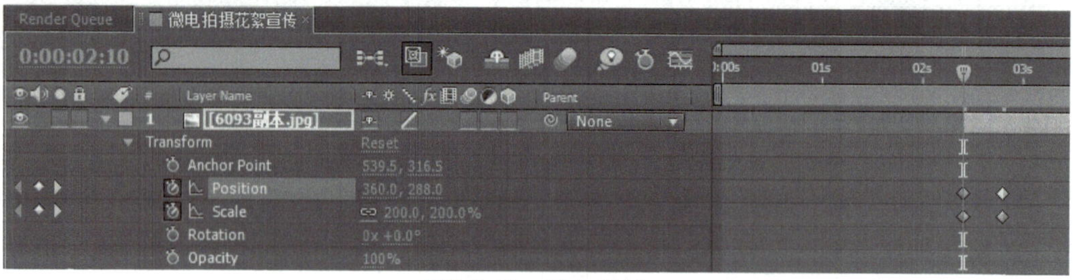

图5-1-32　导入素材

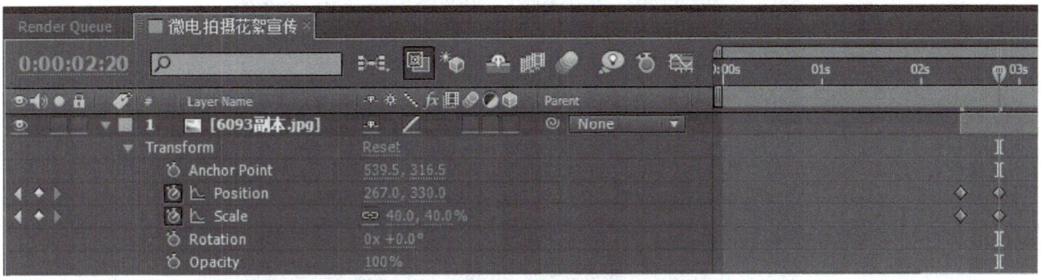

图5-1-33 修改名称

图5-1-34 效果图

6）制作文字“教师 参与 指导”动画。复制文字“学生 参与 拍摄”，并修改文字为“教师 参与 指导”，如图5-1-35所示。在复制过程中，文字“学生 参与 拍摄”的“Transform（变换）”也同时被复制，调整文字时间轴入点与图片“4.jpg”一致。此时选择“Position（位置）”，在02:20s处设置为（461，546），其他属性均保持不变即可，如图5-1-36所示。效果如图5-1-37所示。

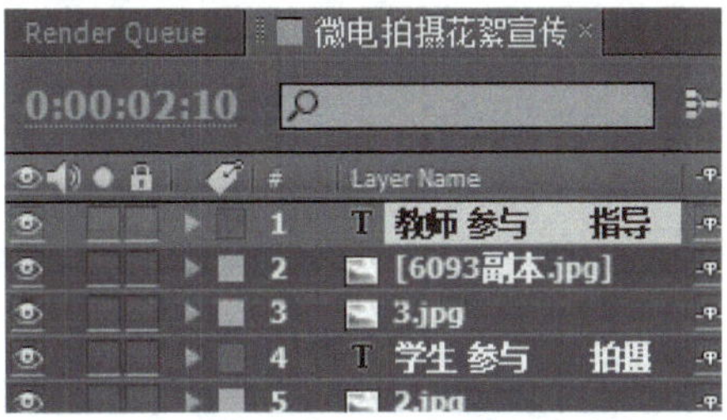

图5-1-35 文字设置

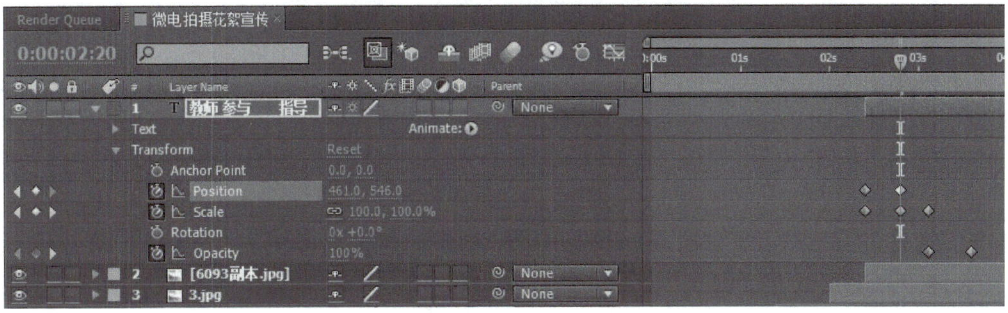

图5-1-36 文字动画

图5-1-37 效果图

7）预览效果后，发现画面节奏过于紧凑，可调整第二部分动画。同时选择“3.jpg”“4.jpg”和“教师 参与 指导”，以“3.jpg”为标准，将三条时间轴从02:00s处移动至02:15处，如图5-1-38所示。

8）导入图片“6147副本”，修改名字为“5.jpg”，方便制作和辨认，如图5-1-39所示。

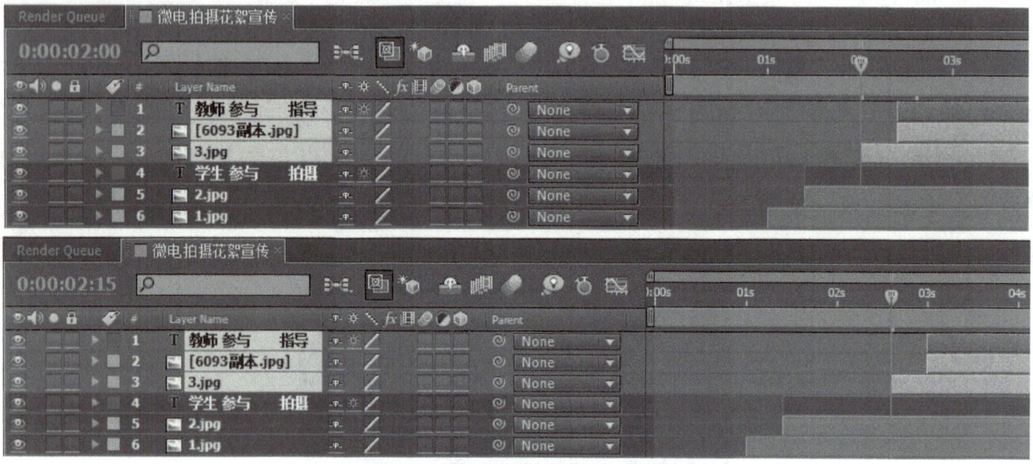

图5-1-38 时间轴移动对比前后

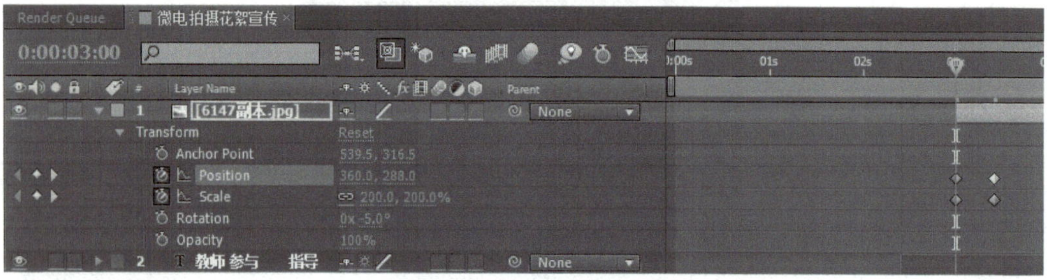

图5-1-39 导入照片

9）制作图片“5.jpg”动画。将指针移动到3s位置，将图片“5.jpg”移动到该位置。选择“Position（位置）”，在03:00处设置XY轴为（360，288），在03:10处设置为（231，359）；选择“Scale（缩放）”，在03:00处设置为200，在03:10处设置为40；选择“Rotation（旋转）”，设置为-5.0°，如图5-1-39和5-1-40所示，效果如图

5-1-41所示。

10）导入图片“6346副本”，修改名字为“6.jpg”，方便制作和辨认，如图5-1-42所示。

11）制作图片“6.jpg”动画。将指针移动到3s位置，将图片“5.jpg”移动到该位置，如图5-1-42所示。选择“Position（位置）”，在03:10处设置XY轴为（360，288），在03:20处设置为（270，306）；选择“Scale（缩放）”，在03:10处设置为200，在03:20处设置为40；选择“Rotation（旋转）”，设置为0.0°，如图5-1-42和5-1-43所示，效果如图5-1-44所示。

图5-1-40 修改名称

图5-1-41 效果图

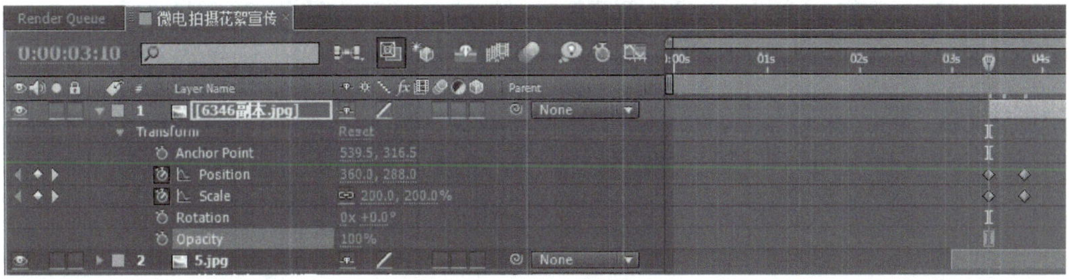

图5-1-42 导入素材

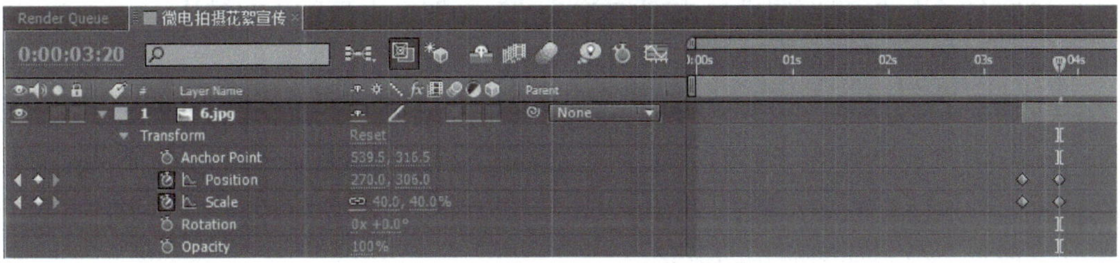

图5-1-43 修改名称

图5-1-44　效果图

12）制作文字“导演 学生 合作”动画。复制文字“教师 参与 指导”，修改文字为“导演 学生 合作”，在复制过程中文字“学生 参与 拍摄”的“Transform（变换）”也同时被复制，调整文字时间轴入点与图片“6.jpg”一致。此时选择“Position（位置）”，在03:20处设置为（482，374），其他属性均保持不动即可，如图5-1-45所示。效果如图5-1-46所示。

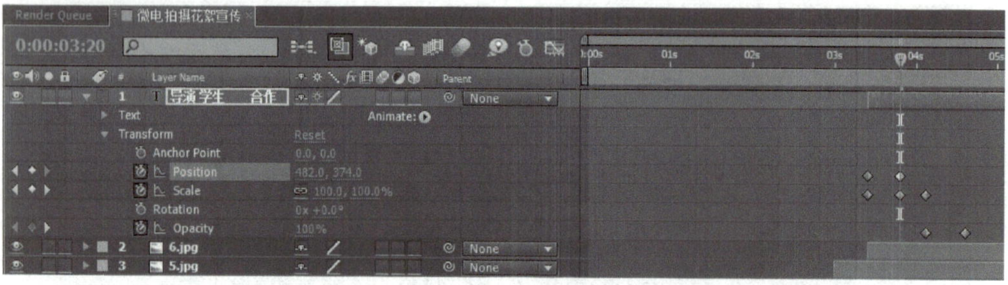

图5-1-45　文字动画

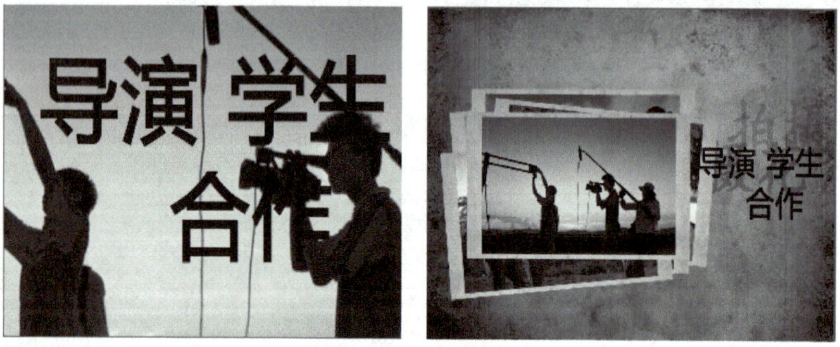

图5-1-46　效果图

13）导入图片“6384副本”，修改名字为“7.jpg”，方便制作和辨认。

14）制作图片“7.jpg”动画。将指针移动到4s位置，将图片“7.jpg”移动到该位置，如图5-1-47所示。选择“Position（位置）”，在04:00处设置XY轴为（360，288），在04:11处设置为（332，309）；选择“Scale（缩放）”，在04:00处设置为200，在04:11处设置为40；选择“Rotation（旋转）”，设置为10.0°，如图5-1-47和图5-1-48所示，效果如图5-1-49所示。

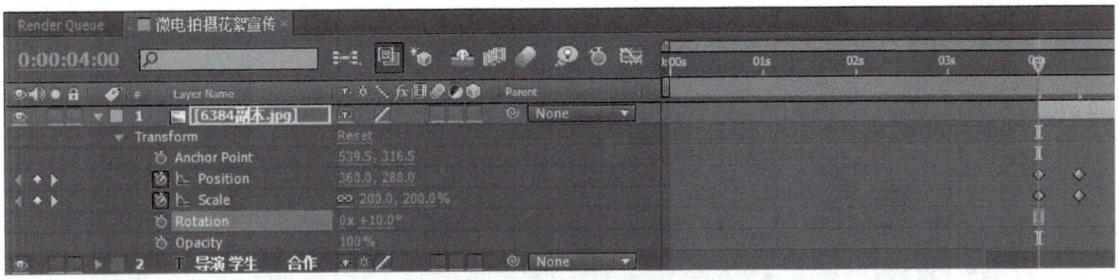

图5-1-47 导入素材

图5-1-48 修改名称

图5-1-49 效果图

15）导入图片“6151副本”，修改名字为“8.jpg”，方便制作和辨认，如图5-1-50所示。

16）制作图片“8.jpg”动画。将指针移动到4s位置，将图片“7.jpg”移动到该位置。选择“Position（位置）”，在04:10处设置XY轴为（360，288），在04:20处设置为（300，322），选择“Scale（缩放）”，在04:10处设置为200，在04:20处设置为40；选择“Rotation（旋转）”，设置为0.0°，如图5-1-50和图5-1-51所示，效果如图5-1-52所示。

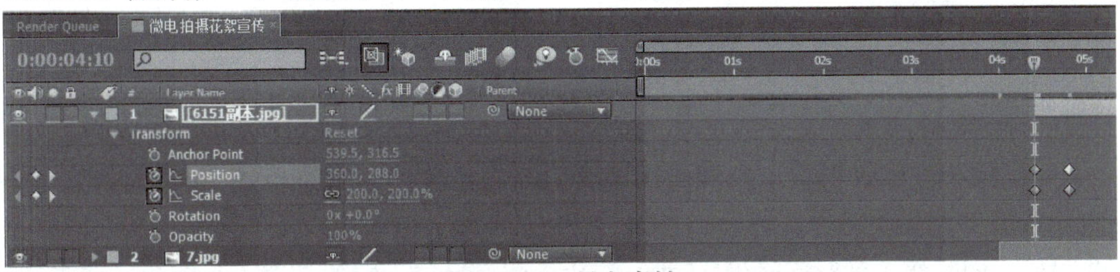

图5-1-50 导入素材

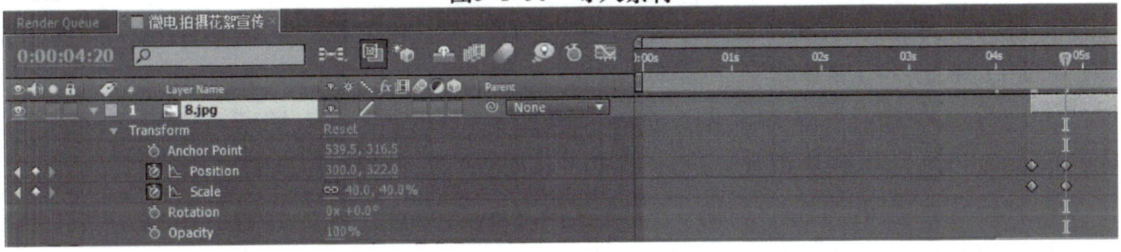

图5-1-51 修改名称

图5-1-52 效果图

17）制作文字“忙碌 辛苦 所得”动画。复制文字“导演 学生 合作”，修改文字为“忙碌 辛苦 所得”，在复制过程中文字“导演 学生 合作”的“Transform（变换）”也同时被复制，调整文字时间轴入点与图片“8.jpg”一致。此时选择“Position（位置）”，在04:20处设置为（420，187），其他属性均保持不变即可，如图5-1-53所示，效果如图5-1-54所示。

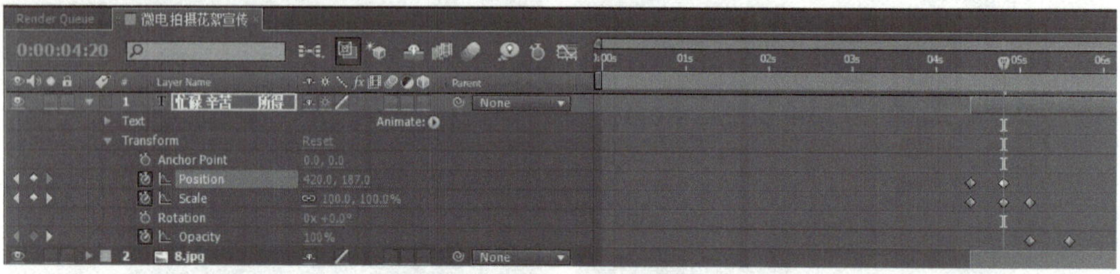

图5-1-53 文字设置

图5-1-54 效果图

6. 调整整体节奏

1）在预览整体效果后，发现画面节奏还是过于紧凑，可进行第二次大调整。先进行照片框第一部分细调。选择包含图片“1.jpg”“2.jpg”和文字“学生 参与 拍摄”的三个图层，同时移动到时间轴01:15处，与片头画面保持一定的节奏，如图5-1-55所示。

2）进行照片框第二部分细调。选择包含图片“3.jpg”以上的所有图层，同时移动到时间轴03:10处，与照片框第一部分保持一定的节奏，如图5-1-56所示。

3）进行照片框第三部分细调。选择包含图片“5.jpg”以上的所有图层，同时移动到时间轴05:05处，与照片框第二部分保持一定的节奏，如图5-1-57所示。

4）进行照片框第四部分细调。选择包含图片“7.jpg”以上的所有图层，同时移动到时间轴07:00处，与照片框第三部分保持一定的节奏，如图5-1-58所示。整体调整后效果如图5-1-59所示。

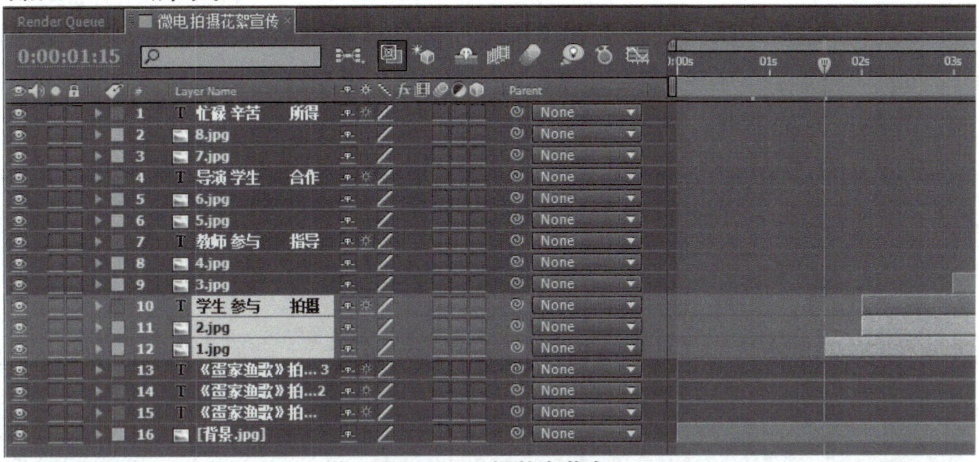

图5-1-55 调整大节奏

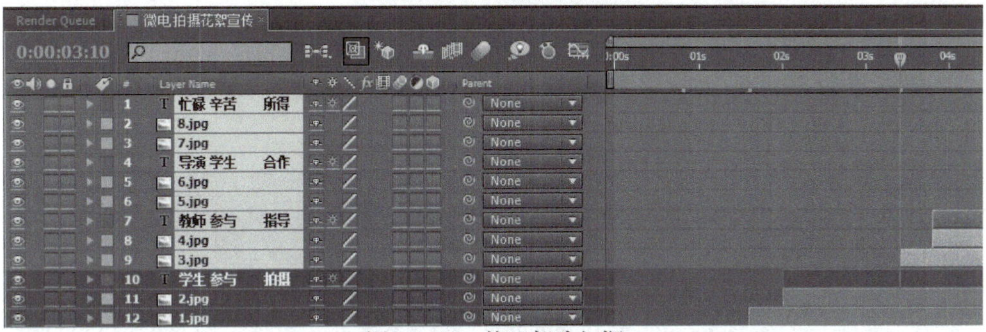

图5-1-56 第二部分细调

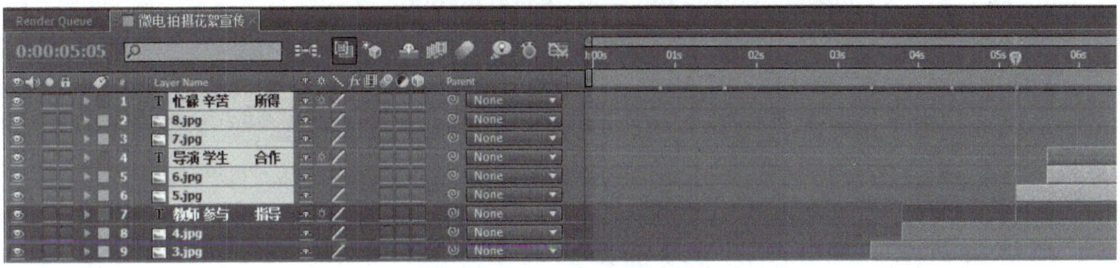

图5-1-57 第三部分细调

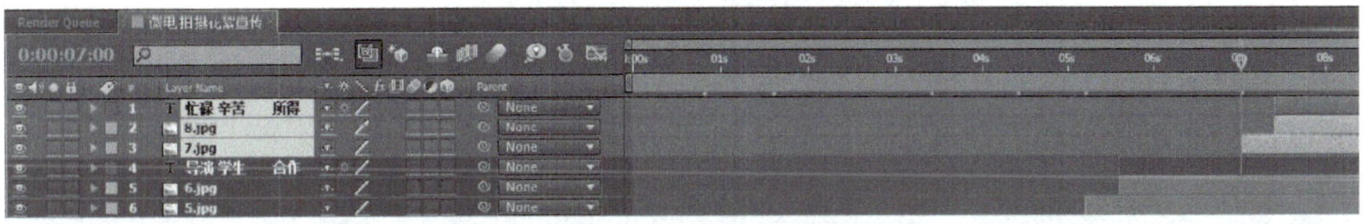

图5-1-58 第四部分细调

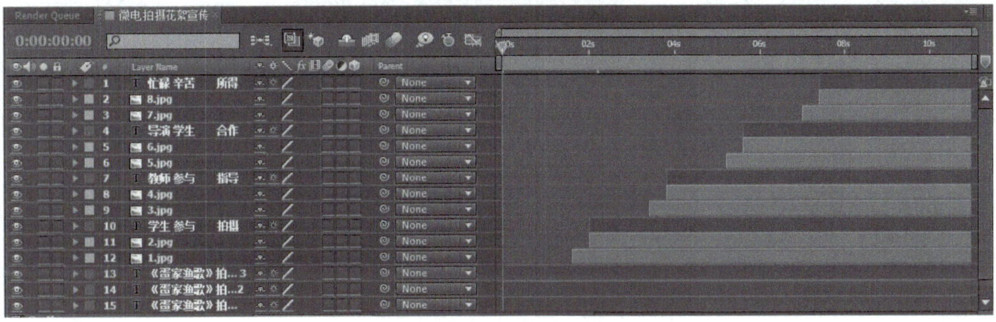

图5-1-59 调整后整体效果

5）继续进行第一部分图层节奏细调。在制作过程中发现图层“1.jpg”和图层“2.jpg”之间的过渡太快，导致图层“1.jpg”并没有很好地得到展示，需要同时选中图层“2.jpg”和文字“学生 参与 拍摄”，将这两个图层同时移动到02:05处，与图层“1.jpg”保持一定的节奏，如图5-1-60所示。

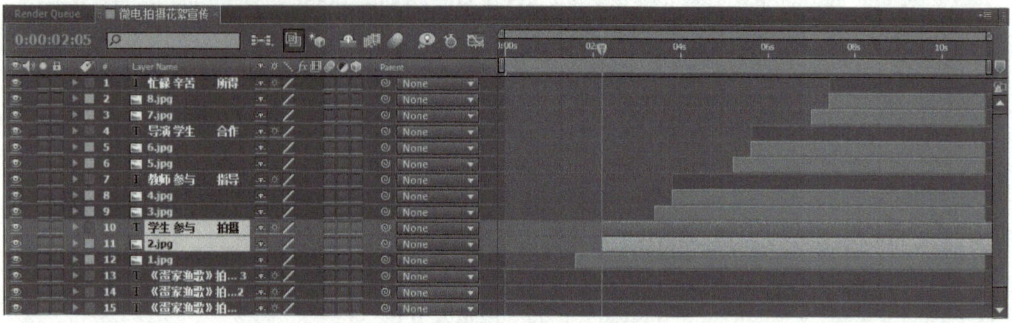

图5-1-60 第一部分图层节奏细调

6）继续进行第二部分图层节奏细调。选中图层“4.jpg”和文字“教师 参与 指导”，将这两个图层同时移动到04:00处，如图5-1-61所示。

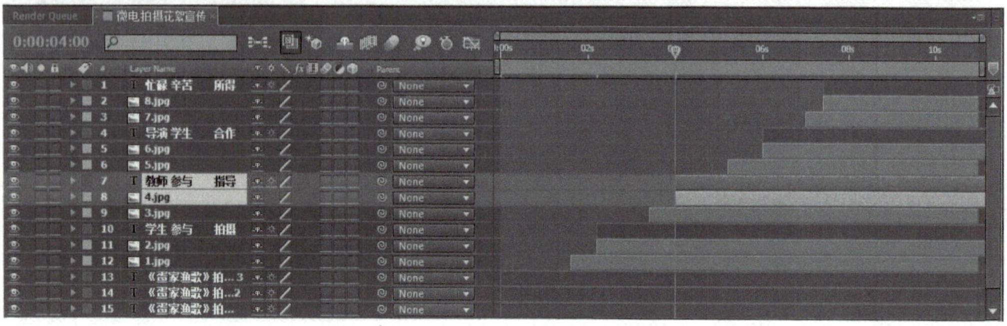

图5-1-61 第二部分图层节奏细调

7）继续进行第三部分图层节奏细调。选中图层“6.jpg”和文字“导演 学生 合作”，将这两个图层同时移动到05:20处，如图5-1-62所示。

8）继续进行第四部分图层节奏细调。选中图层“8.jpg”和文字“忙碌 辛苦 所得”，将这两个图层同时移动到07:15处，如图5-1-63所示。

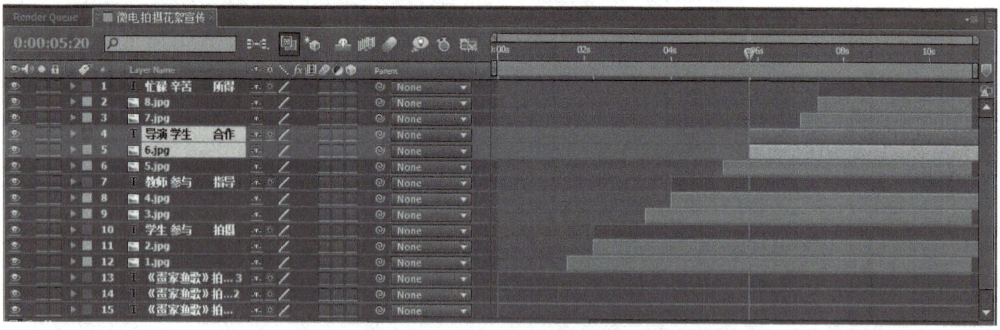

图5-1-62 第三部分图层节奏细调

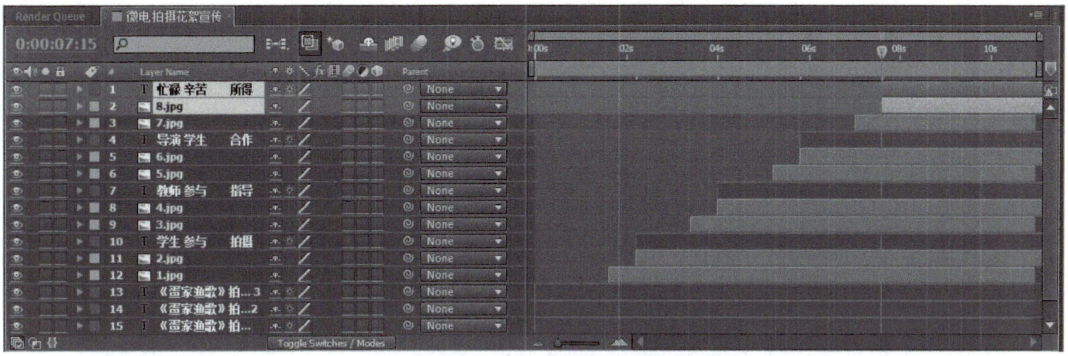

图5-1-63 第四部分图层节奏细调

任务4 添加灯光特效

任务分析

要求对提供的照片素材进行灯光特效的制作以及整体视频节奏的把握。

任务实施

1. 添加灯光

1）执行“Layer”→“New”→“Light（灯光）”命令，跳转出“Light Settings（灯光设置）”面板，添加“Light1（灯光1）”，其他保持默认。选择“Casts Shadows（阴影）”复选框，系统自动在时间轴中生成图层Light1，如图5-1-64所示。

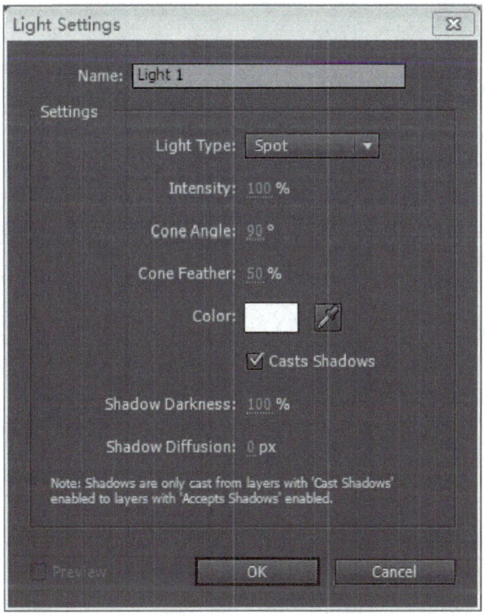

图5-1-64 灯光设置

2）为了显示灯光和阴影的效果，需要将图层调整为3D图层，除“《疍家渔歌》拍摄花絮2”和“《疍家渔歌》拍摄花絮3”之外的所有图层添加3D图标，如图5-1-65所示。

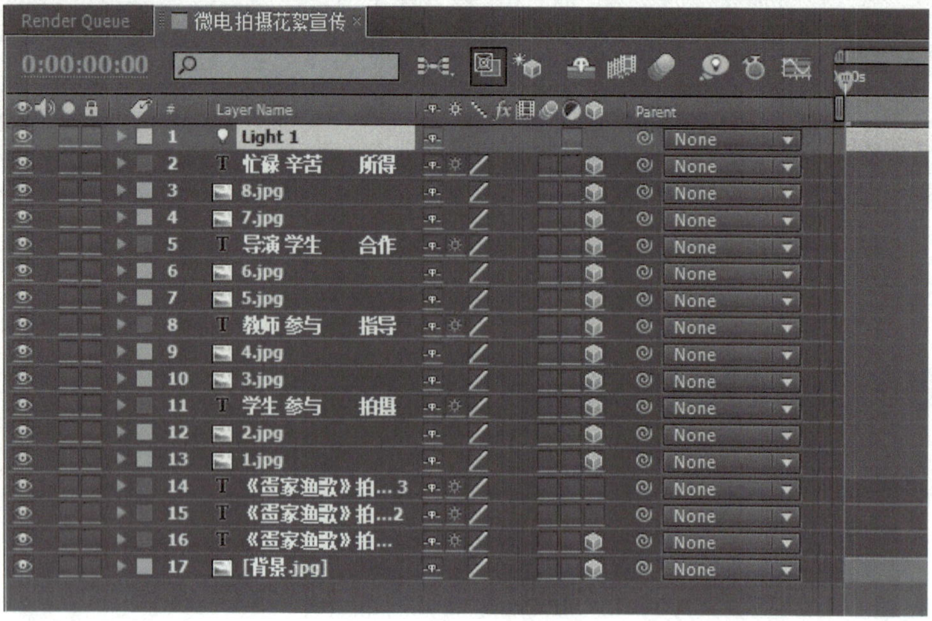

图5-1-65　显示3D图层

3）将1 Views（单视图）调整为4 Views（4视图），如图5-1-66所示。

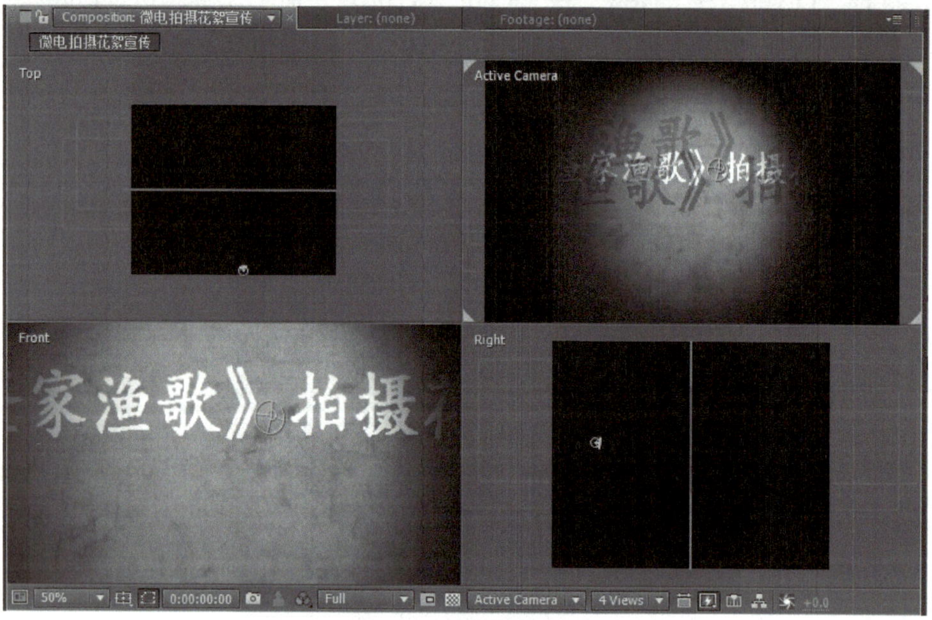

图5-1-66　显示4视图

4）调整灯光的位置，如图5-1-67所示。

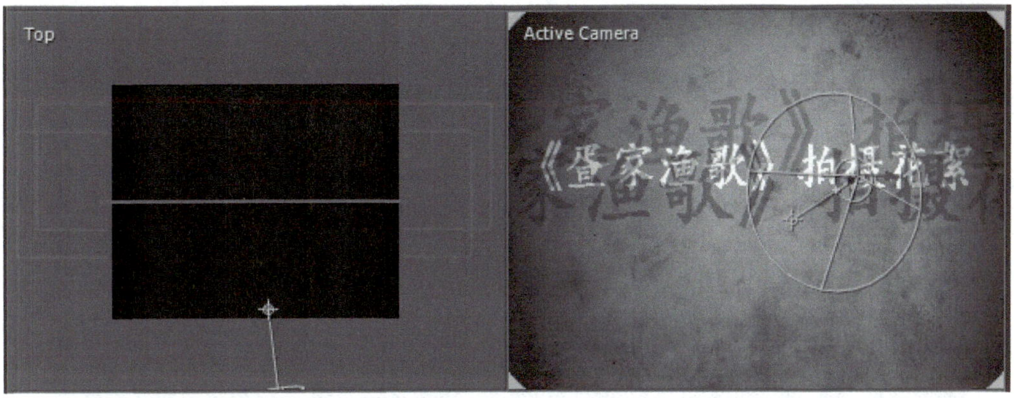

图5-1-67 调整灯光位置

5）调整文字“《疍家渔歌》拍摄花絮”Z轴位置。这一选项只有显示3D图层的情况下才会出现Z轴的数值设置，如图5-1-68所示。

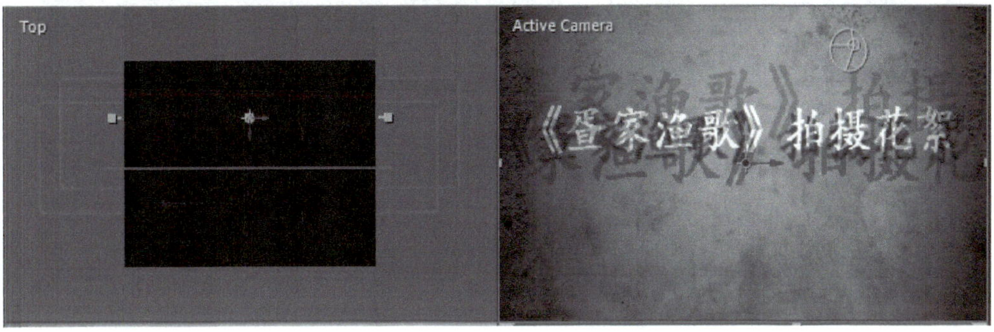

图5-1-68 调整文字Z轴位置

6）展开“Material Options（灯光属性）”，将“Casts Shadows”状态设为“On”，如图5-1-69所示。

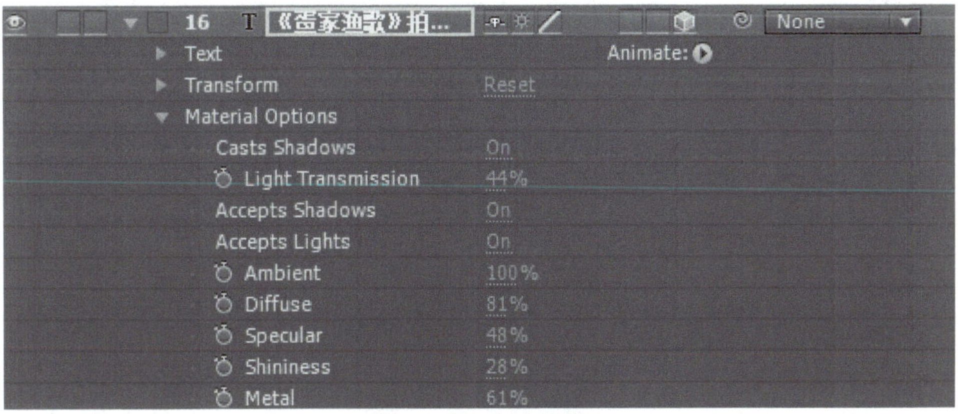

图5-1-69 灯光属性

7）调整“背景.jpg”的Z轴位置，适当向后移动，并单击“Scale（缩放）”至110，展开“Material Options（灯光属性）”，将“Casts Shadows”状态设为“On”，如图5-1-70所示。

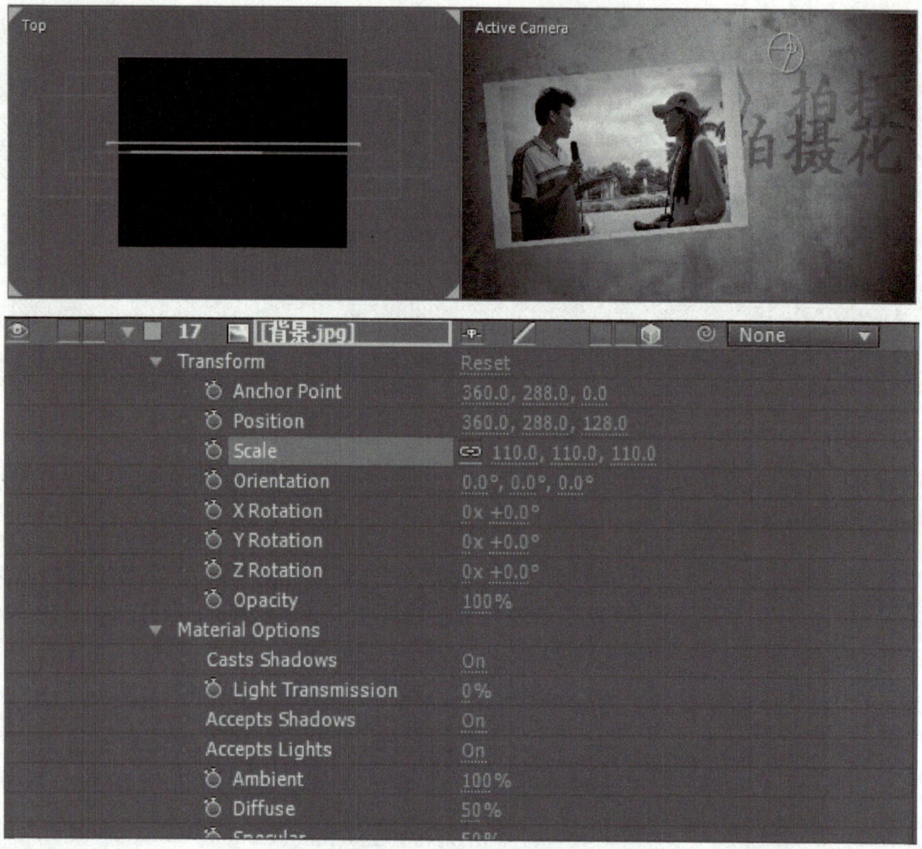

图5-1-70 调整“背景.jpg”Z轴位置

8）因图片“背景.jpg”Z轴位置后移，图片“1.jpg”可保持不动，将“Casts Shadows”状态设为“On”，如图5-1-71所示。

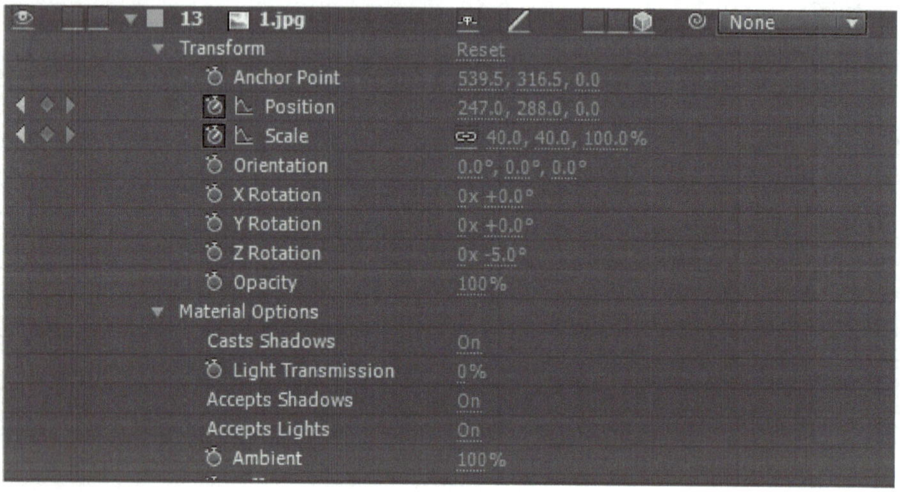

图5-1-71 图片“1.jpg”

9）调整图片“2.jpg”的“Anchor Point（中心点）”的Z轴位置，向前移动10，将“Casts Shadows”状态设为“On”，如图5-1-72所示。

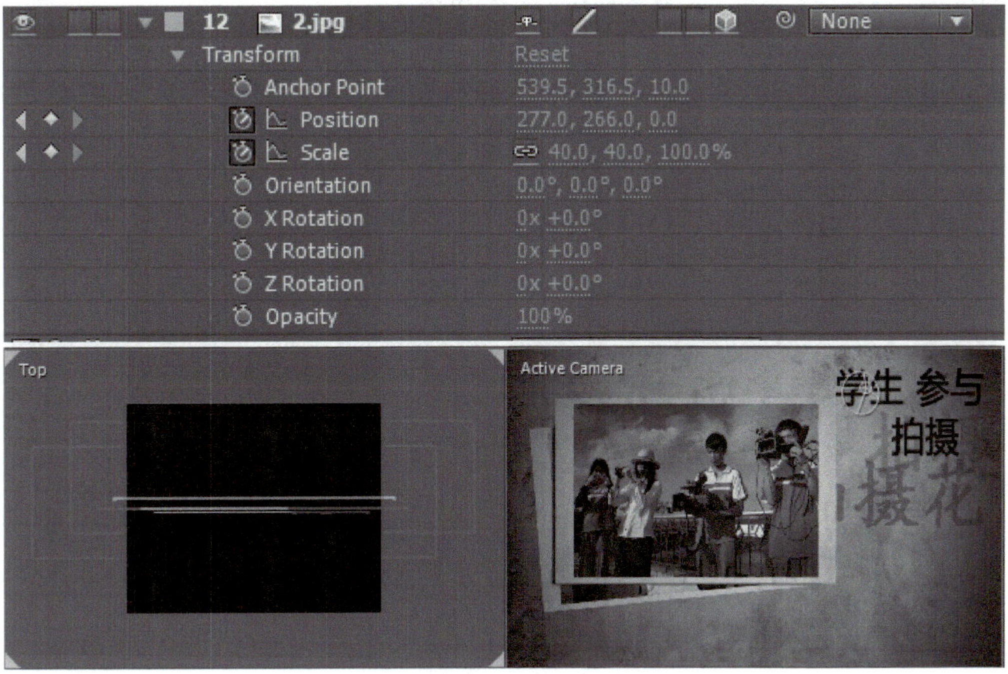

图5-1-72　调整图片“2.jpg”

10）调整图片“3.jpg”的“Anchor Point（中心点）”的Z轴位置，向前移动15，将“Casts Shadows”状态设为“On”，如图5-1-73所示。

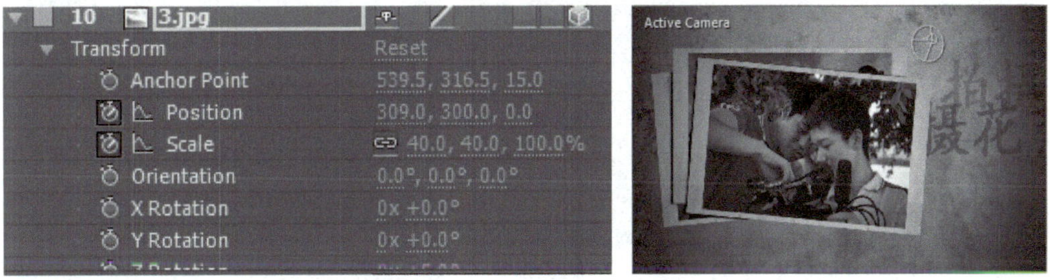

图5-1-73　调整图片“3.jpg”

11）调整图片“4.jpg”的“Anchor Point（中心点）”的Z轴位置，向前移动20，将“Casts Shadows”状态设为“On”，如图5-1-74所示。

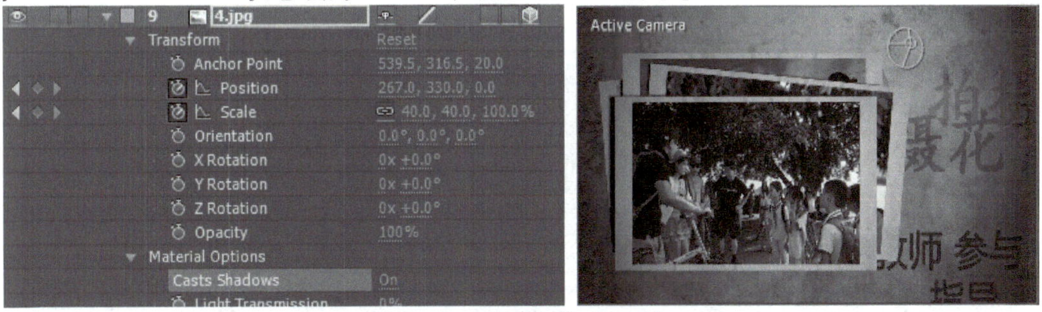

图5-1-74　调整图片“4.jpg”

12）使用同样的方法继续调整图片“5.jpg”“6.jpg”“7.jpg”和“8.jpg”的“Anchor Point（中心点）”的Z轴位置，各向前移动25、30、35和40，将“Casts

Shadows”状态设为“On”，效果如图5-1-75所示。

图5-1-75　效果图

13）调整文字“教师 参与 指导”的“Anchor Point（中心点）”的Z轴位置，向前移动20，将“Casts Shadows”状态设为“On”，如图5-1-76所示。

图5-1-76　调整文字“教师 参与 指导”

14）调整文字“导演 学生 合作”的“Anchor Point（中心点）”的Z轴位置，向前移动30，将“Casts Shadows”状态设为“On”，如图5-1-77所示。

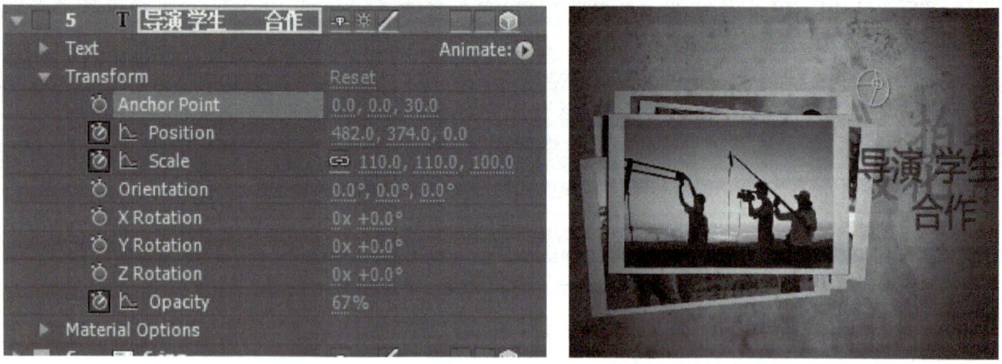

图5-1-77　调整文字“导演 学生 合作”

2. 渲染输出

1）执行“Composition”→“Make Movie（生成影片）”命令，跳转出“Render Queue（渲染输出面板）”，如图5-1-78所示。

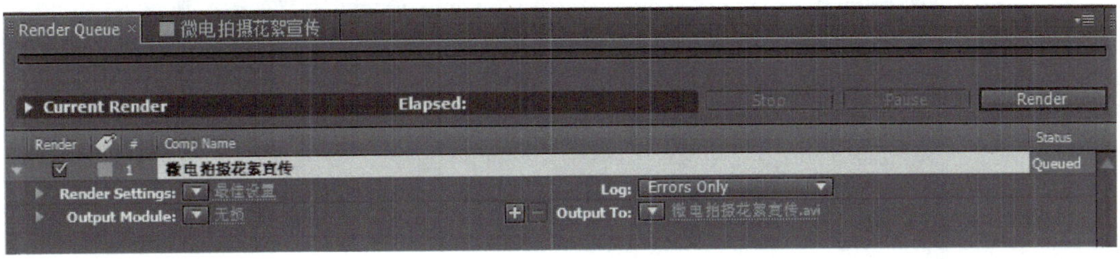

图5-1-78 渲染输出面板

2）选择“Render Settings（渲染设置）”，单击最佳设置，跳转出“Render Settings（渲染设置）”对话框，修改“Resolution（画面）”为“Half（一半）”，如图5-1-79所示。

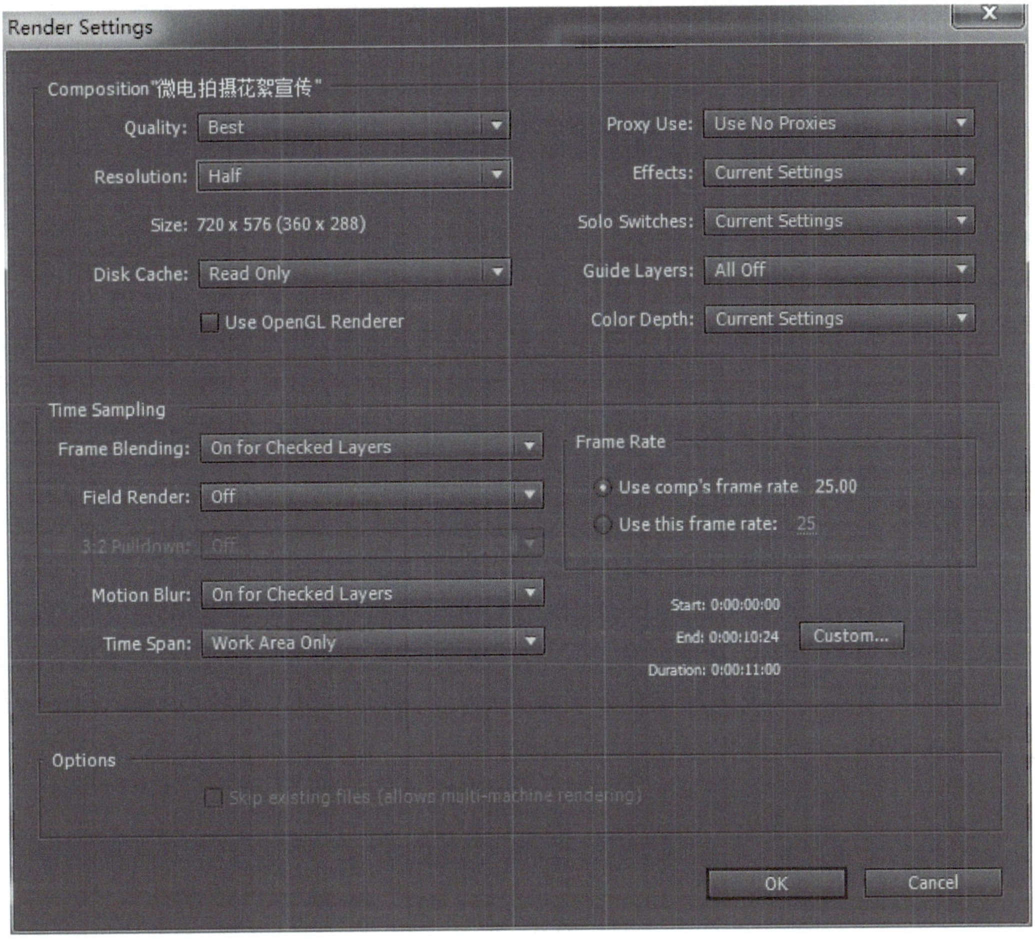

图5-1-79 渲染设置

3）选择“Output Movie To（输出影片位置）”，单击“微电影花絮拍摄.avi”，设置保存视频路径，单击“保存”按钮，如图5-1-80所示。

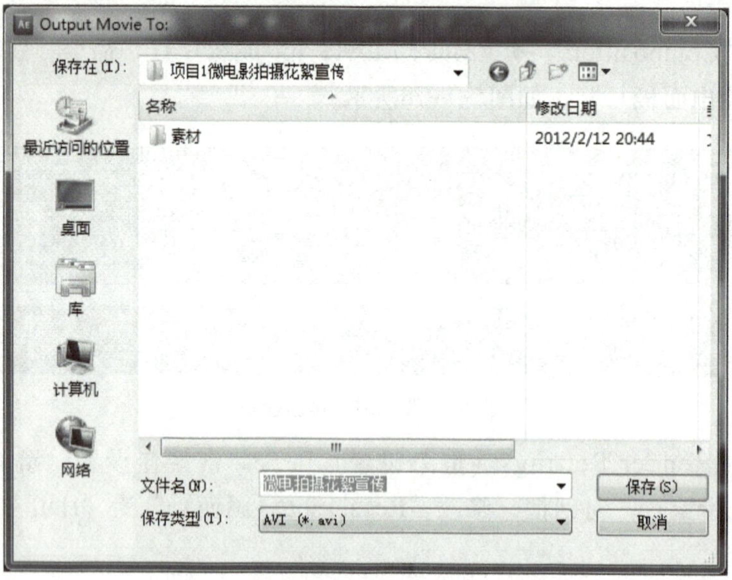

图5-1-80　输出影片

项目2 《疍家渔歌》开篇制作

项目描述

微电影《疍家渔歌》前期拍摄已经完成，摄制组将所有拍摄的视频、图片素材送至工作室，由后期组负责微电影的剪辑合成。后期组将根据文字脚本组接镜头，添加字幕，制作片头、片尾等内容。通过本项目的学习，熟练掌握素材的采集、分析和浏览；能够对素材进行加工处理，使其满足项目制作的需要；熟练掌握字体的输入。熟练掌握音频特效的设置；熟练掌握渲染输出影片、实时输出影片的基本方法。

本项目用一个实例展示微电影的制作方法，因为微电影《疍家渔歌》成片有20min左右，所以无法成片叙述。针对微电影《疍家渔歌》的制作特点完成微电影片头以及第一场景的制作，其他可举一反三；关于片尾的制作，会在项目实战中以实际案例的方式呈现。本项目从设计分镜头开始，后期的剪辑可以利用After Effects或者Premiere完成。

任务1　制作《疍家渔歌》书法写字的特效

任务分析

使用After Effects软件中的“钢笔工具”制作毛笔书法的遮罩动画，以此制作出文字书写的效果。分镜头见表5-2-1。

表5-2-1　分镜头

镜头1	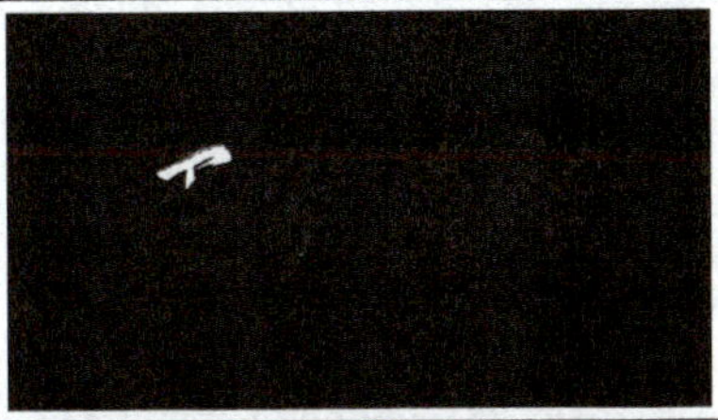	镜头2	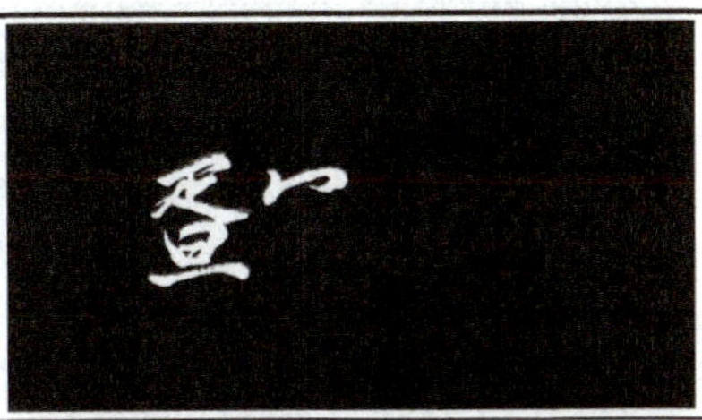
镜头3		镜头4	

任务实施

1．新建项目和序列

1）启动After Effects软件，双击“Project（项目）”面板的空白处，导入素材图片“疍家渔歌.png”，如图5-2-1所示。

图5-2-1　导入素材图片

2）将导入的素材“疍家渔歌”从“Project（项目）”面板处拖到时间线上，如图

5-2-2所示。

图5-2-2　时间线

3）在没有新建项目的情况下，将素材拖入时间线内会自动新建一个与素材大小相同的合成，如图5-2-3所示。

图5-2-3　自动新建合成

2. 添加文字特效

1）因为背景是黑色的，所以要改变字的颜色，接下来添加一个特效。在素材“疍家渔歌”上单击鼠标右键，在弹出的快捷菜单中，执行“Effect（特效）”→“Color Correction（色彩校正）”→“Change to Color（更改颜色）”命令，调整数值，如图5-2-4所示。效果如图5-2-5所示。

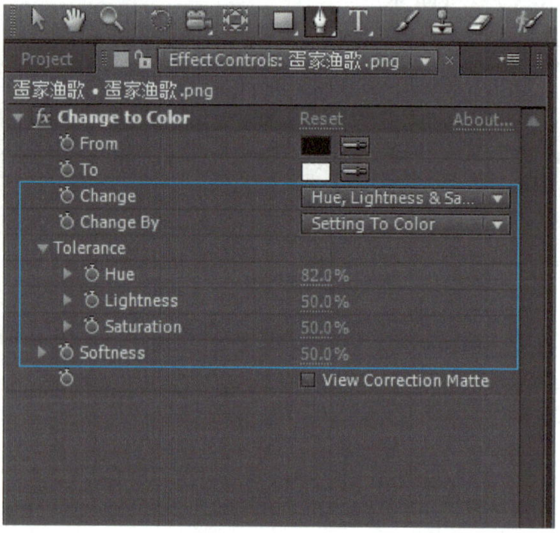

图5-2-4　更改颜色

图5-2-5　效果图

2）接下来开始进一步的制作，在工具栏处找到“钢笔工具”，如图5-2-6所示。

图5-2-6　钢笔工具

3）单击素材“疍家渔歌”画出图上的遮罩，并设置关键帧，如图5-2-7和图5-2-8所示。

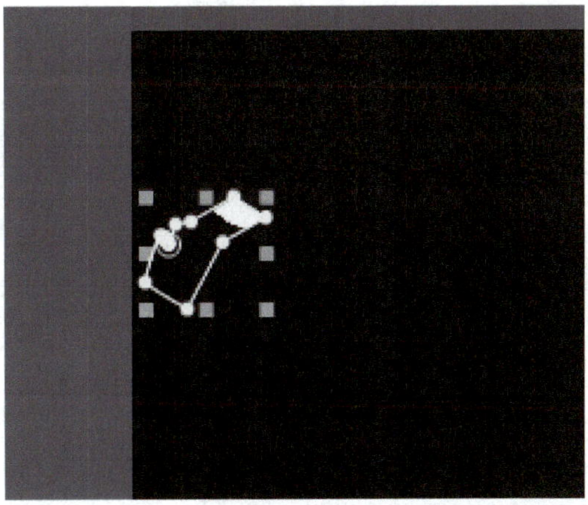

图5-2-7　遮罩

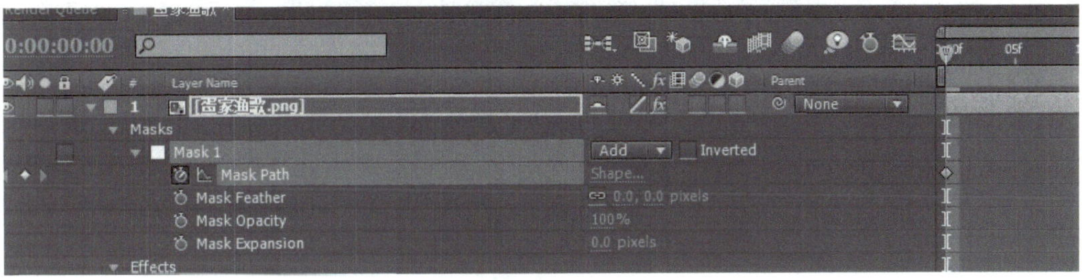

图5-2-8　关键帧

4）调整钢笔点的位置形成动画，如图5-2-9和图5-2-10所示。

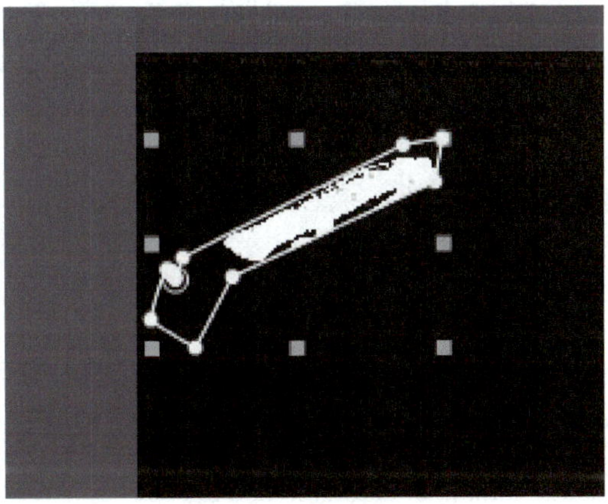

图5-2-9　钢笔动画

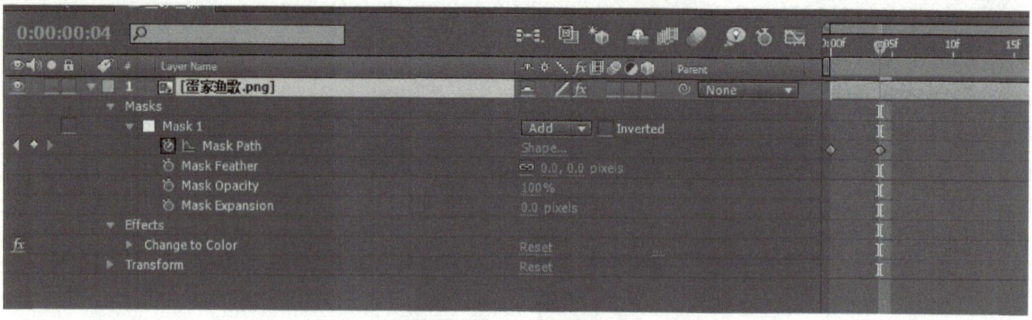

图5-2-10 关键帧

5）用同样的方法调整时间，调整“蛋”的位置，如图5-2-11～图5-2-13所示。

图5-2-11 调整时间1

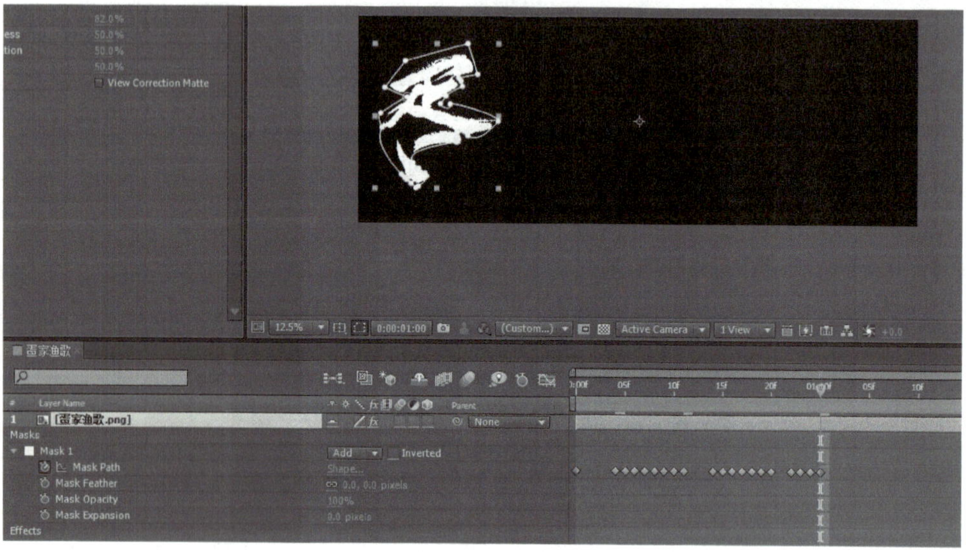

图5-2-12 调整时间2

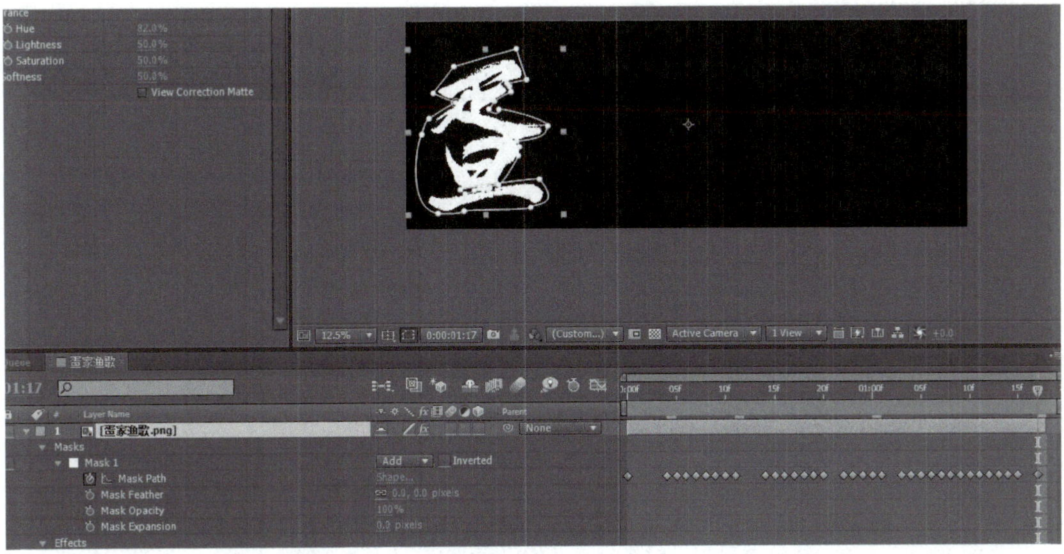

图5-2-13　调整时间3

6）为了方便制作，可以用鼠标左键长按“钢笔工具”，选择“加点工具”，添加“疍”后面的“家渔歌”三个字，方法如上。

3. 导出图片序列

1）做完之后就是导出，按快捷键<Ctrl+M>打开“Render Queue”渲染面板。单击“Output To”后的“疍家渔歌”选择输出位置，选择一个空的文件夹，单击“Lossless”，如图5-2-14所示。

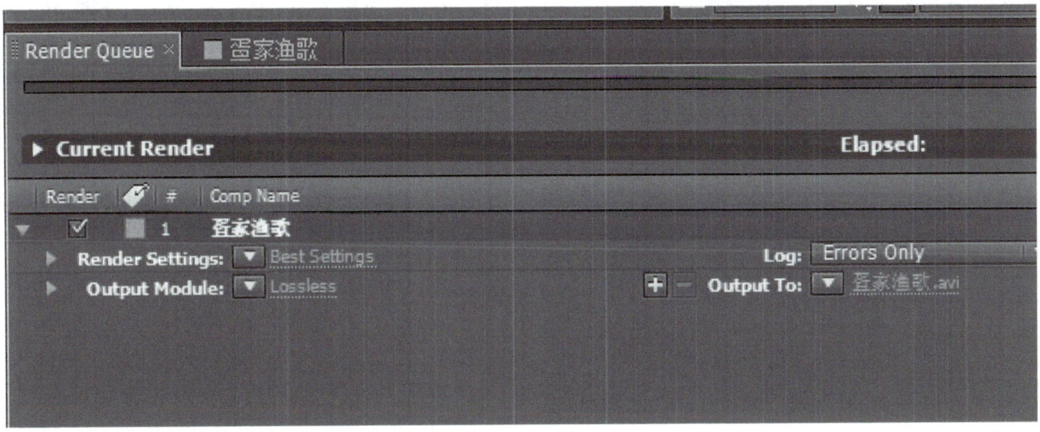

图5-2-14　渲染面板

2）更改“Format（格式）”中的选项，选择“Targa Sequence（TARGA）”序列，然后单击按钮，如图5-2-15所示。

3）单击“Render”按钮开始渲染。

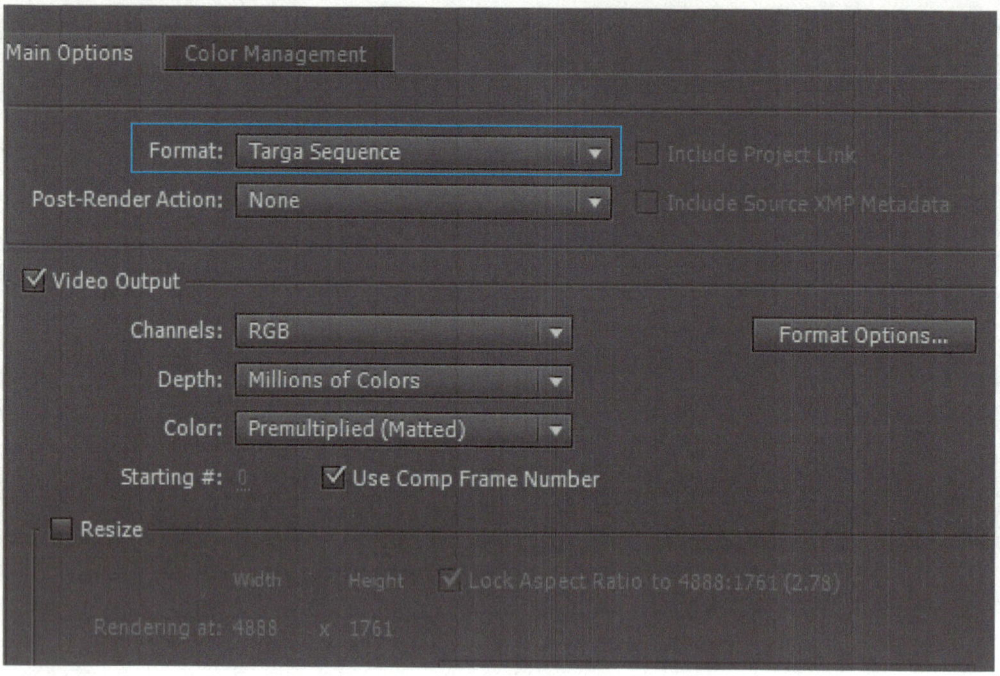

图5-2-15　Targa Sequence

任务2　合成片头视频

任务分析

本视频素材背景为渔民出海撒网，出现书法片头《疍家渔歌》。要求对提供的视频素材进行排序，添加对白、歌词、添加录音、添加背景音乐等。要求使用Premiere软件对提供的视频素材进行排序，添加开场文字、宽频电影条等。分镜头见表5-2-2。

表5-2-2　分镜头

镜头1		镜头2	

任务实施

1. 新建项目和序列

1）启动Premiere软件，单击“新建项目”按钮，打开新建项目对话框，如图5-2-16所示。

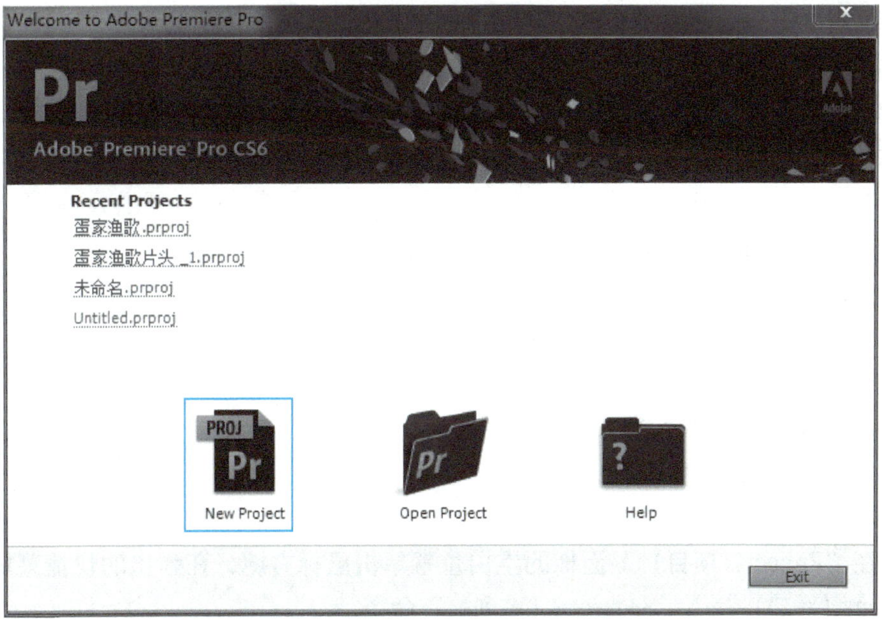

图5-2-16　新建项目

2）单击“New Project（新建项目）”按钮，单击“Browse（浏览）”按钮，设置项目的存储位置。修改项目名称为“疍家渔歌”，单击“OK”（确定）按钮，如图5-2-17所示。

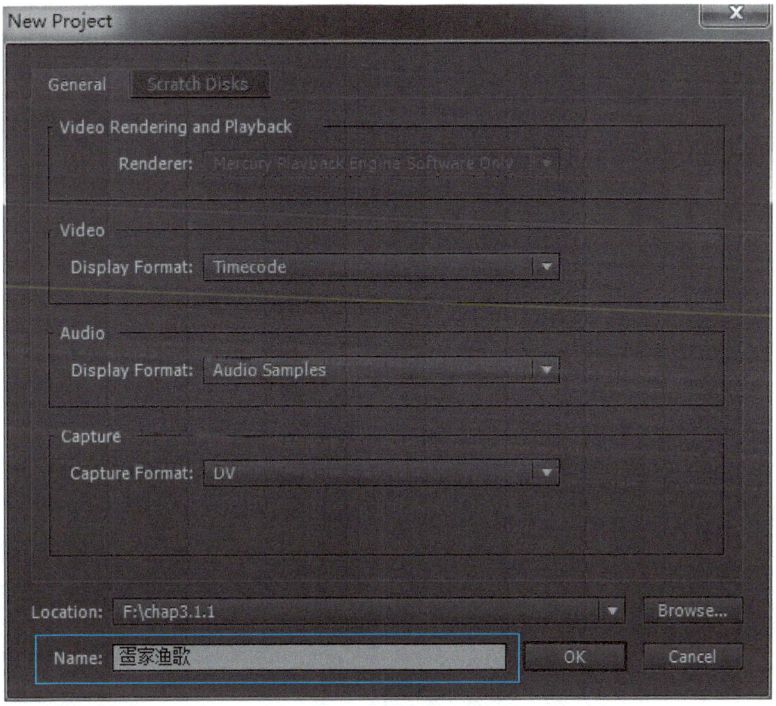

图5-2-17　修改项目名称

2. 导入素材

1）在界面左边的“Project”中，在空白处双击导入“片头”中“片头素材”中的序列01～32。

2）单击“Project”右下角的“新建文件夹”按钮，单击第一个序列视频，然后按住<Shift>键，用鼠标滚轮滚动到最下面的视频后单击，选中全部视频素材，然后拖曳到“新建文件夹”中，可以单击“Bin 01”文字后输入“视频素材”文字，以便以后操作方便。

3. 开场文字的制作

创建序列的其他方法有以下2种。

方法1：

1）在“Project”空白处单击鼠标右键，在弹出的快捷菜单中执行“New Item”→“Sequence”命令。

2）在菜单栏中选择“File”→“New”→“Sequence”命令。

3）按快捷键<Ctrl+N>。

方法2：

1）在“Project（项目）”面板的空白位置单击鼠标右键，在弹出的快捷菜单中执行“New Item（新建）”→“Sequence（序列）”命令。

2）将当前时间指针置于00:00:00:00处，执行“File（文件）”→“New（新建）”→“Sequence（序列）”命令弹出“New Sequence（新建序列）”对话框，输入字幕名称“片头文字”，单击“确定”按钮关闭对话框。

3）执行“File（文件）”→“New（新建）”→“Title（字幕）”命令打开“New Title（新建字幕）”对话框，如图5-2-18所示。

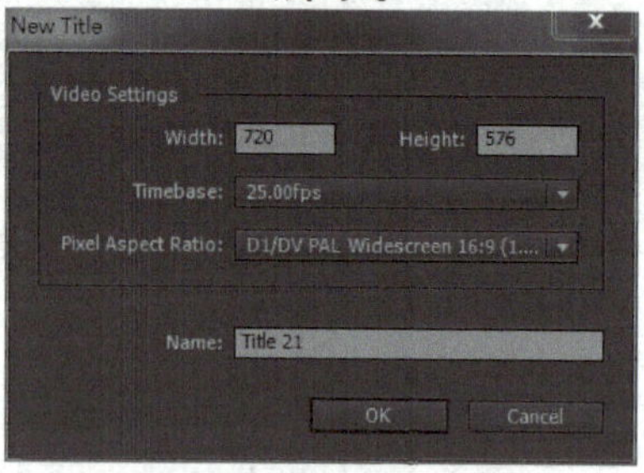

图5-2-18 新建字幕

4）输入字幕名称“片头字幕”后，单击“确定”按钮，弹出调整面板，如图5-2-19所示。

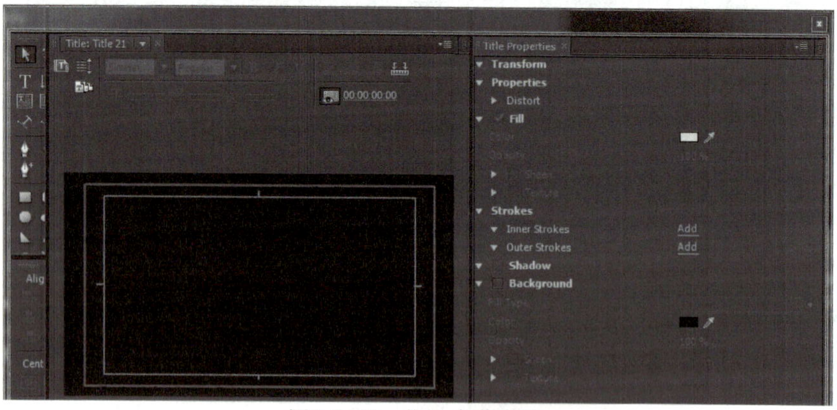

图5-2-19 输入字幕名称

5）在绘制区域单击要输入文字的开始点，出现闪动光标，输入片头文字“珠海”，输入完毕后单击左侧的字母工具面板中的（选择工具）按钮结束输入。保持文本的选择状态，选择右侧“Title Properties（字幕属性）”面板中的“Properties（属性）”栏中的“Font Family（字体）”，选择“SimHei（黑体）”。

6）设置片头文字的位置。在“Properties”下，设置字体大小值为35，设置Y轴值为286.9，X轴值为371.0，如图5-2-20所示。

图5-2-20 设置片头文字的位置

7）再以同样的方式做出“斗门”“新洲村”字幕的位置。

8）将3个字幕Title 03“珠海”、Title 04“斗门”和Title 05“新洲村”放到时间轴面板上，将时间指针置于00:00:06:00处，如图5-2-21所示。

图5-2-21 时间轴面板

9）单击Title 03“珠海”字幕素材，单击“Effect Controls（特效控制面板）”显示调整面板，如图5-2-22所示。

10）调整Title 03“珠海”的透明度，实现文字的淡入淡出。单击“Opacity（不透明度）”栏中的按钮打开调整面板，将指针置于最初始位置，将“Opacity（不透明度）”调整为0.0%，单击设置为关键帧，再把时间指针置于00:00:01:08处，将

“Opacity（不透明度）”调整为100，如图5-2-23所示。

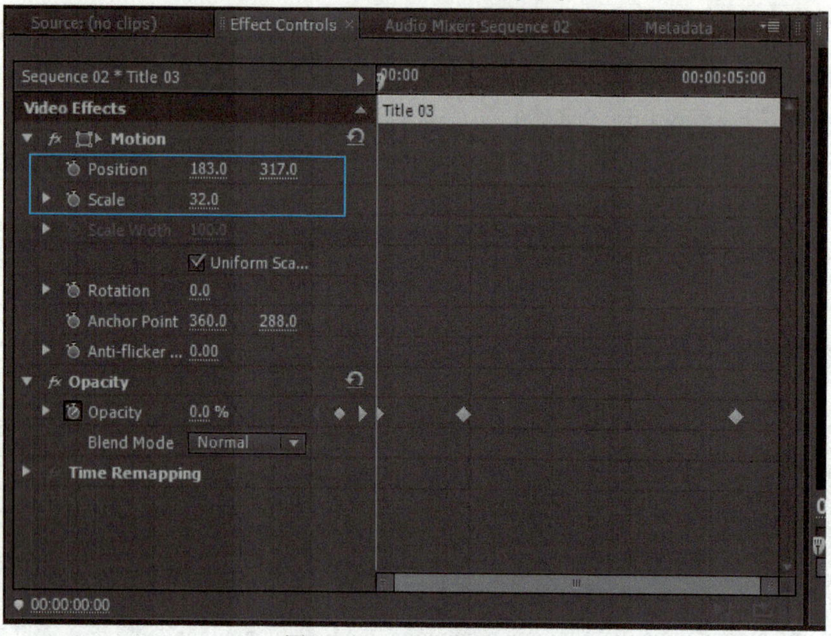

图5-2-22　显示调整面板

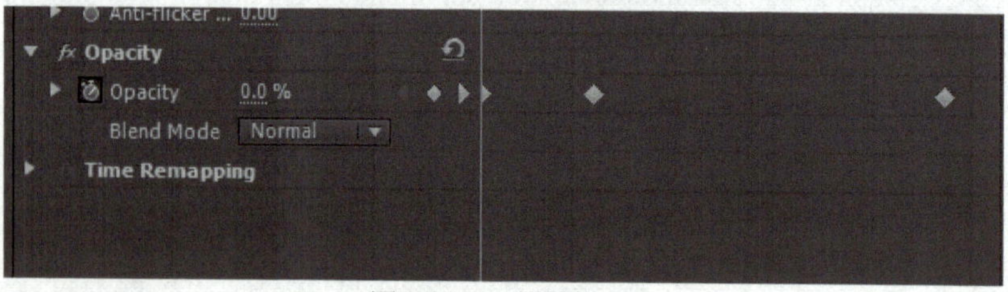

图5-2-23　属性设置

11）根据调整Title 03“珠海”透明度的方法，调整字幕Title 04“斗门”和Title 05“新洲村”的透明度，透明度设置见表5-2-3。

表5-2-3　透明度设置

字幕条	时间位置	透明度值	时间位置	透明度值	时间位置	透明度值
Title 03	00:00:00:00	0.0%	00:00:01:08	100.0%	—	—
Title 04	00:00:00:00	0.0%	00:00:01:15	0.0%	00:00:02:17	100.0%
Title 05	00:00:00:00	0.0%	00:00:02:24	0.0%	00:00:03:22	100.0%

12）单击 Sequence 01 × 按钮回到序列01中，单击鼠标将Sequence 02拖曳到视频轨道V1上。选择“Sequence 02”，打开“Opacity（不透明度）”，将时间指针置于00:00:05:00位置，单击设置为关键帧，输入数值100.0%，再将指针拖曳到轨道末端，输入数值0.0%。

4．宽频电影条的制作

1）执行“File（文件）”→“New（新建）”→“Title（字幕）”命令，打开“New Title（新建字幕）”对话框，输入“黑边”。

2）单击左侧“字幕工具”面板中的“矩形工具”，在绘制区域中画出一个矩形，在右侧“Properties（属性）”面板中，输入宽度值为1085.6，高度值为114.5，如图5-2-24所示。

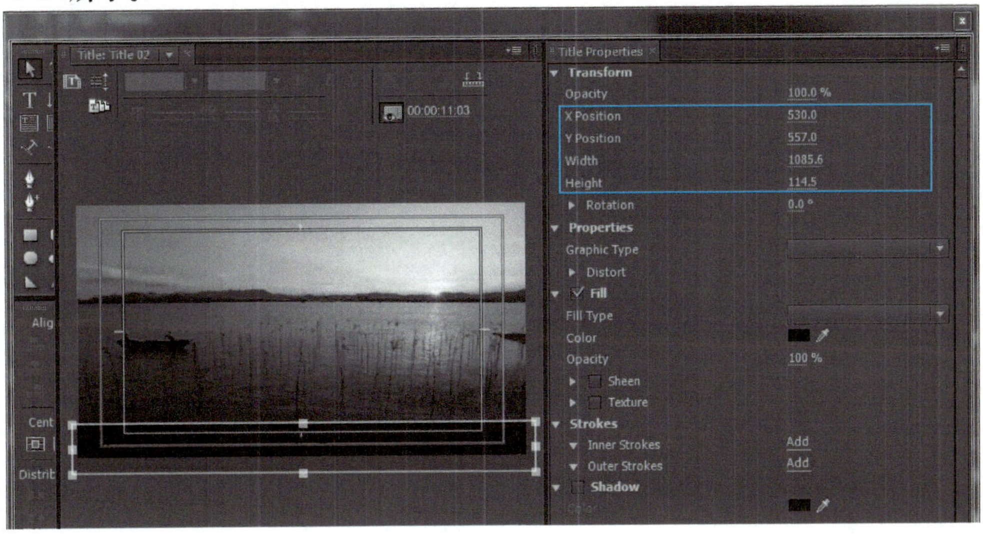

图5-2-24　字幕工具

3）选择“Title 04”按<Ctrl+C>组合键，把时间指针置于00:00:00:00位置，选择V6按<Ctrl+V>组合键复制一条“黑边”，置于视频上方位置，如图5-2-25所示。

图5-2-25　复制黑边

5. 合成片头视频

1）打开“视频素材”文件夹，将序列01素材拖曳至视频轨道V1上，与“Sequence（序列）”02序列靠齐。

2）将时间指针置于00:00:13:03位置，单击序列01右端，将其向时间指针拉动，直到对齐指针位置，如图5-2-26所示。

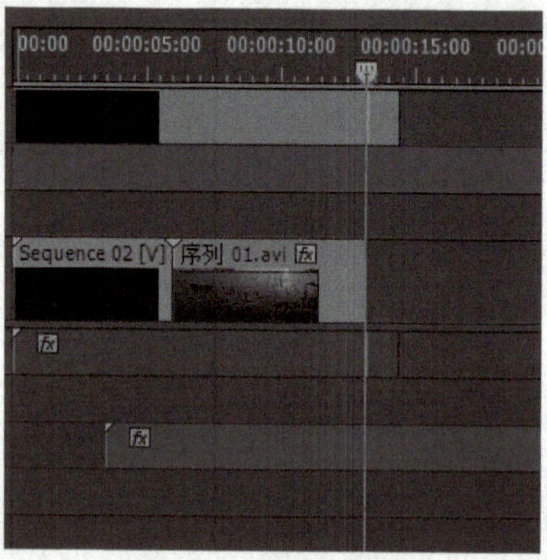

图5-2-26　序列靠齐

3）采用同样的方法，分别对其他素材片段进行入点、出点的设置，并添加到序列中，见表5-2-4。

表5-2-4　设置入点、出点

编号	视频素材	入点	出点
01	片头.avi	00:00:13:05	00:00:14:13
02	序列 02.avi	00:00:14:13	00:00:16:07
03	序列 03.avi	00:00:16:07	00:00:17:20
04	序列 04.avi	00:00:17:20	00:00:21:06
05	序列 05.avi	00:00:21:06	00:00:24:10
06	序列 06.avi	00:00:24:10	00:00:26:09
07	序列 07.avi	00:00:26:09	00:00:29:04
08	序列 08.avi	00:00:29:04	00:00:32:00
09	序列 15.avi	00:00:32:00	00:00:35:15
10	序列 31.avi	00:00:35:15	00:00:38:22
11	序列 10.avi	00:00:38:22	00:00:41:23
12	序列 11.avi	00:00:41:23	00:00:44:14
13	序列 12.avi	00:00:44:14	00:00:47:06
14	序列 14.avi	00:00:47:06	00:00:50:11
15	序列 15.avi	00:00:50:11	00:00:54:08
16	序列 16.avi	00:00:54:08	00:00:55:18
17	序列 17.avi	00:00:55:18	00:00:58:14
18	序列 18.avi	00:00:58:14	00:00:59:23
19	序列 19.avi	00:00:59:23	00:01:03:02
20	序列 20.avi	00:01:03:02	00:01:05:11
21	序列 21.avi	00:01:05:11	00:01:06:10
22	序列 22.avi	00:01:06:10	00:01:10:08
23	序列 23.avi	00:01:10:08	00:01:13:03
24	序列 24.avi	00:01:13:03	00:01:15:05

任务3　合成第一场景

任务分析

使用Premiere软件合成第一场景的片段画面，合成片头和第一场景中所需的音乐、对白等字幕的制作。分镜头见表5-2-5。

表5-2-5　分镜头

镜头1		镜头2	
镜头3		镜头4	
镜头5		镜头6	

任务实施

1．合成第一场景视频

分别对其他素材片段进行入点、出点的设置，见表5-2-6。

表5-2-6　设置入点、出点

编号	视频素材	入点	出点
25	序列 25.avi	00:01:15:05	00:01:16:24
26	序列 26.avi	00:01:16:24	00:01:18:08
27	序列 27.avi	00:01:18:08	00:01:22:03
28	序列 28.avi	00:01:22:03	00:01:26:10
29	序列 29.avi	00:01:26:10	00:01:28:20
30	序列 30.avi	00:01:29:02	00:01:29:02

2．制作歌词字幕、对白

1）编辑片头歌词文字。按<Ctrl+T>组合键弹出“字幕编辑工具”，保持文本的选择状态，选择字体列表中的“大梁体字体”。在右侧的“字幕属性”面板中设置“字号”为48.7。设置文本填充颜色为黄色#DFAA0A。为其添加（阴影）效果，效果选择默认。在变换位置下，设置X轴为551.7，设置Y轴为492.8，如图5-2-27所示。

图5-2-27　编辑片头歌词文字

2）采用同样的方法，分别对其他字幕进行入点、出点的设置，见表5-2-7。

表5-2-7　设置入点、出点

字幕	开始	结束
手执抛网企头仓	00:00:12:20	00:00:18:15
见妹掉艇好熟行	00:00:18:24	00:00:26:09
撒网落海回头望	00:00:28:00	00:00:34:06
好妹微笑怜义长	00:00:35:06	00:00:42:02
睇哥收网艇头痞	00:00:43:16	00:00:48:22
用力份桨缩没头	00:00:48:22	00:00:55:19
大鱼争网时时有	00:00:57:16	00:01:04:08
满载鱼归把工收	00:01:04:16	00:01:11:00

3. 人物对话

1）编辑片中人物的对话字幕，选择“字幕编辑工具”，保存文本的选择状态，选择字体列表中的“黑体”，在右侧的“字幕属性”面板中设置“字号”为33.9，设置文本颜色为白色，为其添加“Shadow（阴影）”效果，效果选择默认。在变换位置下，设置XY轴为（516.4，487.5），如图5-2-28所示。

图5-2-28　字幕属性

2）采用同样的方法，分别对其他字幕进行入点、出点的设置，见表5-2-8。效果如图5-2-29所示。

表5-2-8　设置入点、出点

字幕	入点	出点
小朋友 阿伯唱的是什么歌啊	00:01:13:08	00:01:15:05
咸水歌啰	00:01:15:05	00:01:16:23
咸水歌	00:01:17:01	00:01:18:08
咸水歌就是沙田民歌的意思	00:01:18:08	00:01:21:24
哦 沙田民歌啊	00:01:21:24	00:01:24:05
快查一下	00:01:24:05	00:01:26:05

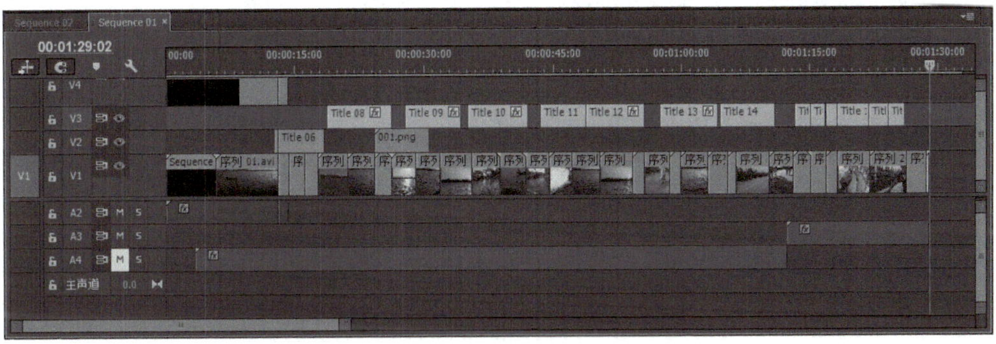

图5-2-29　效果图

4. 合成片头标题

1）将素材“毛笔字幕”导入Premiere。

2）将时间指针放置于00:00:24:10处，把“毛笔字幕”拖曳至时间指针处作为开头，如图5-2-30所示。

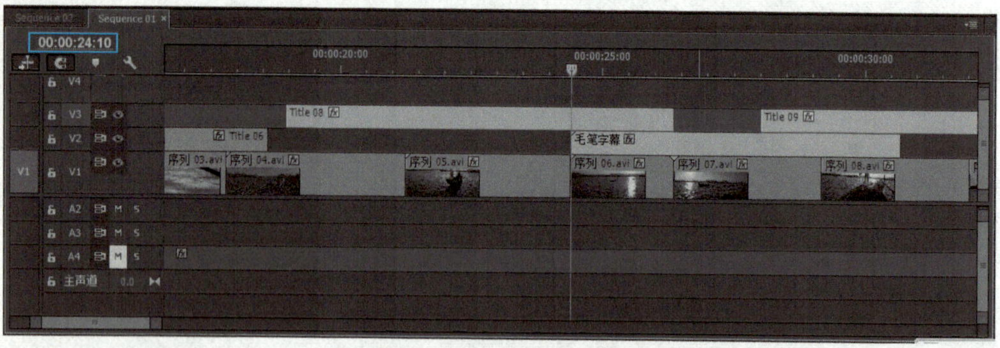

图5-2-30　合成【毛笔字幕】

5. 导入音频

1）将“唱歌”“对白旁白”导入Premiere。

2）把“对白旁白”音频拖曳至A4时间轴，以00:00:03:11作为开头时间；把“对白”音频拖曳至A3时间轴，以00:01:12:07作为开头时间，如图5-2-31所示。

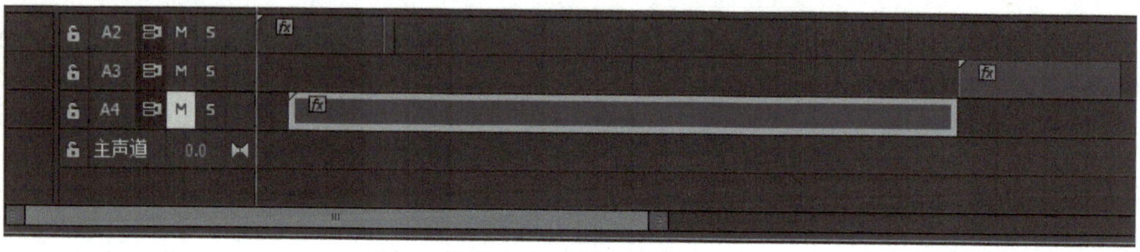

图5-2-31　导入音频

6. 导出视频

1）执行“File（文件）”→“Export（导出）”→“Media（媒体）”命令。

2）在属性面板中的导出设置下选择格式为AVI、预设为“PAL DV宽银幕”格式，输出名称为“疍家渔歌”。单击“队列”等待Adobe Media Encoder启动开始导出视频。

3）单击“Output Name（输出名字）”按钮，更改保存路径，设置文件名为“疍家渔歌”，单击“保存”按钮。

4）单击队列面板右上角的 ▶（开始导出）按钮，导出视频。

▶▶▶ 知识归纳

制作本项目之前，须具备有相关制作电子宣传册的经验、After Effects和Premiere的基本软件知识，了解微电影的制作方法，以此巩固非线性编辑的知识；熟悉和掌握多种影视软件的配合使用，达到更好的影视效果。

拓展练习

1．请读者选择配套资源中的素材制作第五部分的照片动画。

制作要求

1）按照本单元项目1中照片框的制作方法，继续添加2张图片，制作第五部分的动画。

2）添加文字“电影 校企 发展”。

3）导出视频。

2．请读者选择配套资源中的素材制作《疍家渔歌》祝寿片段。

制作要求

1）提供的影片素材要全部使用。

2）对素材进行必要的处理，可以根据影片风格的需要自制素材。

3）选用的背景音乐要贴近影片的风格。

4）影片长度与样片一致。